高等学校研究生教材

装备保障性分析技术

章文晋 郭霖瀚 主编

北京航空航天大学出版社

内 容 简 介

本书全面跟踪国内外保障性分析技术的发展,系统总结了在装备设计过程中应用保障性分析技术的经验,以装备设计的系统工程过程为主线,选取目前工程上常用的保障性分析技术,重点阐述各分析技术的应用流程。全书共分 10 章,内容涉及保障性分析技术的地位与作用及保障性分析流程、故障模式及影响分析(FMEA)、损坏模式及影响分析(DMEA)、修复性维修工作项目确定分析、以可靠性为中心的维修分析(RCMA)、使用与维修工作分析(O&MTA)、修理级别分析(LORA)、保障资源设计要求分析、保障费用分析(LSCA)和保障性分析评估。在编写过程中,结合我校多年研究生教育的教学实践经验,以大量案例解析复杂的理论,增强了本书的先进性、实用性和可读性。

本书既可作为高等院校相关专业本科生和研究生的教材,也可作为指导工程技术人员开展保障性分析的参考书。

图书在版编目(CIP)数据

装备保障性分析技术 / 章文晋,郭霖瀚主编. -- 北京:北京航空航天大学出版社,2012.9
 ISBN 978-7-5124-0833-3

Ⅰ. ①装… Ⅱ. ①章… ②郭… Ⅲ. ①武器装备—后勤保障 Ⅳ. ①E144

中国版本图书馆 CIP 数据核字(2012)第 121022 号

版权所有,侵权必究。

装备保障性分析技术
章文晋　郭霖瀚　主编
责任编辑　宋淑娟
*
北京航空航天大学出版社出版发行

北京市海淀区学院路 37 号(邮编 100191)　http://www.buaapress.com.cn
发行部电话:(010)82317024　传真:(010)82328026
读者信箱:bhpress@263.net　邮购电话:(010)82316936
北京市媛明印刷厂印装　各地书店经销
*
开本:787×1 092　1/16　印张:16　字数:410 千字
2012 年 9 月第 1 版　2012 年 9 月第 1 次印刷　印数:2 000 册
ISBN 978-7-5124-0833-3　定价:39.00 元

若本书有倒页、脱页、缺页等印装质量问题,请与本社发行部联系调换。联系电话:(010)82317024

前　言

　　装备在使用过程中必须有与之相匹配的保障系统才能确保装备设计功能的正常发挥。要想做到二者匹配，在装备研制阶段就必须考虑装备保障问题，同步研制装备及其保障系统，使装备保障既能影响装备设计，又能根据装备设计提出正确的保障资源设计要求。保障性分析正是将装备的任务要求根据装备的设计特性转换为装备保障要求的有效分析方法，是联系装备设计与保障系统设计的桥梁和纽带，是装备设计系统工程过程的一个重要组成部分。

　　随着我国装备制造业的蓬勃发展，目前在装备设计过程中开展保障性分析工作的需求日益迫切，具备条件的装备设计单位已经开展了相关工作，具有保障性分析技能的人才数量与涌现出的庞大的工程需求之间的矛盾日益突出，为了进一步提高国内各类装备设计单位后备人员在开展装备保障性分析工作中的理论水平、规范性和熟练程度，迫切需要对即将从事型号设计工作的工程系统工程类学生开设一门保障性分析技术课程，使其在走上工作岗位之前能够受到系统化的专业训练，加强其理论修养，提高解决实际保障性分析问题的能力。

　　本书在明晰装备综合保障工程基本概念的前提下，全面跟踪国内外保障性分析技术的发展，系统总结了近年来在国内装备设计过程中应用保障性分析技术的经验，以装备设计的系统工程过程为主线，选取了目前工程上常用的若干保障性分析技术，重点阐述了各分析技术的应用流程，并佐以丰富的工程应用案例，以满足工程系统工程专业本科生和研究生的培养需要，同时也为装备设计人员有效开展保障性分析工作提供一定的参考。

　　本书共分10章，第1章绪论，主要阐述保障性分析技术在综合保障工程中的地位和作用，概括性地介绍主要的保障性分析技术。在此基础上，第2章阐述故障模式及影响分析（FMEA），第3章为损坏模式及影响分析（DMEA），第4章为修复性维修工作项目确定分析，第5章为以可靠性为中心的维修分析（RCMA），第6章为使用与维修工作分析（O&MTA），第7章为修理级别分析（LORA），第8章为保障资源设计要求分析，第9章为保障费用分析（LSCA），第10章为保障性分析评估。

　　本书由章文晋、郭霖瀚主编，章文晋主要负责编写第1,4,5,6,7,8章，郭霖瀚主要负责编写第2,3,9,10章。全书由康锐主审。

　　本书吸收了国内外的有关文献和技术资料，尤其是北京航空航天大学可靠性与系统工程学院多年来的研究成果,得到康锐教授、石荣德教授和吕川教授的大力支持和帮助,同时感谢肖波平副教授、马麟副教授、王乃超博士的大力协助。此外还要感谢学院的研究生,尤其是杨德真、付永涛、邱燕琳、孙萍、鹿轩、李新伟、龚盈盈、蓝楠,他们作为作者的助手做了大量基础性和辅助性的工作,在此一并表示衷心感谢。

本书可供高等院校本科生和研究生学习使用,也可供工程技术人员学习与参考。鉴于编者水平有限,对于书中的错误和疏漏之处,恳请读者谅解和指正。

编　者

2011 年 10 月

目 录

第1章 绪 论 1

1.1 基本概念 1
1.1.1 保障性 1
1.1.2 保障资源 2
1.1.3 保障系统及保障方案 4
1.1.4 综合保障工程 8

1.2 保障性分析 11
1.2.1 保障性分析的主要内容 11
1.2.2 保障性分析技术之间的关系 16

1.3 保障性分析的国内外相关技术标准 17
1.3.1 国外标准 17
1.3.2 国内标准 19

习 题 21

第2章 故障模式及影响分析（FMEA） 22

2.1 概 述 22
2.1.1 FMEA 的目的和作用 22
2.1.2 FMEA 的基本原理 22

2.2 FMEA 方法 23
2.2.1 FMEA 的步骤及实施 23
2.2.2 输出 FMEA 报告 33
2.2.3 FMEA 的要点 34

2.3 FMEA 的应用案例 35

习 题 40

第3章 损坏模式及影响分析（DMEA） 41

3.1 概 述 41
3.1.1 DMEA 的目的和作用 41
3.1.2 DMEA 的相关概念 42

3.2 DMEA 方法 44
3.2.1 DMEA 的步骤及实施 44
3.2.2 输出 DMEA 报告 48
3.2.3 DMEA 的要点 49

3.3 DMEA 的应用案例 50
3.3.1 案例1：某型飞机燃油系统的 DMEA 50

3.3.2　案例2：某型飞机发动机系统的DMEA ………………………… 51
　习　题 …………………………………………………………………… 54

第4章　修复性维修工作项目确定分析

　4.1　概　述 ……………………………………………………………… 55
　　4.1.1　目的和作用 ……………………………………………………… 55
　　4.1.2　基本原理 ………………………………………………………… 55
　4.2　修复性维修工作项目确定分析的方法 …………………………… 55
　　4.2.1　步骤及实施 ……………………………………………………… 56
　　4.2.2　输出报告 ………………………………………………………… 57
　　4.2.3　分析要点 ………………………………………………………… 61
　4.3　应用案例 …………………………………………………………… 61
　　4.3.1　案例1：升降舵操纵分系统修复性维修工作项目确定分析 …… 61
　　4.3.2　案例2：发动机系统修复性维修工作项目确定分析 …………… 63
　习　题 …………………………………………………………………… 68

第5章　以可靠性为中心的维修分析（RCMA）

　5.1　概　述 ……………………………………………………………… 69
　　5.1.1　RCMA的目的 …………………………………………………… 69
　　5.1.2　RCMA的基本原理 ……………………………………………… 69
　　5.1.3　RCMA的范围 …………………………………………………… 74
　5.2　RCMA方法 ………………………………………………………… 74
　　5.2.1　系统和设备RCMA方法 ………………………………………… 74
　　5.2.2　结构RCMA方法 ………………………………………………… 91
　　5.2.3　区域RCMA方法 ………………………………………………… 108
　　5.2.4　补充的RCMA工作 ……………………………………………… 112
　　5.2.5　RCMA工作项目的确定 ………………………………………… 113
　　5.2.6　输出RCMA报告 ………………………………………………… 116
　　5.2.7　RCMA的要点 …………………………………………………… 116
　5.3　RCMA的应用案例 ………………………………………………… 118
　　5.3.1　案例1：系统和设备RCMA …………………………………… 118
　　5.3.2　案例2：结构RCMA …………………………………………… 123
　　5.3.3　案例3：区域RCMA …………………………………………… 127
　习　题 …………………………………………………………………… 129

第6章　使用与维修工作分析（O&MTA）

　6.1　概　述 ……………………………………………………………… 130
　　6.1.1　O&MTA的目的 ………………………………………………… 130
　　6.1.2　O&MTA的基本原理 …………………………………………… 130

6.2 O&MTA 方法 ··· 131
　6.2.1 O&MTA 的步骤及实施 ··· 131
　6.2.2 输出 O&MTA 报告 ·· 140
　6.2.3 O&MTA 的要点 ·· 144
6.3 O&MTA 的应用案例 ··· 146
　6.3.1 案例1：某型飞机使用工作分析 ···································· 146
　6.3.2 案例2：某型船舶操纵系统维修工作分析 ······················ 147
　6.3.3 案例3：某型信号发生仪维修工作分析 ·························· 154
习　题 ··· 158

第7章　修理级别分析(LORA) ··· 159

7.1 概　述 ··· 159
　7.1.1 LORA 的目的和作用 ·· 159
　7.1.2 LORA 的相关概念 ··· 159
7.2 LORA 方法 ··· 162
　7.2.1 LORA 的步骤及实施 ·· 162
　7.2.2 输出 LORA 报告 ··· 168
　7.2.3 LORA 的要点 ··· 169
7.3 LORA 的应用案例 ··· 170
　7.3.1 案例1：某型飞机无线电高度表的 LORA ······················· 170
　7.3.2 案例2：某型舰减速设备的 LORA ································ 171
　7.3.3 案例3：某型军用飞机控制组件的 LORA ······················· 173
习　题 ··· 175

第8章　保障资源设计要求分析 ·· 176

8.1 保障人员、专业和技术水平要求 ·· 176
　8.1.1 确定人员数量、技术专业和技术等级要求 ····················· 176
　8.1.2 人员来源与补充 ·· 179
8.2 供应保障要求的确定 ·· 179
　8.2.1 供应保障工作的主要内容 ·· 180
　8.2.2 确定备件品种和数量 ·· 181
　8.2.3 备件库存控制 ··· 183
8.3 保障设备研制要求的确定 ·· 186
　8.3.1 保障设备的分类 ·· 186
　8.3.2 保障设备的研制过程 ·· 186
　8.3.3 保障设备的保障 ·· 189
8.4 技术资料编制要求的确定 ·· 189
　8.4.1 技术资料的种类 ·· 190
　8.4.2 技术资料的编写要求 ·· 192

8.4.3 技术资料的编制过程 ··· 193
8.5 训练和训练保障要求的确定 ··· 193
8.5.1 训练阶段与训练类型 ··· 193
8.5.2 确定训练要求 ··· 195
8.5.3 研制训练器材的要求 ··· 196
8.6 计算机资源要求的确定 ··· 197
8.6.1 对嵌入式计算机保障资源的要求 ··· 197
8.6.2 计算机软件的保障工作 ··· 197
8.7 保障设施要求的确定 ··· 199
8.7.1 保障设施的类型 ··· 199
8.7.2 确定设施要求 ··· 200
8.7.3 设施规划与设施的设计原则 ··· 202
8.8 包装、装卸、储存、运输要求的确定 ··· 202
8.8.1 包装、装卸、储存和运输计划的制定原则和要求 ··· 202
8.8.2 确定包装要求 ··· 204
8.8.3 确定装卸要求 ··· 205
8.8.4 确定储存要求 ··· 205
8.8.5 确定运输要求和运输方式 ··· 205
8.9 建立保障系统和提供保障资源应注意的问题 ··· 206
8.9.1 保障资源的提供 ··· 206
8.9.2 保障系统的建立 ··· 207
习 题 ··· 209

第 9 章 保障费用分析（LSCA） ··· 210

9.1 概 述 ··· 210
9.1.1 保障费用的定义及内涵 ··· 210
9.1.2 保障费用分析的目的和作用 ··· 211
9.1.3 保障费用参数 ··· 211
9.1.4 保障费用影响因素分析 ··· 212
9.2 保障费用分析方法 ··· 213
9.2.1 保障费用分解结构的建立 ··· 213
9.2.2 估算费用分解结构中的费用 ··· 214
9.2.3 年度保障费用修正 ··· 217
9.2.4 绘制服役期保障费用剖面 ··· 219
9.2.5 高保障费用影响因素分析 ··· 219
9.3 保障费用分析算例 ··· 221
习 题 ··· 224

第10章 保障性分析评估 ·· 225

10.1 概 述 ·· 225
10.1.1 保障性分析评估的目的 ··· 225
10.1.2 保障性分析评估方法分类 ··· 225
10.2 保障性分析评估指标 ··· 225
10.2.1 战备完好性参数 ··· 226
10.2.2 任务持续性参数 ··· 226
10.2.3 保障系统特性参数 ··· 227
10.3 保障性仿真评估 ··· 227
10.3.1 概 述 ··· 227
10.3.2 保障性仿真模型 ··· 228
10.3.3 输出参数计算与分析方法 ··· 231
10.3.4 输出参数敏感性分析 ·· 233
10.4 保障性仿真评估案例 ··· 234
10.4.1 保障性仿真建模输入数据 ··· 235
10.4.2 仿真结果和分析 ··· 241
习 题 ··· 242

参考文献 ·· 243

第1章 绪 论

1.1 基本概念

1.1.1 保障性

保障性是一种重要的武器装备质量特性。如果在装备研制过程中没有很好地考虑保障性的设计,那么装备的保障性水平就不能满足使用要求,装备的使用效能将受到直接影响,战斗力也将受到制约。正是根据多年来在装备使用过程中积累的经验,渐渐形成了"保障性"这一概念。现在保障性已经发展成为一项装备研制的关键设计特性。

保障性(supportability)是装备的设计特性和计划的保障资源能够满足平时战备和战时使用要求的能力。

保障性概念中"装备的设计特性"指与装备保障有关的设计特性,与装备的可靠性、维修性、测试性、安全性和生存性等一样,是由设计赋予装备的固有属性。这些设计特性需要设计人员充分考虑装备具有便于使用保障和维修保障的特征,如便于对装备进行充填加挂、便于对装备进行修复性维修和预防性维修。通过对这些特性进行设计来满足装备的保障要求。

保障性概念中"计划的保障资源"指装备使用与维修保障中所需要的人、物、信息等资源,由这些资源构成的保障系统与装备相互匹配,以保证装备投入使用后,为了达到规定的使用要求,而能及时获得所需的设施、设备、备件、器材、工具、人力和技术资料等,使装备能够得到及时的保障。

保障性概念中"平时战备和战时使用要求"指由装备的作战或训练任务经过转化得到的装备使用要求,主要包括装备动用数量、装备动用周期以及装备使用频度等信息。装备满足平时战备和战时使用要求的能力通常用战备完好性和任务持续性来度量。

保障性是现代装备设计所考虑的一个综合的系统特性,是装备的设计特性及其保障资源组合在一起的装备系统的属性。装备的保障性水平高说明装备不仅具有便于保障的设计特性,而且还能够得到有效保障资源及时的保障。保障性在装备研制过程中是与性能、费用和进度同等重要的参数。

在装备研制过程中若要提高装备保障性设计水平,首先需要明确装备的保障性设计要求,并在装备设计过程中不断细化分解装备的保障性设计要求,而要完成这些工作则须借助保障性分析。通过具体的保障性分析技术,以装备的其他固有设计特性和外部使用环境条件为输入,将装备的使用任务要求转化为装备的保障要求,并进一步将装备的保障要求转化为装备的保障资源设计要求。

1.1.2 保障资源

保障资源是装备使用和进行装备维修等保障工作的物质基础。保障资源包括物资资源(如保障设备、设施、备件等)、人力资源(如使用保障人员与维修保障人员)和信息资源(如技术手册与计算机软件等)。通过信息资源将物资资源和人力资源与装备有机地结合起来。装备使用与维修保障所需的资源通常是不同的,这两方面的资源一般不通用,但研制的基本过程是相似的。

按照使用惯例通常将保障资源划分为 8 个方面,即人力与人员、供应品、保障设备、技术资料、训练保障资源、计算机保障资源、保障设施,以及包装、装卸、储存和运输资源。

1. 人力与人员

人力与人员是维护装备的主体,装备投入使用后,需要一定数量、专业和技术等级的人员从事装备的使用保障和维修保障工作。

如对于飞机装备,维修人员的专业通常划分为:外场维修专业(机械、军械、特设、通导、火控、飞控 6 个专业)和内场定检专业(机械、军械、特设、通导、火控、自控、座椅、电抗、附件、修理 10 个专业)。维修人员的技术等级包括专业负责人、专业军官、专业士官和专业士兵。

2. 供应品

供应品主要包括备件和消耗品。备件用于在装备维修时更换有故障的或到寿的零部件。消耗品是在进行装备保障时消耗掉的材料,如油料、标准件和涂料等。

通过保障性分析进行供应品规划,以确定装备备件及消耗品的采购、分类、接收、储存、转运、配发以及报废处理等要求所需要的全部管理活动、规程、方法与技术。它包括初始供应保障、后续供应保障以及停产后的供应保障。

3. 保障设备与工具

保障设备与工具是装备使用和维修时所需的全部设备(移动的、固定的、临时的设备)和工具。保障设备与工具包括搬运设备、拆装设备、维修设备/工具、计量与校准设备、试验设备、测试及监测故障诊断设备和修理工艺设备等,还包括保障设备自身的保障设备,如清洗油车的清洗设备。

以飞机装备为例,地面保障设备通常分为如下 4 大类:专用地面维护设备、技术维护工具、地面检测设备、通用地面维护设备。

专用地面维护设备通常分为:牵引和系留设备、起重设备、梯架、拆装设备、系统维护设备、特种系统维护设备、停放维护设备、维护用具和检测设备等。

技术维护工具通常分为:飞机技术维护工具、机械专业技术维护工具、军械专业技术维护工具、氧气专业技术维护工具、仪表专业技术维护工具、无线电专业技术维护工具、电气专业技术维护工具、飞机/发动机定检工具、军械定检工具、航空设备定检工具、无线电设备定检工具和救生系统定检工具等。

地面检测设备通常分为:移动式地面检测设备、飞机/发动机维护地面检测设备、航空军械维护地面检测设备、无线电电子设备维护地面检测设备、航空设备维护地面检测设备等。

通用地面维护设备通常分为：充电设备、加油设备、充制气设备、油液分析设备、无损探伤设备等。

4．技术资料

技术资料主要包括工程图样、技术规范、技术手册、技术报告、规程、细则、说明书和计算机软件文档等。这一切都是用于主装备、保障设备、训练器材、运输与搬运设备以及各种设施等的使用及维护说明。

以飞机装备为例，技术资料主要分为4部分。第1部分为编号文件，是关于飞机、发动机、机载设备、地面设备和检测仪器的出厂履历本或合格证。第2部分为标准(校准)资料，是关于飞机各系统的技术说明与维修工艺方面的使用维护技术资料。第3部分为配套产品文件，是关于机载成品附件的技术使用手册，包括发动机、飞机各系统、航空军械、无线电设备、航空设备方面的机载成品附件的技术说明、使用手册、电路图册与航空弹药资料汇编等。第4部分为地面保障设备与检测仪器的技术说明与使用技术资料。

5．训练保障资源

训练保障资源主要包括装备使用维护的培训大纲及教材、训练器材和训练设备。

通过保障性分析来规划训练大纲的编制要求，以及训练器材和训练设备的研制要求。这些保障资源通常是针对单兵和集体训练、新装备训练、初始训练和在职训练。

6．计算机保障资源

计算机保障资源主要侧重在与软件相关的保障资源，主要包括嵌入式软件测试设备、软件设计文档和专用测试软件等。

7．保障设施

保障设施是使用与保障装备和设备所需的永久性与半永久性的构筑物及其设备，如维修车间、训练场地及仓库、码头、船坞等。

通过保障性分析主要提出保障设施的设计要求，主要包括对设施类型、设施设计与改进、选址、空间大小、环境及设备等方面的要求。

8．包装、装卸、储存和运输资源

包装、装卸、储存和运输资源是装备及其供应品和保障设备在包装、装卸、储存和运输时所需的资源。

通过保障性分析主要考虑在储存运输周期和储存运输环境条件下提出装备的包装、装卸、储存和运输资源的设计要求以及相关作业程序及要求。

在装备研制过程中，装备保障资源设计要求的提出离不开保障性分析。通过保障性分析可以确定的保障资源设计要求主要包括保障资源的功能要求、保障资源的配置数量要求、保障资源的使用条件及注意事项等。

1.1.3 保障系统及保障方案

1. 保险系统

(1) 保障系统的组成

保障系统是使用与维修装备所需的所有保障资源及其管理的有机组合。其中保障资源是1.1.2 小节提到的保障装备所需的人力、供应品、设备和工具、技术资料、训练资源、设施、嵌入式计算机所需的软件保障资源以及包装、装卸、储存和运输资源等。如果只有保障资源，则还不能直接形成保障能力，而只有通过保障活动，才能将分散的各种资源有机地组合起来，相互配合形成具有一定功能的系统，充分发挥每种资源的作用。

保障系统的功能是维持装备的正常使用，保障系统既要在装备使用时能够保证装备操作动用，又要在装备故障时能够及时修复装备。为了实现保障系统的功能，需要在相应的保障组织中开展相应的保障活动，这些活动在执行时需要使用或消耗一定的保障资源，将相应的保障资源部署到保障组织中，才能保证保障系统功能的正常执行。

由保障系统的定义可知，保障系统由实体部分和非实体部分有机结合而成，这说明保障系统若要正常执行其设计功能，除了需要实体的保障资源外，还需要非实体的保障组织。可以将保障系统从功能、资源和组织三维要素角度进行展开，如图 1-1 所示。

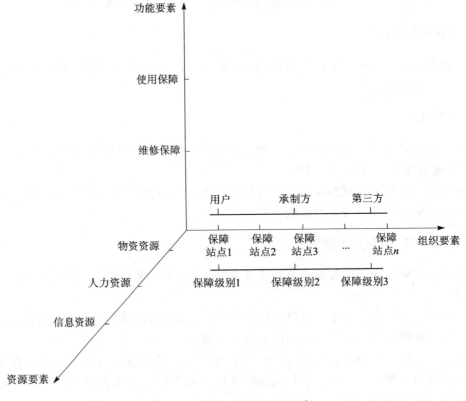

图 1-1 保障系统的三维要素

1) 功能要素

功能要素指保障系统需要完成的功能,具体包括:

(a) 使用保障功能

即在装备储存、运输和使用时,保障系统能够提供相应的保障功能,以保证装备随时可用。

(b) 维修保障功能

即在装备故障时,保障系统能够为故障装备提供维修功能,以恢复其完好的技术状态;或者为了预防装备出现故障而提供维修功能,以保持装备完好的技术状态。

保障系统的最主要功能是使用与维修保障功能。为了确保实现使用与维修保障功能,保障系统需要完成相关的预备工作,即实现各类保障资源的就绪。这些预备工作包括:为使人力人员具备相应技术等级的训练工作,为储备一定数量供应品的供应筹措工作,为保证供应品及时供应的包装、装卸和运输工作等。

2) 资源要素

资源要素是进行装备使用和维修等保障工作的物质基础。保障资源要素如1.1.2小节所述,可以分为8种,但从其性质来看,可分为物资资源、人力资源和信息资源3大类。

(a) 物资资源

物资资源包括备件/消耗品、设备/工具、设施、计算机保障资源,以及包装、装卸和运输资源。

(b) 人力资源

人力资源包括使用与维修装备的技术人员、训练人员、管理人员和供应保障人员等。

(c) 信息资源

信息资源主要指技术资料类和软件类资源。

3) 组织要素

组织要素指平时和战时装备保障机构的设置。保障组织由保障站点组成,保障站点是完成保障活动的场所。站点内包含执行若干保障业务的部门,也称为子站点,如军用飞机基层级的某站点由维修车间、使用外场、备件仓库、工具房、设备间、七股八连(航材股、油料股、军械股、导弹中队、四站一连等)等部门构成。因此,保障组织要素指保障站点及子站点。

按照责任主体划分,保障组织要素中的保障站点可以分为用户、承制方和第三方。不同的责任主体承担着保障组织要素的不同角色。每个责任主体通常要负责多个站点的保障工作。

参照目前通常采用的维修机构的级别划分,保障组织要素中的站点又可分为两级或三级,如常见的三级保障组织结构是基层级、中继级和基地级。

(a) 基层级

基层级保障组织由装备的使用操作人员和装备所属单位的维修人员组成,他们进行使用和维修保障工作,并只限定完成较短时间且简单的保障工作。

(b) 中继级

中继级保障组织有较高的维修能力,有数量较多和能力较强的维修人员及保障设备,承担一些基层级所不能完成的维修任务。

(c) 基地级

基地级保障组织具有更高的修理能力,承担装备大修和大部件的修理、备件制造和中继级所不能完成的保障工作。

同一级保障级别上可以设有多个保障站点。

保障组织可以用保障站点间的保障关系，以及保障站点内部的业务关系来描述。构成保障组织的各级保障站点所具有的使用与维修能力是实现特定保障功能的前提，保障站点间的相互联系及保障策略决定着保障工作项目是否能够及时开始。对于保障系统来说，外场的保障功能直接作用于装备，即保障系统在外场为装备的使用提供使用保障，为装备的故障单元进行更换或原位维修，为重要功能产品进行预防性维修保障。可以说，直接影响装备任务的是在外场所实现的保障功能。

（2）保障系统的设计

保障系统通常采用自顶向下的方法进行设计，且保障系统的设计与装备的设计并行开展。在独立研制的基础上采用面向专业领域的分析方法，在分析设计过程中不断协作，而不是等到进行最终系统综合和试验时再面对大量的不兼容、设计修改和资源浪费问题。

保障系统的设计通常分为方案设计、初步设计、详细设计研制、生产及建造、部署及使用和退役几个过程。在保障系统设计的每一个过程中，其主要的设计工作本质上都是围绕分析、综合与评价的迭代过程展开的，只是每个过程的综合、分析与评价的对象和层次都不同。保障系统的设计过程是实现保障系统的组织结构、保障资源以及保障活动达到较优匹配的一系列分析、综合与评价的方法集合。

分析是针对保障系统的顶层设计要求，依照保障系统内部各要素之间的逻辑关系，自顶向下对保障系统各个层次的功能进行分解的方法。通过保障系统分析能够得到表征保障系统各个层次功能的一系列设计参数。

综合是把已知要素放在一起，根据模型、知识和技术手段，根据保障系统各个层次的功能要求来确定保障系统的备选设计方案。

评价是对保障系统备选方案能够满足设计要求的程度给出定性或定量结果的过程。

通过保障系统分析得到下层设计的要求，通过保障系统综合确定保障系统的综合性能，通过保障系统评价给出综合性能满足设计要求的符合程度。保障系统的评价最终将影响保障系统的分析和综合，这又是一个自下而上的过程，形成了保障系统迭代的设计过程。这个设计过程称为保障系统分析的系统工程过程，如图1-2所示。

系统工程的主要目标是从最开始就确保所有系统要素（和所有相关的活动）都能够及时协调和综合。通过预先制定的规范和结构化的设计方法，随着系统功能的分解过程可同步实现设计目标。由于研制过程的保障方案是在各设计阶段对保障系统的描述，所以该研制过程也称为保障方案生成的系统工程过程。保障系统分析的系统工程过程中所包含的信息有两个主要来源：一是源于相似系统或基准系统；二是在没有相似系统的情况下依据系统工程过程原理逐步细化分解出来的信息。

由前述可知，保障系统的构成要素通常包括功能要素、组织要素和资源要素，因此保障系统的设计也是从保障系统的功能、组织和资源三个角度展开的。在研制过程的不同阶段，在转换阶段之前，冻结版本状态的保障系统设计说明及其设计规范形成了保障系统的研制基线，方案设计完成形成了保障系统的功能基线，初步设计完成形成了保障系统的分配基线，详细设计完成形成了保障系统的生产基线。基线使复杂保障系统的设计有了统一的尺度和标准。

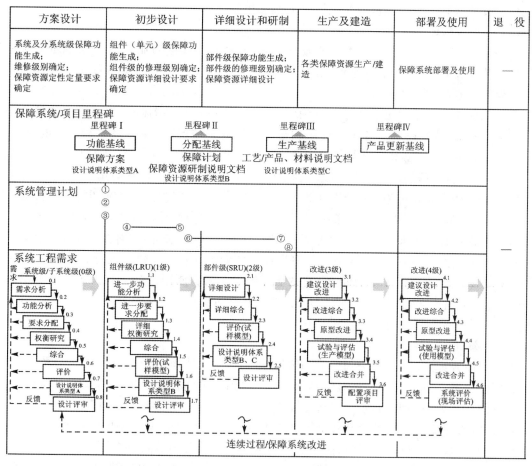

图 1-2 保障系统分析的系统工程过程

保障系统在各阶段不断细化的设计过程与保障对象①不断细化的设计过程是相互影响的。在方案设计阶段，保障系统的功能主要是针对系统及分系统级的保障对象，保障组织的主要设计工作是确定修理级别，保障资源设计的主要工作是确定资源的种类划分及宏观设计要求。在初步设计阶段，保障系统的功能主要是针对组件（LRU）级的保障对象，保障组织的主要设计工作是确定各组件的修理级别，保障资源的设计工作是确定保障资源的详细设计要求。在详细设计阶段，保障系统的功能主要是针对部件（SRU）级的保障对象，保障组织的主要设计工作是确定各部件的修理级别，保障资源的设计工作是完成保障资源的详细设计。

2. 保障方案

保障系统完整的总体描述称为保障方案。保障方案满足装备的保障要求并与装备设计方案及使用任务相协调，是对构成保障系统三维要素及其相互关系的完整说明，是保障系统的信

---

① 保障对象是装备保障系统行为的作用实体，可以是各个硬件分解结构层次的装备（部件）。

息载体。装备保障方案主要包括使用保障方案和维修保障方案。

(1) 使用保障方案

使用保障方案是装备保障方案的重要组成部分,是对完成使用任务、充分发挥装备作战性能所需的装备保障的说明,由满足使用功能的保障要求以及与设计方案及使用方案相协调的各综合保障要素的方案所组成。

在使用保障方案中规定了使用保障的基本原则,其中包括装备在使用时各专业的主要保障工作内容和完成的准则,装备集中使用和分散使用的供应保障,装备储存和运输的方式,油料与弹药的补充,专业技术的约束及主要保障资源的基本要求等,还包括战时和平时使用保障的一般要求,装备使用的流程说明,装备的包装、储存和运输方案,装备动用准备过程,正常检测/检查方案,能源和特种液体、气体补给方案(包括燃料、润滑油、冷却液、电源、气源等的储存、运输、加注、补充等),以及特种条件下(如雨、雪天气)的使用保障要求等。

详细的使用保障方案还要对装备使用保障工作的程序、方法、实施时机和满足上述要求的保障设施、保障设备、技术资料、人力人员等所需保障资源的种类和数量进行详细描述。此外,使用保障方案中还要包括装备的储存、运输及其包装方案。使用保障方案一般可包括装备动用准备方案、运输方案、储存方案、诊断方案、充填加注方案以及已知的或预计的费用约束条件和使用保障资源设计约束条件。

(2) 维修保障方案

维修保障方案是对保障系统中装备维修保障功能的总体描述。

在维修保障方案中,首先,要对修理级别做出规划,明确各修理级别需承担的维修任务。通常修理级别分为基层级、中继级和基地级三级,也可以只分基层级和基地级两级。

其次,维修保障方案还要对维修组织进行说明。维修组织由维修站点构成,维修站点可以有多个,而且其职责随装备的部署、使用时间和装备保障阶段的不同而变化。各维修站点的职责取决于其具备的或将具备的维修保障能力。基层级站点一般承担不使用复杂专用工具、设备的维修(保养、检查、更换故障零部件),中继级站点可承担复杂部件的更换和需要专用检测设备的定期检测等,基地级站点可承担全部修复件的维修和装备的翻修(大修)。

此外,维修保障方案还要对维修策略进行说明。维修策略也称为维修原则,它既影响装备的设计要求,又影响对维修保障系统的要求。维修策略中包括了维修类型的划分,一般分为预防性维修(计划维修)和修复性维修(非计划维修)。预防性维修可进一步分为小修、中修和大修等。在维修级别的约束下,可能会有多种维修策略。维修策略还会规定设备/部件应设计成不可修复的、部分可修复的或者完全可修复的。

最后,维修保障方案还要对维修保障资源进行说明,即确定各类维修保障资源的功能要求、数量要求和使用条件等信息。

装备保障方案中还应涉及对供应品供应程序、品种、数量和库存的要求,对训练程序和训练资源的要求,以及对保障资源的包装、装卸、储存、运输程序和资源要求等的说明。

1.1.4 综合保障工程

综合保障工程是在装备研制的全过程中,为了满足战备和任务的要求,综合规划装备所需的保障问题,并在装备部署使用的同时,以可以承受的寿命周期费用,提供与装备相匹配的保障资源和建立有效的保障系统所进行的一系列技术与管理活动。这种活动要达到两个目的:

一是通过开展综合保障工作对装备设计施加影响,以使装备设计便于保障;二是在获得装备的同时,提供经济有效的保障资源和建立相应的保障系统,以使所属部队的装备可以得到保障。为了达到上述目的,综合保障工程主要应制定与战备完好性目标和性能设计及其之间具有最佳匹配关系的保障要求,有效地将保障问题纳入装备系统设计,研制与获取有效的保障资源,在使用阶段以最低的费用来实施对装备的保障。

1. 装备保障系统与装备性能研制应同步进行

为了使综合保障工作能够影响装备设计和使所提供的保障资源能够与装备同时部署到部队中,在装备立项和论证时,就应开始进行保障问题的研究和论证工作,装备的设计和保障系统的设计要同步进行,并相互协调。在装备定型试验前,应完成保障资源的研制工作,以保证装备和保障资源同时配套进行试验与考核,从而在装备交付部队试用时,能够同时进行装备与保障系统的试用与评估。在装备部署使用时,与之相适应的保障能力也应形成,这样才能有效地保证装备尽快地形成战斗力。

此外,一些研究成果还表明,在装备研制的早期做出的各项决策(如战术技术指标要求、保障特性和保障资源要求以及这些要求的实现),对装备设计和寿命周期费用的影响很大。美军曾得到如图1-3所示的研究结果:装备的寿命周期费用主要取决于论证和研制过程的费用;等到了装备交付部队使用时期,则难以对寿命周期费用的改变产生重大影响。在方案阶段早期,大体上决定了寿命周期费用的70%;到方案阶段结束时,则已决定了寿命周期费用的85%;到研制阶段完毕时,则已决定了寿命周期费用的95%;到交付部队使用时,则对寿命周期费用的影响就很有限了。这就是说,如果在论证和研制阶段对装备及其保障问题不予以研究,那么如果等到装备研制完成后再考虑保障问题,则此时木已成舟,将难以对装备的寿命周期费用施加影响,同时使用阶段高昂的保障费用也难以降低。因此,必须在装备设计的方案阶段早期就对装备保障系统设计予以考虑,并做到与装备设计同步和协调。

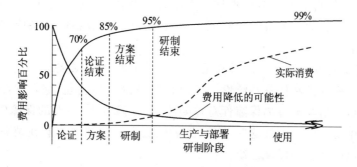

图1-3 寿命周期各阶段对费用的影响

2. 综合保障工程力求达到最低的寿命周期费用

开展综合保障工程工作要考虑部队现有的保障条件和国防经费的可承受能力。随着设计中高新技术的不断采用,装备的购置费用已十分昂贵,为了保障装备正常使用所需要的保障费用更是以惊人的速度增长,这使得装备的费用需求与所能提供的有限军费间的矛盾十分突出。一些统计资料表明,在装备的寿命周期费用中,使用阶段的费用与维修保障的费用占总费用的50%~80%。表1-1为装备投资费用和使用维修保障费用占总费用的比例。由于装备在使用阶段持续的年限很长(10～20年),所以其支付的使用费用在寿命周期费用总和中大大超过采办费用的支出。这意味着降低寿命周期费用的主导因素在于控制装备的保障费用。因此,要以可承受的最低寿命周期费用为约束条件,不断地在装备作战性能、保障特性和寿命周期费用间进行分析与权衡,在论证和研制阶段找出影响保障费用的主导因素并加以研究和解决,在保证使用要求和充分利用现有保障资源的条件下,有效控制保障费用的增长,保证以最低的寿命周期费用来实现装备的最佳使用效能。

表1-1 装备的两类费用与寿命周期费用的比例

费用比 装备类型	研制费及采购费 /%	使用与维修费 /%
战斗机	30～50	50～70
装甲车辆	20～30	70～80
驱逐舰	25～40	60～75

3. 综合保障工程以装备的战备完好性和任务持续性为最终评价目标

综合保障工程所规划的保障资源与建立的保障系统是否经济有效,需要在寿命周期过程中不断地加以评价,而最终还要以装备部署使用后能否形成战斗力来评价。这是因为:

① 装备研制的目的是要完成作战与使用要求,这些要求是通过一系列参数指标来反映的。其中最能反映装备作战与使用要求的参数是装备的战备完好性与任务持续性。前者保障装备时刻处于完好状态,以便能够随时执行作战与训练任务(如可用性、各级战斗准备时间等);后者则保障装备具有持续完成作战与训练任务的能力(如任务持续时间、任务可靠性等)。还可以这样认为,对于一种装备的研制,首先应根据使用要求(任务)提出战备完好性与任务持续性的目标值;再根据目标值分解成为与保障性有关的各种量值,以利于保障系统的研制;然后通过对与保障性有关的各种量值的验证与考核,最终评价装备的战备完好性和任务持续性是否达到使用要求。

② 单一的装备或单项的保障资源是无法评价其战斗力的,装备只有与其保障系统一起运行才能考核其战备完好性和任务持续性。所以自装备论证阶段起,综合保障工程就要考虑装备的战备完好性目标值与装备的保障性总体要求(如保障方案、主要的保障资源)之间的关系。在整个研制过程中要不断协调好这些关系(包括低层次的),这样才能在装备部署后得到满足战备完好性目标值的装备和保障系统。

4. 综合保障工程采用系统分析的方法

装备综合保障工程是一门多专业的综合性学科,它要解决的问题涉及很多方面,既有与保障资源有关的装备设计问题,又涉及大量类型极不相同的保障资源获取和保障系统的建立问题,并要求做到保障系统、保障资源和武器装备间的最佳匹配。因此在装备研制过程的各个时期,都应采用系统分析的方法对装备和保障系统及其各组成要素之间不断进行分析、协调和综合,只有这样才能以最低的费用提供对装备的保障。这里所提及的系统分析的方法指本章1.2节将要介绍的装备保障性分析方法,所指的分析、协调和综合应包括:

① 装备的使用要求与保障要求间的分析、协调和综合；
② 装备设计与保障系统设计间的分析、协调和综合；
③ 装备所需的各类保障资源间的分析、协调和综合；
④ 新研装备与现役装备保障系统间的分析、协调和综合；
⑤ 装备性能、保障性能、研制进度和费用间的分析、协调和综合。

若要完成这些分析、协调和综合，根据系统工程过程的原理，需借助于保障性分析方法。只有在综合保障工程中运用保障性分析方法，才能实现装备系统的战备完好性与任务持续性目标。

1.2 保障性分析

1.2.1 保障性分析的主要内容

保障性分析是综合应用一些分析技术（如故障模式及影响分析、以可靠性为中心的维修分析、保障费用分析、保障性分析评估等）对系统和设备的综合保障进行的分析，国外称为后勤保障分析（LSA，Logistics Support Analysis）。也可称为综合保障分析。

如图 1-4 所示，常用的保障性分析技术主要包括：故障模式及影响分析、损坏模式及影响分析、以可靠性为中心的维修分析、使用与维修工作分析、修理级别分析、保障资源设计要求分析、保障费用分析、保障性分析评估等。

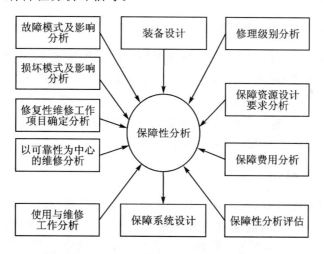

图 1-4 保障性分析技术的基本内容

1. 故障模式及影响分析（FMEA）

在保障性分析过程中，FMEA 的主要作用是确定修复性维修项目和要求。首先分析出产品可能存在的各种故障模式，然后分析这些故障能否通过改进设计来消除或者采用预防性维修来减缓，并确定相应的修复性维修工作项目。在此基础上，就可以考虑将工作项目分解为故障的诊断、隔离与定位，拆卸与分解，更换故障件（或原件修复），以及组装、安装和调试等作业，从而提出检测手段，拆装工具，以及所需备件、人员、技术资料等与规划保障资源相关的信息。

2. 损坏模式及影响分析(DMEA)

在保障性分析过程中,DMEA 的主要作用是确定损坏维修项目和要求。首先根据装备的使用任务分析出产品可能存在的各种威胁机理,然后分析这些威胁机理作用在装备上可能产生的损坏模式,并分析这些损坏模式能否通过改进设计来消除或者通过损坏维修手段来复原,并确定相应的损坏维修工作项目。在此基础上,确定损坏维修工作步骤和资源要求。

3. 修复性维修工作项目确定分析

在保障性分析过程中,修复性维修工作项目确定是根据 F(D)MEA 的结果,确定装备、LRU 和 SRU 的修复性维修工作项目,包括针对故障模式的修复性维修工作项目和针对损坏模式的修复性维修工作项目,这些工作项目是构成装备维修保障方案的部分内容,同时也给维修工作分析提供输入信息。

4. 以可靠性为中心的维修分析(RCMA)

在保障性分析过程中,RCMA 确定预防性维修的工作项目和要求。RCMA 是以最少的维修资源消耗保持装备固有可靠性和安全性为原则,应用逻辑决断法确定装备预防性维修要求的分析方法。其目的一方面是为设计更改提供必要的输入,更重要的一个方面是确定需要进行预防性维修的工作项目——确定其维修工作类型和预防性维修工作的间隔期,从而通过进一步分析提出进行预防性维修工作所需的保障资源。

5. 使用与维修工作分析(O&MTA)

在保障性分析过程中,O&MTA 确定每项使用保障工作和每一修理级别维修工作所需的保障资源要求。使用与维修工作包括使用工作、预防性维修工作、修复性维修工作和损坏修理工作,并对每项工作进行详细分析,将工作划分为作业和工序,然后对执行每道工序所需的人员及技术水平、工具、设备、备件和消耗品、所需的工时和时间、采用的标准与技术文件等逐个加以分析,列出清单,进而汇总提出所需的保障资源要求。

6. 修理级别分析(LORA)

在保障性分析过程中,LORA 确定维修工作在哪一级别进行,LORA 分为经济性和非经济性分析。LORA 的目的是确定维修工作在哪一个修理级别上执行最为经济有效。在规划维修的分析过程中,应用 LORA 进一步确定各修理级别的维修工作内容,从而为确定每个修理级别上的保障资源提供输入。

7. 保障资源设计要求分析

综合保障工作的最终输出是提供装备保障所需的保障资源,并将这些资源有机地综合成保障系统。通过保障性分析,装备系统所需的保障资源要求在保障方案(包括维修保障方案)中已有明确的结论,现在需要将保障资源设计要求做进一步的分解,之后依据这些保障要求来设计、生产保障资源。

8. 保障费用分析(LSCA)

费用是综合保障追求的目标之一,也是装备研制的约束条件。因此需要在综合保障工作实施过程中做好保障费用的分析与控制。通过建立装备在使用及维修过程中的费用分解结构,并运用费用分析技术来计算保障费用。

9. 保障性分析评估

保障性分析评估是评估所建立的保障系统在使用期间达到规定战备完好性和任务持续性目标的程度。通常保障系统必须与保障对象一起运行才能进行保障性评估,如果单独评估综合保障各专业和保障系统的工作,则往往不能完全反映保障系统的能力,也不能达到预期的效果。所以通过保障性分析评估不仅评估了综合保障工作所建立的保障系统,同时也评估了与装备保障相关的设计特性。

通过保障性分析可以提出和确定与保障有关的设计因素,用来影响装备设计,使装备设计与保障系统设计相匹配。在研制装备过程中,尽早确定影响保障和费用的主导因素,以便确定分析工作的重点,并及时制定改进的目标和解决的方法;提出装备使用与维修所需的各类保障资源的要求,以便进行保障资源的研制与采购;利用分析所得到的数据资料形成保障性分析记录,建立统一的数据库,以便于装备设计和综合保障工作的使用。

对保障性分析记录的处理和应用是装备综合保障工作的重要组成部分。由于保障性分析信息的应用广泛、作用重大,且记录和处理工作又十分繁杂,因而日益受到重视。当前我国已制定了国军标 GJB3837(保障性分析数据记录要求),以规范保障性分析记录。

保障性分析记录主要包括的信息有:

① 保障对象的使用与维修信息。这些信息明确了对保障对象使用与维修的要求。其中包括:任务和使用要求数据、平均故障间隔时间、平均修复时间、保障对象的总数和年计划的维修工时等。

② 保障对象的可用性、可靠性、维修性和故障模式影响分析信息。

③ 保障对象使用与维修工作清单、使用与维修工作分析及人员与保障要求信息。另外还包括每一项可维修项目的使用与维修工作以及完成每项使用与维修工作所需要的训练、人员、保障设备和供应保障要求等。

④ 保障设备与训练器材要求信息。

⑤ 受试件的要求与说明信息。

⑥ 设施要求信息。

⑦ 人员数量和专业技能要求信息。

⑧ 包装和供应要求信息。

⑨ 运输性分析信息。

保障性分析记录的主要作用是:

① 为保障资源的研制、购置与筹措提供原始数据。

② 为及时发现保障问题、纠正产品的设计缺陷提供反馈信息。

③ 为进行各种权衡分析、寿命周期费用估算和建立分析模型提供所需的数据。

④ 为编制综合保障所需的资料和文件提供数据。

⑤ 为评估产品在使用现场所达到的保障性水平提供数据。

⑥ 为后续产品的研制提供保障性分析历史数据。

将保障性分析所得的大量数据和信息按统一规定的格式填写，形成保障性分析记录，实质上是建立一个独立的数据库，做好数据管理工作。保障性分析记录规定了数据元的定义和编码、数据字段长度和格式以及数据关系表等，以便实现自动数据传输和处理。保障性分析数据流与系统工程的接口关系如图 1-5 所示。图中 A，B，C……分别表示数据表的分类编码。

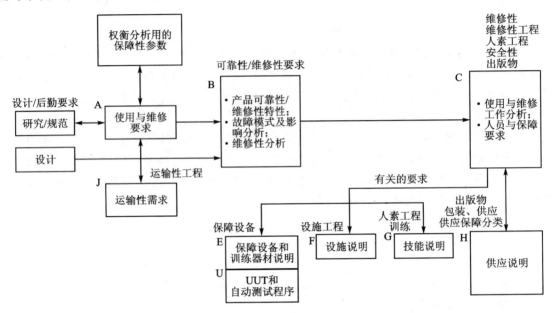

图 1-5　保障性分析数据流与系统工程的接口

在装备使用过程中要想做到装备与保障系统的匹配，就必须在装备研制阶段考虑装备的保障问题，使装备保障既影响装备设计，又能提出正确的保障资源要求。同步研制装备及其保障系统，其关键在于获得与装备设计方案和使用方案协调一致的保障方案。以装备的设计方案数据为输入进行相关的保障性分析，得到保障系统的保障要求，并对这些要求进行进一步分解、权衡和综合，最终得出装备的保障方案。在分析过程中如果不能得到满足设计要求的保障方案，则会考虑修改、调整装备的设计方案。

保障方案制定的基本依据来自于保障性分析所得的结果，而综合保障工程的适用性也要通过保障性分析加以判断，并根据分析的结果进行适当调整。装备与其保障资源在设计上的协调和对任务的影响，可用飞机加油这一简单的保障问题实例加以说明。加注燃油时间，属于战斗准备时间，直接影响飞机的战备完好性，要想缩短加油时间，可采用高压和大流量的加油泵来提高输油速度（这属于保障资源要求方面的问题），同时还要使加油能力与油箱布置、机内油道管路和输油接口设计所形成的受油能力（属于与保障有关的设计方面的问题）相匹配，才能达到目的。保障性分析在寿命周期内与装备设计和保障系统设计之间的基本关系如图 1-6 所示。由图可知保障性分析对装备设计的输出是提出与保障有关的设计因素，对保障系统的输出则是提出保障资源要求。获得这些设计要求的过程通常需借助系统工程过程的原理来建立。

综上所述，保障性分析技术的主要特点可以概括如下：

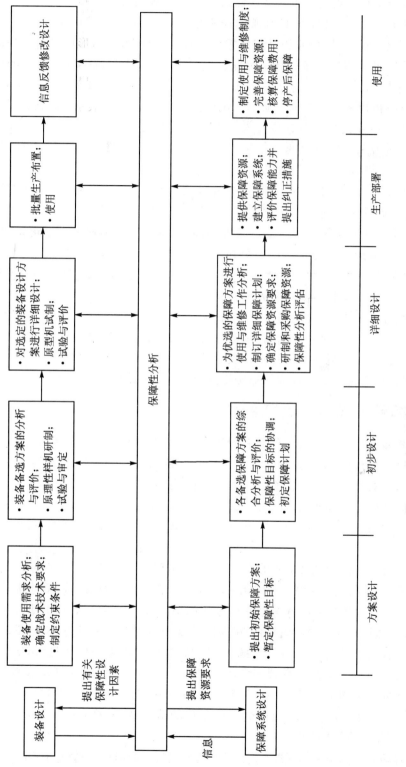

图1-6 装备及其保障系统设计与保障分析的关系

（1）保障性分析技术是装备设计与保障系统设计相协调的纽带

按照综合设计方法，必须在装备的研制早期就综合考虑保障问题，并在装备设计过程中用保障问题来影响装备的设计，同步设计保障系统。在装备研制过程的各个阶段，保障性分析技术用来协调装备设计与保障系统设计。因此，保障性分析过程要与装备研制各个阶段的进度相协调。

（2）保障性分析技术是一个多专业、多接口的综合性分析技术

保障性分析是一种综合性的分析技术。它运用各种分析方法，协调与综合可靠性、维修性、测试性、生存性等与保障有关的工程分析结果，用来影响装备和保障系统的设计。

（3）保障性分析技术是一个反复、有序迭代的分析过程

保障性分析是贯穿于装备寿命周期各个阶段（特别是装备的研制与生产阶段）的一个反复、有序迭代的分析过程。随着装备研制的进展和逐步深入与详尽，保障性分析按照装备结构的分解层次，从保障系统到保障资源逐渐深入；随着分析所需要的输入信息逐渐准确与细化，分析的详细程度也由粗到细与各阶段的分析要求相适应。通过迭代分析不断地修正分析结果，优化装备和保障系统的设计与研制，以达到费用、进度、性能与保障性的最佳平衡。

（4）保障性分析技术是系统工程分析技术的综合运用

实施保障性分析时，要综合运用系统工程中的各种分析技术来解决装备的各种保障问题。例如，在确定保障设备数量时可以采用排队论方法；在早期确定零备件要求时，应用泊松分布函数与库存论理论；在确定保障资源的分配、运输与器材装卸要求时，经常利用线性规划或动态规划方法；在进行费用效能分析或保障费用分析时，可以采用统计分析或仿真分析方法等。

1.2.2 保障性分析技术之间的关系

保障性分析技术主要用于装备的研制阶段，但在装备的使用阶段也可应用。本书主要围绕研制阶段装备保障性分析技术进行展开。由前述各保障性分析技术的内容可知，FMEA，DMEA和RCMA主要用于确定装备的修复性维修、损坏维修和预防性维修工作项目，这些工作项目是保障系统的保障要求，也是保障系统的功能设计要求。可以说，通过FMEA，DMEA和RCMA明确了保障系统的设计需求，所以，把FMEA，DMEA和RCMA称为保障系统的需求分析技术。

明确了保障系统的设计需求，在此基础上进行O&MTA，进一步确定装备的使用保障活动和维修保障活动，并将这些保障活动细化为详细的操作步骤，这些保障活动和步骤明确了保障系统"能干什么"，所以，将O&MTA称为保障系统的功能分析技术。通过O&MTA细化了保障系统的功能，并且通过O&MTA还明确了在保障活动中使用保障资源的要求，在此基础上考虑综合保障要素中各类资源的特点及设计约束条件，对保障资源的设计要求进行更进一步的分解，得出保障资源的详细设计要求，这些详细设计要求构成了保障资源的详细功能要求。

明确了保障活动及其资源的详细设计要求之后，需要将这些活动和资源分配至保障组织中。在分配至保障组织的过程中，可能会产生备选的保障方案，这时需要通过LORA来完成分配工作以及备选保障方案的权衡工作。

在明确了保障系统的基本构成之后，已经得到了较为全面的保障系统构成信息，这时可通过LSCA和保障性分析评估对保障系统进行综合评估，为最终确定保障系统的设计方案进行决策。

在保障系统的需求分析、功能分析以及综合评估分析的过程中会不断产生反馈信息，这些

反馈信息同时影响着装备的设计。在装备研制过程中,随着装备在各设计阶段的细化,通过不断迭代执行这些保障性分析技术,保障系统也在不断细化,而这些运用保障性分析技术不断迭代的分析活动正是衔接装备设计与保障系统设计的桥梁和纽带。

各主要保障性分析技术之间的关系如图1-7所示。

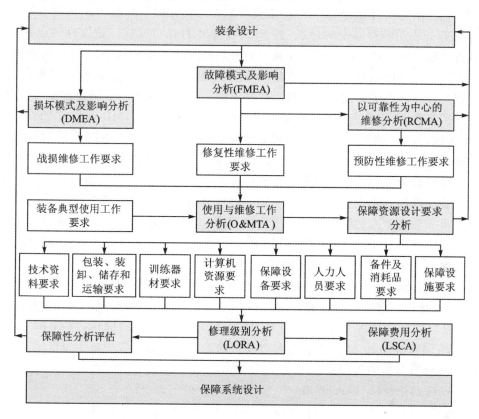

图1-7 主要保障性分析技术之间的关系

1.3 保障性分析的国内外相关技术标准

1.3.1 国外标准

国外保障性分析技术标准主要以美军标准和英军标准为主。

1. 美军标准

(1)《故障模式、影响及危害性分析程序》标准

《故障模式、影响及危害性分析程序》(MIL-STD—1629A)是由美军在1980年颁布使用的标准。该标准规定了故障模式、影响及危害性分析(FMECA)的程序和方法。通过每一部件的故障模式分析、功能故障或硬件故障对系统任务的成功性、人员和系统安全、系统功能、维修性和维修需求的潜在影响分析来对系统进行评价;并对每一故障模式按其对系统的危害程度进行等级划分,以确保消除严酷度高的故障或降低其发生概率。该标准适用于美军所有的装

备系统。适用阶段为论证、方案、工程研制与定型、生产和使用阶段。该标准所包含的FMECA工作项目并不适用于软件系统。

(2) 以可靠性为中心的维修分析(RCMA)标准

1)《操作人员/制造商计划维修大纲制定文件》(ATA MSG—3)

《操作人员/制造商计划维修大纲制定文件》(ATA MSG—3)是由美国航空运输联合会(ATA)维修指导小组编写制定的标准,并于2003年3月修订实施。该文件的主要目的是提出开展装备计划维修工作及维修间隔期确定的一系列方法和程序,以满足装备管理机构、使用方和承制方的需求。计划维修工作和维修间隔期的确定需要管理机构、使用方和承制方的共同协调。该文件还列出了确定计划维修工作需求的一些通用组织和逻辑决断分析过程。

2)《海军飞机、武器系统和保障设备以可靠性为中心的维修》(MIL-STD—2173)

《海军飞机、武器系统和保障设备以可靠性为中心的维修》(MIL-STD—2173)是由美军国防部于1986年提出的标准。其主要目的是为美军海军飞机、武器系统和保障设备开展以可靠性为中心的维修分析工作建立标准和规范。该标准可供承制方在新装备研制阶段使用,也可以由海军装备保障性分析人员在确定装备预防性维修需求或确定工龄探索需求时使用。该标准规定了以可靠性为中心的维修分析的方法和程序,其输入为标准《故障模式、影响及危害性分析程序》(MIL-STD—1629A)。该标准还提出了制定维修大纲时的预防性维修需求。新研装备或现役装备的RCMA工作都要符合该标准。

3)《C^4ISR系统以可靠性为中心的维修》(TM 5—698—2 C^4ISR)

《C^4ISR系统以可靠性为中心的维修》(TM 5—698—2 C^4ISR)是美国陆军的技术手册,于2006年10月生效。该技术手册给出了RCM在C^4ISR系统中的应用,包括RCM的起源、RCM的优点、成功执行RCM的基本要素以及维修系统等内容。应用该手册可使C^4ISR系统以最低的成本获取最高的可用度。

(3) 修理级别分析(LORA)标准

《修理级别分析》(MIL-STD—1390D)是美军在1993年颁布的标准。该标准规定了装备修理级别分析的具体过程,而且满足了美军国防部DOD 5000.2《国防采办管理政策和程序》、《系统和设备的综合后勤保障的采办和管理》以及《后勤保障分析》(MIL-STD—1388—1A)的需求。同时,它还规定了装备在寿命周期内进行修理级别分析的要求和具体工作项目,并将其分为四个基本系列:100系列——修理级别的规划与控制;200系列——数据的准备和管理;300系列——评估;400系列——应用。该标准适用于新研制、改型和仿制装备的论证、方案、工程研制、定型、生产与使用各阶段。其中所列各工作项目可根据装备的特点及其所对应的寿命周期各阶段的要求进行适当剪裁。

(4) 后勤保障分析(LSA)标准

《后勤保障分析》(MIL-STD—1388—1A)标准于1983年颁布实施。它依据系统工程过程原理规定了军事装备在寿命周期内进行保障性分析、评估及其管理的要求,是提出保障性要求、确定保障性分析工作和制订保障性分析计划、指导分析工作的基本依据。

(5) 后勤保障分析记录(LSAR)标准

1)《后勤保障分析记录》(MIL-STD—1388—2B)

《后勤保障分析记录》(MIL-STD—1388—2B)标准于1991年颁布实施。它规定了装备保障性分析记录的数据单元、关系表的结构和建立保障性分析记录数据处理系统的要求,提供了保障性分析记录报告的种类和推荐格式。MIL-STD—1388—2B 是一种方法性的规范,明确承包商如何做、怎么做、做什么,规定得非常详细和具体,包括需要提交的数据形式及实施的具体过程。

2)《后勤管理性能规范》(MIL-PRF—49506)

《后勤管理性能规范》(MIL-PRF—49506)标准由美军于 1996 年颁布实施。该规范代替 1991 年颁布的《后勤保障分析记录》(MIL-STD—1388—2B)。它与 MIL-STD—1388—2B 有很大不同,主要是规定了不同的数据接口要求。MIL-PRF—49506 中不包含"如何做"的内容,这使承制方在设计系统、维护和提供保障数据及与保障有关的数据时有最大的自由度。该规范描述了政府执行采办管理功能所需的信息,其核心是为美国国防部规定了采办后勤及从承包商处得来的与保障有关的工程和后勤资料的合同方法。国防部将这些数据用于装备的管理过程,如初始供应、编目和装备管理等。在该规范中确定了信息汇总的内容要求和数据产品的格式要求,可用于所有系统或产品的采办项目;允许和鼓励提出满足本规范要求的方法,给承包商以更大的灵活性,以便信息更快捷地提出和更有效地使用。

2. 英军标准

《综合保障的应用系列》(Defence Standard 00—60)标准于 2004 年颁布实施,目前最新版本为第 6 版。该标准阐述了综合保障的重要性,并进一步介绍了综合保障要素及其内涵、综合保障信息管理、保障性分析技术和保障设备的采购。对保障性分析框架、保障性分析技术、保障性分析记录、保障性分析管理做出了详细规定,为保障性分析和保障性分析记录的使用提供了指导。

1.3.2 国内标准

1.《装备综合保障通用要求》(GJB 3872—1999)

《装备综合保障通用要求》(GJB 3872—1999)标准经中国人民解放军总装备部批准于 2000 年 1 月 1 日正式实施。该标准规定了装备寿命周期综合保障的要求和工作项目,具体包括综合保障的目的任务、基本原则、定量定性要求、保障性设计、寿命周期费用分析、保障性分析及记录、综合保障与其他专业工程的协调、综合保障的规划与管理、规划保障、研制与提供保障资源、装备系统的部署保障、保障性试验与评价。其附录还给出了相应的应用指南以及寿命周期各阶段的综合保障工作。该标准在国内首次系统地明确了综合保障要求和工作项目。

2. 后勤保障分析相关标准

(1)《装备保障性分析》(GJB 1371—1992)

《装备保障性分析》(GJB 1371—1992)标准于 1993 年 3 月 1 日正式实施。该标准规定了军用系统和设备在寿命周期内进行保障性分析、评估及其管理的要求,是提出保障性要求、确定保障性分析工作和制订保障性分析计划、指导分析工作的基本依据。它适用于武器装备的系统和设备的论证、签订合同、拟定研制任务书以及研制、生产、使用与改进,也适用于其他有保障性分析要求的系统和设备。其附录给出了相应的应用指南,以辅助装备设计人员开展保障性分析工作。

(2)《装备保障性分析记录》(GJB 3837—1999)

《装备保障性分析记录》(GJB 3837—1999)标准于2000年1月1日正式实施。该标准规定了装备保障性分析记录的数据单元、关系表的结构和建立保障性分析记录数据处理系统的要求,提供了保障性分析记录报告的种类和推荐格式。它与GJB 1371配合使用,适用于需开展保障性分析的装备。其附录给出了相应的应用指南和数据单元索引,极大地提高了标准的实用性。

3.《故障模式、影响及危害性分析指南》标准

《故障模式、影响及危害性分析指南》(GJB/Z 1391—2006)标准于2006年10月1日正式实施。该标准在原有国军标 GJB 1391—1992《故障模式、影响及危害性分析程序》的基础上修订,内容包括功能及硬件 FMEA/CA、损坏模式及影响分析(DMEA)、软件 FMECA、过程 FMECA 的目的与步骤、实施、注意事项及案例。同时,标准中还给出了 FMEA 在维修性、保障性、安全性和测试性中的应用及案例。该标准首次将 FMECA 工作的适用阶段扩展到产品整个寿命周期,并明确了 FMECA 工作的分工、职责及其评审方法。

4. 以可靠性为中心的维修分析(RCMA)标准

《装备以可靠性为中心的维修分析》(GJB 1378A—2007)标准于2007年11月1日正式实施。该标准在原有国军标 GJB 1378—1992《装备预防性维修大纲的制订要求及方法》的基础上修订,内容包括系统和设备的 RCMA、结构 RCMA 和区域 RCMA 的目的、适用对象、输入信息、分析步骤和方法、RCMA 结果汇总组合及案例。该标准重点突出 RCMA,考虑了关于环境性故障后果的处理办法,扩充了预防性维修工作间隔期的确定步骤和方法,对预防性维修工作类型做了部分修改,使之更加适合装备发展需求。

5. 修理级别分析(LORA)标准

《修理级别分析》(GJB 2961—1997)标准于1997年12月正式实施。该标准给出了 LORA 的适用阶段、定义、要求及其与其他工作的接口、分析过程、工作项目、非经济性分析以及航空、舰船装备和陆军装备的 LORA 方法。该标准结合程序及应用案例进行说明,具有较强的针对性和实用性。

6. 装备初始训练与训练保障标准

《装备初始训练与训练保障要求》(GJB 5238—2004)标准于2005年颁布。该标准是 GJB 3872《装备综合保障通用要求》的支持性标准之一,它规定了装备初始训练与训练保障的通用要求、目的和工作过程,订购方和承制方的责任,管理机构,初始训练的规模、时机、组织实施、保障与评价,训练保障的规划、资源筹措与开发以及训练保障的评价等,适用于新研制装备和改型装备的初始训练及其保障要求的确定以及训练保障资源的规划、筹措和开发,对于引进装备的初始训练与训练保障要求也适用。

7. 保障资源相关标准

(1)《备件供应规划要求》(GJB 4355—2002)

《备件供应规划要求》(GJB 4355—2002)标准于 2003 年 5 月 1 日正式实施。该标准规定了装备寿命周期内备件供应规划的目的、要求、原则、约束、接口、职责,以及平/战时备件品种及数量的技术、过程和预测方法模型。该标准在国内首次系统地收集整理了工程常用的备件需求预测方法,推动了其在军用装备中的推广应用。

(2)《保障设备规划与研制要求》(GJB 5967—2007)

《保障设备规划与研制要求》(GJB 5967—2007)标准于 2007 年 7 月 1 日正式实施。该标准规定了保障设备分类,装备保障设备规划的目的、任务和程序,以及装备保障设备研制工作要求,还规定了保障设备交付、评价与改进以及保障设备数量的确定方法,适用于新研和重大改型装备的保障设备规划和研制工作。

8. 保障方案与保障计划相关标准

(1)《装备保障方案和保障计划编制指南》(GJB Z 151—2007)

《装备保障方案和保障计划编制指南》(GJB Z 151—2007)标准于 2007 年 11 月 1 日正式实施。该标准规定了装备初始保障方案,以及保障方案和保障计划的内容及编制程序、评审要求和方法,适用于各类装备的综合保障工作。

(2)《装备综合保障计划编制要求》(GJB 6388—2008)

《装备综合保障计划编制要求》(GJB 6388—2008)标准于 2008 年 6 月 1 日正式实施。该标准规定了装备综合保障计划的编制程序、内容和格式要求,主要内容包括装备说明、使用方案、综合保障工作机构及职责、保障性定量定性要求、规划保障、研制与提供保障资源、综合保障评审要求、保障性试验与评价要求、经费预算、部署保障、停产后保障、退役报废处理保障工作等,适用于订购方或承制方编制新研装备和重大改型装备的综合保障工作计划。

习　题

1. 简述保障性分析的概念。保障性分析与综合保障工程的关系是什么?
2. 简述保障系统设计的系统工程过程。
3. 主要的保障性分析技术有哪些?简述各保障性分析技术之间的关系。
4. 简述保障性分析记录的内容。

第 2 章 故障模式及影响分析(FMEA)

2.1 概 述

2.1.1 FMEA 的目的和作用

在保障性分析中,FMEA 的目的是"通过系统分析,确定系统、外场可更换单元(LRU)、车间可更换单元(SRU)在设计和制造过程中所有可能的故障模式,以及每一故障模式产生的原因及影响,以便为确定装备的修复性维修工作项目提供输入,并为 RCMA 提供故障模式、原因及影响输入"。通过在保障性分析中执行 FMEA,可以提出保障系统的维修保障要求,即在保障性分析过程中,FMEA 方法是保障系统需求分析技术的一部分。

2.1.2 FMEA 的基本原理

在保障性分析中,FMEA 应在规定的产品层次上进行。在分析产品可能出现的故障模式以及每个故障模式可能的产生原因和影响的基础上,初步确定相应的故障检测方法及使用补偿措施、修复该故障模式的维修要求,以及故障模式的频数比,为确定修复性维修工作项目及要求提供输入数据。

由于保障对象层次是依照装备硬件来分解结构的,因此本书主要针对硬件法进行阐述。硬件法属于设计 FMEA 方法。在保障性分析中,FMEA 对象的约定层次通常是从装备维修的角度进行划分的,因此可按照 LRU 和 SRU 进行划分。

表 2-1 列举了保障性分析中硬件 FMEA 方法的内涵、使用条件及其时机、适用范围、技术资料和特点。

表 2-1 硬件 FMEA 方法的概要

序 号	项 目	硬件法
1	内涵	对每个保障对象的故障模式及其产生原因和影响进行分析
2	使用条件及其时机	当产品设计图及其他工程设计资料(含有关数据)已经确定时,一般用于产品的工程研制阶段
3	适用范围	① 产品层次划分一般从 SRU 级、LRU 级至装备级,即自下而上进行分析; ② 从其中任一层次产品开始向任一方向进行分析
4	分析人员需掌握的资料	① 产品的全部原理及其相关资料(例如原理图、装配图等); ② 产品的层次定义; ③ 产品的构成清单及组件、零部件、材料明细表,等等
5	特点	① 其结果可获得修复性维修工作项目; ② 需有产品设计图及其他设计资料

2.2 FMEA 方法

在保障性分析中,FMEA 方法采用硬件 FMEA 方法,每个方法包括若干实施步骤,如图 2-1 所示。

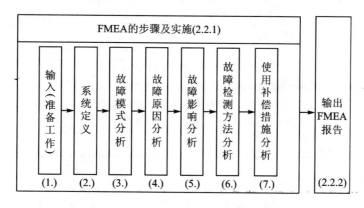

图 2-1 硬件 FMEA 方法的实施步骤

2.2.1 FMEA 的步骤及实施

1. 输入(准备工作)

输入包括收集有关 FMEA 所需的主要信息、FMEA 的计划及相关工作等。

(1) FMEA 所需信息

FMEA 所需的主要信息来源于产品的技术规范与研制方案、设计图样、可靠性信息及以往经验或相似产品等。经归纳整理,表 2-2 的内容可以作为 FMEA 工作所需的主要信息来源。

表 2-2 FMEA 所需的主要信息

序号	信息来源类别	从信息来源中可获取 FMEA 所需信息	所获取信息的作用
1	技术规范与研制方案	从设计技术规范与研制方案的任务剖面、寿命剖面及环境条件中获取有关设计、试验和使用要求	① 确定 FMEA 工作的深度和广度; ② 为任务描述、故障判据的制定、故障原因分析、故障影响及严酷度分析、检测方法分析、制定设计改进与使用补偿措施等提供依据
		工作原理图和结构组成等	为系统定义(功能分析、绘制功能框图)、约定层次划分等提供依据
2	设计图样及有关资料	从设计图样中可获取从"初始约定层次"直至"最低约定层次"产品的结构和接口关系等信息	① 用于产品设计初期功能 FMEA; ② 用于产品详细设计阶段的硬件设计 FMEA、DMEA 及软件 FMEA

续表 2-2

序号	信息来源类别	从信息来源中可获取 FMEA 所需信息	所获取信息的作用
3	可靠性设计分析及试验等信息	从产品可靠性设计与分析资料和试验数据中获取故障模式及故障率数据等；当无数据来源时，可从某些标准、手册、资料（如 GJB/Z299B 等）和软件测试中获取故障模式及故障率数据	用于产品硬件 FMEA 的定性和定量分析
4	过去的经验或相似产品的信息	① 从产品使用维修信息中获取检测周期、预防维修工作要求、可能出现的故障模式与应急补救措施及防差错的措施等；② 从相似产品的有关信息中获取 FMEA 所需信息	用于支撑 FMEA

(2) FMEA 计划

为了系统而有效地开展 FMEA，应对 FMEA 工作进行全面的策划，该策划工作应在产品研制阶段的早期进行，策划的结果就是 FMEA 计划。该计划是产品研制过程中指导实施 FMEA 工作的纲领性文件，并为订购方监督与评价承制方开展 FMEA 工作提供依据。

在 FMEA 计划中规定了产品寿命周期不同阶段所选用的 FMEA 方法、分析表格格式、分析的约定层次、编码体系、任务描述、故障判据、定义严酷度类别、所需的主要信息（输入要求）、FMEA 报告（输出结果）、评审、职责与分工等主要内容，并包括完成 FMEA 工作的步骤、实施和工作进度要求等。FMEA 策划应与产品可靠性系统工程工作要求及有关标准要求相互协调、统筹安排。

2. 系统定义

系统定义是进行 FMEA 的第一步。其目的是使分析人员有针对性地对被分析产品在给定任务功能下进行所有故障模式、原因和影响分析。

系统是"为执行一项规定功能所需的硬件、软件、器材、设施、人员、资料和服务等的有机组合；为执行一项使用功能或为满足某一要求，按功能配置的两个或两个以上相互关联单元的组合"。

完整的系统定义可概括为产品约定层次划分、产品功能分析（含系统的任务功能与工作方式、系统剖面和任务时间）、绘制产品功能框图和制定编码体系四个部分。

(1) 产品约定层次划分

1) FMEA 方法中各约定层次的定义

(a) 约定层次

约定层次是根据分析的需要，按照产品的功能关系或复杂程度划分的产品结构层次。这些层次一般按从比较复杂的系统到比较简单的零件进行划分。

(b) 初始约定层次

初始约定层次是要进行 FMEA 的总的、完整的产品所在的层次。它是约定的产品的第一分析层次。

(c) 其他约定层次

其他约定层次指相继的约定层次(第二层、第三层等)。这些层次表明了直至较简单的组成部分的有顺序的排列。

(d) 最低约定层次

最低约定层次是约定层次中最底层产品所在的层次。它决定了 FMEA 工作深入、细致的程度。

2) 确定约定层次的依据与原则

在保障性分析过程中,FMEA 是针对某一保障对象(即产品或系统)进行的,产品或系统的层次通常按照装备、LRU、SRU 来划分。故对保障对象的硬件分解结构应有深入的了解。

在保障对象的不同研制阶段,约定层次的划分不必强求一致。即使在同一研制阶段,由于组成装备的各系统/分系统的功能和结构设计各有其特点,因而在约定层次的划分上也不必完全相同,而应依据各系统/分系统的实际情况来确定约定层次的级数和最低约定层次。例如,对于设计成熟、具有较多继承性和已经过良好的可靠性、维修性和安全性验证的系统/分系统来说,其约定层次应划分得粗而少;反之,对于任何新设计的或虽有继承性,但其可靠性、维修性和安全性水平未经验证的系统/分系统来说,其约定层次则应划分得多而细。此外,在确定最低约定层次时,可参照约定的或预定的维修/修理级别上的产品层次,例如维修时的最小可更换单元,来作为最低约定层次。

(2) 产品功能分析

1) 功能定义

功能指"人或物所必须完成的事项"。对人而言,功能就是职能,就是职务/职称要求他(她)所起的作用;对于工程项目而言,产品的任务功能就是其完成任务的功用或用途。凡回答"这是干什么用的?"(如发动机用于提供推力,机翼用于产生升力等)或"这是干什么所必需的?"(如提供推力需要发动机,提供升力需要机翼等),其答案就是"功能"。

2) 功能分类

某些产品一般具有多种功能,这些功能的性质、重要程度往往是不同的。通过功能分析,可对功能进行分类(见表 2-3),进而对产品的所有功能要素区别对待,以保证其基本功能(或称主要功能,必要功能)的实现。

在进行功能分析时,应切实掌握基本功能的 3 个条件:一是该功能相对于产品的其他功能是起主要作用的,是必不可少的;二是产品主要就是为实现该功能而研制的;三是该功能的改变,将会影响产品完成任务的状态。为此,必须牢牢把握产品的基本功能,否则就会丧失产品的基本任务,进而失去产品存在的价值,同时也失去 FMEA 的意义。

3) 如何定义功能

根据经验,对产品了解得越深入,对其作用的认识就越全面,定义功能时也就越准确。对功能下定义,要掌握 4 个要点:一是要体现产品功能定义的目的;二是用词要准确而简洁(在工程中,一般是用一个动词加一个名词来表达功能,例如电机的功能是"提供动力"、轴承的功能是"减少摩擦"等);三是功能要尽可能定量化(为了进行科学的分析,要尽量使用可以进行测定的词汇给功能下定义,例如限制电压,可定义为"限至 27 伏电压");四是要有利于扩大思路(为了研制高新产品,定义功能时可以适当加以抽象,例如设计一种夹紧装置时,可以有多种夹紧装置的方式,如果定义为"螺旋夹紧",则该定义的思路太受限制,因为这使人们自然联想到丝杠螺旋装置;若定义为"机械压紧",则该定义的思路就会广些;若定义为"压力夹紧",则会使人联想到采用液压、气动或电力装置,这会进一步扩大人们的思路,从而有可能提出新的方案)。

表2-3 产品的功能分类表

功能分类		定义及其特征	示例及说明
按照重要程度分	基本功能	满足下列3个条件: ① 起主要的必不可少的作用; ② 完成产品的主要任务,实现产品的工作目的; ③ 如果其作用改变了,就会引起产品任务整体的变化	① 车床的基本功能是切削; ② 歼击机的基本功能是歼灭敌机,轰炸机的基本功能是摧毁敌人目标,运输机的基本功能是运输货物或人
	辅助功能（或二次功能）	它相对于基本功能来说是次要的,是手段。在不影响基本功能的前提下,它是可以改变的	① 电机罩子的基本功能是保护电机,其美观是辅助功能; ② 实现手表基本功能(准确计时)的手段是采用机械式,还是石英式;而是采用指针还是液晶显示等均属辅助功能的内容
按照性质分	使用功能	指产品的实际用途或特定用途或使用价值	① 使用功能与外观功能是通过基本功能或辅助功能实现的; ② 有的产品只要求使用功能,不要求外观功能(如煤油、地下管道);反之,不要求使用功能,只要求外观功能(如塑料花、装饰品等);或两者都要求(如手表、车床)
	外观功能（美学功能或表面功能）	通过图案、色彩、装饰等对使用者产生魅力的功能	
按照用户要求分	必要功能	对使用者需求而言,该功能是必要的、不可缺少的	① 基本功能都是必要功能; ② 辅助功能中有的属必要功能,有的属不必要功能
	不必要功能	对使用者需求而言,该功能并非不可缺少	
按照目的与手段分	上位功能	在功能系统中,起目的性作用的功能叫上位功能	上位功能与下位功能是相对的。如果一个功能对它的上位功能是手段,那么称之为下位功能;如果对它的下位功能是目的,那么称之为上位功能
	下位功能	在功能系统中,起支撑性作用的功能叫下位功能	

(3) 绘制产品功能框图

描述产品的功能可以采用功能框图。功能框图不同于产品的原理图、结构图和信号流程图,它是表示产品各组成部分所承担的任务或功能间的相互关系,以及产品每个约定层次间的功能逻辑顺序、数据(信息)流和接口的一种功能模型,例如表2-4和图2-2分别表示高压空气压缩机的组成和功能框图;功能框图也可表示为产品功能层次与结构层次间的对应关系图。

表 2-4　高压空气压缩机的组成及其功能

序号	编码	名称	功能	输入	输出
1	10	马达	产生力矩（提供动力）	电源（三相）	输出力矩（动力）
2	20	仪表和监测器	控制温度和压力	温度和压力	温度和压力读数，温度和压力传感器的输入
3	30	冷却和潮气分离装置	提供干冷空气	冷却水、动力	向（50）提供干冷空气，向（40）提供冷却水
4	40	润滑装置	提供润滑剂	冷却水、动力	向（50）提供润滑油
5	50	压缩机	提供高压空气	干冷空气、动力、润滑油	高压空气

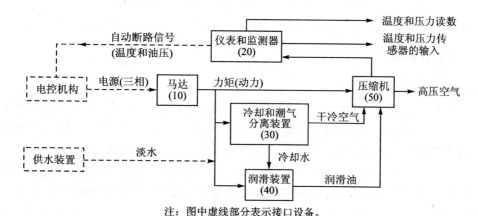

注：图中虚线部分表示接口设备。

图 2-2　高压空气压缩机功能框图

（4）制定编码体系

为了对产品的每个故障模式进行统计、分析、跟踪和反馈，应根据产品的功能及结构分解或所划分的约定层次，制定产品的编码体系。其原则是：

① 符合产品功能和结构特点且便于使用；
② 能体现产品约定层次间的上、下级关系；
③ 对各功能单元或工作单元编码具有唯一、简明、合理、适用和可追溯性，且有可扩充性；
④ 符合标准或文件规定，并与产品功能框图和任务可靠性框图编码相一致。

编码体系的示例如图 2-3 所示，其中代号 450000，451130 和 451133 分别表示该系统的"初始约定层次"、"约定层次"和"最低约定层次"。

（5）系统定义的要点

系统定义的要点包括：

① 完整的系统定义包括产品的每项任务、每一任务阶段以及各种工作方式的功能描述；
② 功能分析主要指产品基本功能（主要功能或必要功能）的分析；
③ 应对产品的任务时间要求进行定量说明；

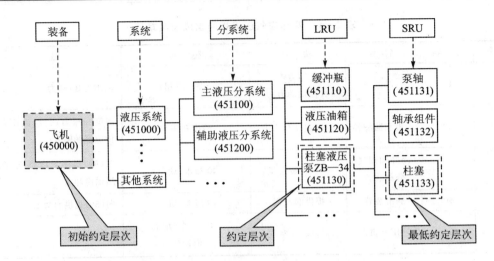

图 2-3 某型战斗机液压系统约定层次示意图

④ 明确功能框图及任务可靠性框图的含义、作用和绘制方法。

3. 故障模式分析

(1) 故障及其判据

故障是"产品不能执行规定功能的状态,通常指功能故障。因预防性维修或其他计划性活动或缺乏外部资源造成不能执行规定功能的情况除外"。失效是"产品丧失规定功能的能力的事件"。在工程实际应用中,故障与失效很难区分,故本书统称为故障。

对于具体产品,还应结合产品功能与使用环境等,给出产品故障判别的标准,即故障判据。故障判据是"判断是否属于故障的依据,也称为故障判断准则"。它是判断产品是否构成故障的界限值。例如,某台发动机的润滑油消耗量偏大,对于短程或中程飞机而言,可能不算故障,但对于远程飞机来说,同样的润滑油消耗率就可能把润滑油耗光,因此就算故障。故对具体产品的故障判据是与其功能、任务和使用环境等密切相关的。

故障判据一般应依据产品每一规定的性能参数和允许极限进行确定,并与订购方给定的故障判据相一致,诸如:

① 产品在规定的条件下,不能完成其规定的功能;
② 产品在规定的条件下,一个或几个性能参数不能保持在规定的范围内;
③ 产品在规定的应力范围内工作时,导致产品不能满足其规定要求的破裂、卡死等损坏状态;
④ 技术合同中订购方规定的其他故障判据等。

(2) 故障模式分析的目的和主要内容

故障模式是"故障的表现形式,如短路、开路、断裂、过渡耗损等"。一般在研究产品的故障模式时,往往从现象入手,进而通过现象(即故障模式)找出故障原因。故障模式是 FMEA 的基础,因为 FMEA 的本质就是建立在故障模式清单基础上的一种分析技术;同时也是进行其他故障分析(如 FTA,ETA 等)方法的基础。

故障模式分析的目的就是从系统定义的功能及故障判据的要求中,来假设产品所有可能的功能故障模式,进而对每个假设的故障模式进行分析。其主要内容是:

1) 硬件故障模式分析方法

在采用硬件 FMEA 方法时,须根据被分析产品的硬件特征,来确定其所有可能的硬件故障模式(如电阻的开路、短路和参数漂移等),进而对每个硬件故障模式进行分析。

2) 对典型故障模式进行分析

为确保对故障模式进行全面的分析,至少应就表 2-5 和表 2-6 所列的典型故障模式进行分析研究。表 2-5 内容较简略,仅适用于产品设计初期的故障模式分析;表 2-6 内容较详细,基本概括了大多数产品可能发生的故障模式,适用于产品详细设计的故障模式分析。

表 2-5 典型的故障模式(较简略)

序 号	故障模式
1	提前工作
2	在规定的工作时间内不工作
3	在规定的非工作时间内工作
4	间歇工作或工作不稳定
5	工作中输出消失或故障(如性能下降等)

表 2-6 典型的故障模式(较详细)

序 号	故障模式	序 号	故障模式	序 号	故障模式	序 号	故障模式
1	结构故障(破损)	12	超出允许误差(下限)	23	滞后运行	34	折断
2	捆结或卡死	13	意外运行	24	输入过大	35	动作不到位
3	振动	14	间歇性工作	25	输入过小	36	动作过位
4	不能保持正常位置	15	漂移性工作	26	输出过大	37	不匹配
5	打不开	16	错误指示	27	输出过小	38	晃动
6	关不上	17	流动不畅	28	无输入	39	松动
7	误开	18	错误动作	29	无输出	40	脱落
8	误关	19	不能关机	30	(电的)短路	41	弯曲变形
9	内部漏泄	20	不能开机	31	(电的)开路	42	扭转变形
10	外部漏泄	21	不能切换	32	(电的)参数漂移	43	拉伸变形
11	超出允许误差(上限)	22	提前运行	33	裂纹	44	压缩变形

3) 对不同的产品,选用不同的方法获取故障模式

在进行 FMEA 时,一般可通过统计、试验、分析、预测和参考相似产品等方法来获取不同产品类型的故障模式:

① 对新研制的产品,可根据该产品的功能原理和结构特点进行分析、预测,进而得到该产品的故障模式,或以与该产品具有相似功能和相似结构的产品所发生的故障模式为基础,分析判断该产品的故障模式;

② 对采用现有的货架产品,可以该产品在过去的使用中所发生的故障模式为基础,再根据该产品使用环境条件的异同进行分析修正,进而得到该产品的故障模式;

③ 对引进国外的产品,应向外商索取其故障模式,或以相似功能和相似结构产品中发生

的故障模式为基础,分析判断其故障模式;

④ 对常用电子元器件、零组件产品,可从国内外某些标准、手册(例如,GJB/Z299B《电子设备可靠性设计手册》、MIL-HDBK—338《电子设备可靠性设计手册》或 MIL-HDBK—217F《电子设备可靠性预计手册》等)中确定其故障模式;

⑤ 当以上4种方法均不能获得故障模式时,可参考表2-5和表2-6所列的典型故障模式。

(3) 故障模式频数比

产品故障模式的发生数与产品所有可能的故障模式数的比率称为故障模式频数比。该值可根据故障模式分析的结果填写。

(4) 故障模式分析的要点

故障模式分析的要点包括:

① 应区分功能故障和潜在故障。功能故障指产品或产品的一部分不能完成规定功能的事件或状态。潜在故障指"产品或产品的一部分将不能完成规定功能的可鉴别的状态"。潜在故障是指示功能故障将要发生的一种可鉴别(人工观察或仪器检测)的状态。例如,轮胎磨损到一定程度(可鉴别的状态,属潜在故障)将发生爆胎故障(属功能故障)。图2-4中给出了某金属材料结构件的功能故障与潜在故障关系的示例。

② 当产品具有多种功能时,应找出该产品每个功能的全部可能的故障模式。

③ 复杂产品一般具有多种任务功能,所以应找出该产品在每一个任务剖面下每一个任务阶段中可能的故障模式。

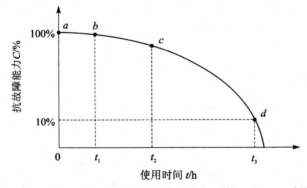

a—无故障;b—初始裂纹,不可见;c—潜在故障,裂纹可见;d—功能故障,断裂

图 2-4 功能故障与潜在故障的关系

4. 故障原因分析

故障原因分析的目的是找出每个"引起故障的与设计、制造、使用和维修等相关的因素"(即故障原因),进而采取有效的改进和补偿措施,防止或减小故障发生的可能性。

产品故障的原因可能是由产品自身"引起故障的物理的、化学的、生物的或其他过程"(即故障机理)直接导致的,也可能是由外部因素(如设计、制造、试验、测试、装配、运输、使用、维修、环境和人为因素等)间接导致的。因此,分析人员应该确定并说明与对应故障模式有关的各种原因。

故障原因分析的要点是：

① 从产品或相似产品的功能及组成等自身因素和外部因素综合分析故障原因。

② 正确区分故障模式与故障原因。故障模式一般是可观察到的故障的表现形式，而产生故障的直接或间接原因是由产品自身因素或外部因素所致的。

③ 应考虑产品相邻约定层次的关系。因下一约定层次的故障模式往往是上一约定层次的故障原因，例如，燃油系统渗漏是由于"阀门不密封"造成，所以"阀门不密封"这一故障模式就是燃油系统渗漏的故障原因。因此，在进行故障原因分析时，往往可从下一个或再下一个约定层次故障模式去寻找。

④ 当一个故障模式存在两个以上的故障原因时，在FMEA表"故障原因"栏中均应逐一注明。

⑤ 对冗余或备份系统，应特别注意不同产品由共同的原因所引起的"共因故障"，或者由共同的模式所引起的"共模故障"。

5. 故障影响分析

故障影响是"故障模式对产品的使用、功能或状态所导致的结果"。这些结果指对产品与人的安全、使用、任务功能、环境、经济等各方面的综合后果。故障影响及严酷度分析的目的是找出产品的每个可能的故障模式所产生的影响，并对其结果（或后果，下同）的严重程度（即严酷度）进行分析。

故障影响的级别按约定层次进行划分，其形式有多种，国内外使用较多的是GJB/Z1391A和美军标MIL-STD—1629A推荐的"三级故障影响"，即局部影响、高一层次影响和最终影响。三级故障影响的定义、特点、提示和示例如表2-7所列。

表2-7 按约定层次划分故障影响分级表

影响分级	定义	特点	提示	示例
局部影响	某产品的故障模式对该产品自身或所在约定层次产品的使用、功能或状态的影响	① 是描述故障模式对被分析产品局部产生的后果；② 是对故障后果的最基本、最简单的判断	局部影响可能就是故障模式本身	某电路模块中某电阻"开路"，其局部影响就是"电流不能通过该电阻"
高一层次影响	某产品的故障模式对该产品约定层次的紧邻上一层次产品的使用、功能或状态的影响	是描述被分析产品故障模式对紧邻上一层次产品的影响	高一层次影响系指被分析产品对紧邻上一约定层次的影响	如上例，电阻"开路"对高一层次的影响就是该"模块无输出"
最终影响	某产品的故障模式对初始约定层次产品的使用、功能或状态的影响	① 是描述被分析产品故障模式对初始约定层次产品的影响；② 是故障影响逻辑分析的终点；③ 是设计、使用和决策者关注的重要内容；④ 是确定设计改进与使用补偿措施的依据	最终影响系指被分析产品对初始约定层次（如装备级）的影响	如上例，该电路模块装在某装备上，电阻"开路"就是对该装备的故障影响

6. 故障检测方法分析

(1) 故障检测方法分析的目的、故障检测的手段和时机

故障检测方法分析的目的是为产品的可靠性设计、维修性设计、测试性设计、保障性分析等提供依据,也为制定设计改进和使用补偿措施提供依据。

故障检测方法一般包括:原位检测和离位检测等。故障检测的手段为:

① 目视检查;
② 机内测试(BIT);
③ 自动传感装置检测;
④ 传感仪器检测;
⑤ 声光报警装置检测;
⑥ 显示报警装置检测;
⑦ 遥测;
⑧ 其他。

故障检测按时机而言,一般分为事前检测与事后检测两类。对于潜在故障模式,应尽可能在设计中采用事前检测方法。

(2) 故障检测方法分析的要点

要点包括:

① 针对每个故障模式、原因、影响及其严重程度等因素,综合分析检测该故障模式的可检测性,以及检测的方法、手段或工具。

② 根据需要,增加必要的检测点,以区分是哪一个故障模式引起产品发生故障。

③ 从可靠性或安全性出发,及时对冗余系统的每一个组成部分进行故障检测,并及时维修,以保持或恢复冗余系统的固有可靠性或安全性。

④ 当确无故障模式检测手段时,在 FMEA 表中的相应栏内填写"无",并在设计中予以关注。当 FMEA 结果表明不可检测的故障模式会引起高严酷度(由不可检测故障本身或与其他故障模式组合而造成的影响)时,还应将这些不可检测的故障模式列出清单。

7. 使用补偿措施分析

(1) 使用补偿措施分析的目的

使用补偿措施分析的目的是针对每一故障模式的影响,来确定在使用方面采取哪些措施,可消除或减轻故障的影响,进而提高产品的可靠性。

为了尽量避免或预防故障的发生,在使用和维护规程中规定了使用维护措施。一旦出现某故障,操作人员应采取最恰当的补救措施,尤其对于能导致爆炸、喷发毒气等恶性后果的情况,要充分考虑操作人员应急撤离的办法。

(2) 使用补偿措施分析的要点

分析人员要认真进行调查研究,综合多方意见,提出在使用方面的有效补偿措施,以保证产品的可靠性和安全性,在工程实际中,应尽量避免在填写 FMEA 表中的"设计改进措施"、"使用补偿措施"栏时均填"无"。

2.2.2 输出 FMEA 报告

1. FMEA 报告的要求

FMEA 工作的输出主要是提供 FMEA 报告及相关资料。FMEA 报告一般应包括以下主要内容。

(1) 概　述

内容包括：

① 实施 FMEA 的目的、产品所处的寿命周期阶段和分析任务的来源等基本情况；
② 实施 FMEA 的前提条件和基本假设的有关说明；
③ FMEA 分析方法的选用说明；
④ 初始及最低约定层次的选取原则、编码体系、故障判据和 FMEA 表的选用说明；
⑤ 分析中使用的数据来源说明；
⑥ 其他有关解释和说明等。

(2) 产品的功能原理

内容包括：

① 说明产品的功能原理和工作说明；
② 说明分析所涉及的系统、分系统及其相应的功能；
③ 进一步划分出 FMEA 的约定层次。

(3) 系统定义

内容包括产品的功能分析，并绘制功能框图。

(4) 填写 FMEA 表

表格可以按照报告附件的形式给出。

(5) 结论与建议

结论中除阐述故障模式、影响及分析结论外，还应包括对可能的使用补偿措施的说明，以及预计执行措施后的效果说明等。

2. FMEA 表格

常用的 FMEA 表格如表 2-8 所列。表 2-8 中的"初始约定层次"填写初始约定层次的产品名称；"约定层次"填写正在被分析产品紧邻的上一层次产品的名称；"任务"填写初始约定层次所需完成的任务。若初始约定层次具有不同的任务，则应分开填写 FMEA 表。

表 2-8　故障模式及影响分析(FMEA)表

初始约定层次：　　　　任务：　　　　审核：　　　　第　页·共　页
约定层次：　　　　　　分析人员：　　批准：　　　　填表日期：

代码	保障对象名称	功能	故障模式	故障原因	任务阶段与工作方式	故障影响			故障检测方法	使用补偿措施	故障模式频数比	备注
						局部影响	高一层次影响	最终影响				
①	②	③	④	⑤	⑥	⑦	⑧	⑨	⑩	⑪	⑫	⑬

表2-8中各栏目的填写说明如下：

第①栏"代码" 对每一保障对象采用一种编码体系进行标识；

第②栏"保障对象名称" 记录被分析保障对象的名称与标志；

第③栏"功能" 简要描述产品所具有的主要功能；

第④栏"故障模式" 根据故障模式分析的结果，依次填写每一产品的所有故障模式；

第⑤栏"故障原因" 根据故障原因分析结果，依次填写每一故障模式的所有故障原因；

第⑥栏"任务阶段与工作方式" 根据任务剖面依次填写发生故障时的任务阶段与该阶段内产品的工作方式；

第⑦~⑨栏"故障影响" 根据故障影响分析的结果，依次填写每一个故障模式的局部影响、高一层次影响和最终影响；

第⑩栏"故障检测方法" 根据产品故障模式的原因和影响等分析结果，依次填写故障检测方法；

第⑪栏"使用补偿措施" 根据故障影响和故障检测等分析结果，依次填写使用补偿措施；

第⑫栏"故障模式频数比" 指产品故障模式发生数与产品所有可能的故障模式数的比率，该值根据故障模式分析的结果填写；

第⑬栏"备注" 简要记录对其他栏的注释和补充说明。

2.2.3 FMEA的要点

FMEA的要点可以概括如下：

① 重视FMEA计划工作。实施中应贯彻边设计、边分析、边改进和"谁设计、谁分析"的原则，充分发挥FMEA"团队"精神。

② 明确FMEA是一个由下而上的分析迭代过程。图2-5表示了各约定层次间存在着一定的关系，即低层次产品的故障模式是紧邻上一层次的故障原因；低层次产品的故障模式对高一层次的影响是紧邻上一层次产品的故障模式。依次类推，从各约定层次间的故障模式、原因和影响的相互关系中不难得出，FMEA是一个由下而上的分析迭代过程。

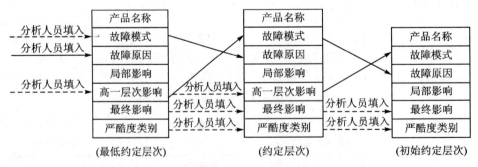

注：假设此系统只有三个层次（即最低约定层次、约定层次和初始约定层次），每一层次只有一个产品，每一产品只有一个故障模式，每一故障模式只有一个故障原因和影响。

图2-5 不同约定层次产品间的故障模式、原因和影响的关系

③ 加强 FMEA 的规范化工作。在实施 FMEA 中,型号总体单位应加强 FMEA 的规范化管理。即型号总体单位应明确与各转承制单位之间的职责与接口分工,统一规范和技术指导,跟踪其效果,以保证 FMEA 分析结果的正确性和可比性。

④ 深刻理解、切实掌握 FMEA 中的基本概念。诸如,故障检测方法是产品运行或维修时检查故障的方法,而不是研制试验和可靠性试验活动中检查故障的方法等。

⑤ 积累经验、注重信息。建立相应的故障模式及相关信息库。在型号保障性分析工作中,FMEA 信息通常可从可靠性分析工作中的 FMEA 信息获取,在明确定义产品的约定层次的前提下,建立分析对象的接口关系,最大限度地避免重复工作。

2.3 FMEA 的应用案例

1. 系统定义

(1) 功能分析

确定某型军用飞机详细设计阶段中升降舵操纵分系统的修复性维修工作项目。某型军用飞机升降舵操纵分系统的功能是保证飞机的纵向操纵性,它由安定面支承(01)、轴承组件(02)、扭力臂组件(03)、操纵组件(04)、配重组件(05)和调整片(06)组成(见图 2-6)。

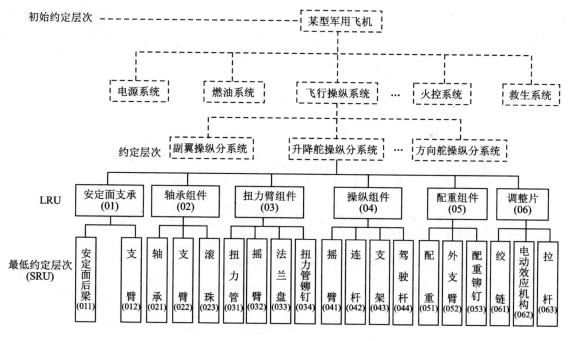

图 2-6 某型军用飞机升降舵操纵分系统的组成

(2) 绘制框图

绘制某型军用飞机升降舵操纵分系统的功能层次与结构层次对应图(见图2-7)以及任务可靠性框图(见图2-8)。

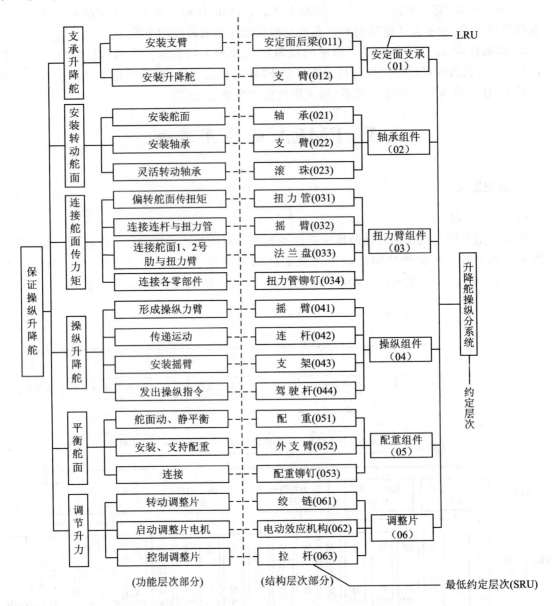

图2-7 某型军用飞机升降舵操纵分系统功能层次与结构层次对应图

第 2 章 故障模式及影响分析(FMEA)

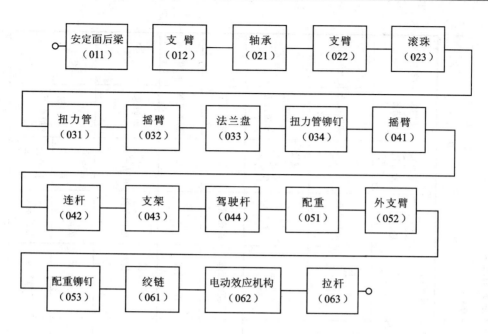

图 2-8 某型军用飞机升降舵操纵分系统任务可靠性框图

2. 约定层次

"初始约定层次"为某型军用飞机;"约定层次"为升降舵操纵分系统;"最低约定层次"为 SRU,如图 2-6 所示。

3. 信息来源

某型军用飞机升降舵操纵分系统的 FMEA 中的故障模式和故障原因等信息,基本上是根据对多个相似军用飞机机群的外场和厂内信息进行调研、整理、归纳和分析后获得的。

4. 填写相关设计表格

根据本例的实际情况,分别填写 FMEA 表,填写结果如表 2-9 所列。

5. 结 论

通过对某型军用飞机升降舵操纵分系统进行 FMEA,为后续进行维修工作分析提供了有效输入信息,并为确保该飞机保障系统的设计提供了技术支持。

表 2-9 某型军用飞机升降舵操纵分系统 FMEA 表

初始约定层次：　　　　　　　　　　　　任务：　　　　　　　　　　审核：　　　　　　　　第　页・共　页
约定层次：　　　　　　　　　　　　　　分析人员：　　　　　　　　批准：　　　　　　　　填表日期：

代码	保障对象名称	功能	故障模式	故障原因	任务阶段与工作方式	故障影响 局部影响	故障影响 高一层次影响	故障影响 最终影响	故障检测方法	使用补偿措施	故障模式频数比
01	安定面支承(01)	支承升降舵	安定面后梁变形过大	刚度不够	飞行	安定面后梁变形超过允许范围	升降舵转动卡滞	损伤飞机	无	功能检查	0.1
02	轴承组件(02)	安装转动舵面	支臂裂纹	疲劳	飞行	故障征候	故障征候	影响任务完成	目视检查或无损探伤	增加视情检查	0.4
			轴承间隙过大	磨损	飞行	功能下降	功能下降	损伤飞机	无	加强润滑	0.7
			滚珠掉出	磨损	飞行	失去功能	失去功能	危及飞机安全	无	润滑更换	0.3
03	扭力臂组件(03)	连接舵面传力矩	扭力管连接孔松动	舵面振动冲击载荷；长期使用	飞行	功能下降	功能下降(舵面偏转不到位)	损伤飞机	视情检查	增加视情检查	0.4
			摇臂裂纹	疲劳	飞行	故障征候	故障征候	故障征候	目视无损探伤	增加视情检查	0.3
			法兰盘裂纹	疲劳	飞行	故障征候	故障征候	故障征候	目视无损探伤	增加视情检查	0.3

续表 2-9

代码	保障对象名称	功能	故障模式	故障原因	任务阶段与工作方式	故障影响 局部影响	故障影响 高一层次影响	故障影响 最终影响	故障检测方法	使用补偿措施	故障模式频数比
04	操纵组件(04)	操纵升降舵	摇臂间隙过大	磨损	飞行	故障征候	故障征候	故障征候	目视检查	润滑更换	0.25
			连杆间隙过大	磨损	飞行	故障征候	故障征候	故障征候	目视检查		0.3
			支架裂纹	疲劳	飞行	故障征候	故障征候	故障征候	目视、无损探伤	视情检查	0.25
			驾驶杆行程过大	摇臂连杆长期磨损形成的间隙后的综合结果	飞行	功能下降	功能下降（舵面操纵不到位）	损伤飞机	视情检查	润滑定期维护	0.2
05	配重组件(05)	平衡动、静舵面	配重松动	振动引起连接处的间隙过大	飞行	功能下降	功能下降	损伤飞机	视情检查	视情检查	0.2
			外支臂裂纹	疲劳	飞行	故障征候	故障征候	故障征候	目视、无损探伤	视情检查	0.4
			铆钉锈蚀	长期使用	飞行	故障征候	故障征候	损伤飞机	目视检查	功能检查	0.4
06	调整片(06)	调节升力	铰链松动	磨损	飞行	功能下降	功能下降	损伤飞机	视情检查	定期维修或更换	0.7
			电动效应机构不工作	电门接触不良（有积炭）	起飞、着陆	丧失功能	丧失功能	危及飞机安全	视情检查		0.2
			拉杆断	疲劳	飞行	丧失功能	丧失功能	损伤飞机	无		0.1

习 题

1. FMEA 在保障性分析中的目的是什么？与在可靠性分析中的目的有何不同？
2. 什么是约定层次？在保障性分析中执行 FMEA 时，约定层次通常如何定义？
3. 选择一个熟悉的产品，用功能框图的形式描述该产品，并对其执行 FMEA。

第 3 章 损坏模式及影响分析(DMEA)

3.1 概 述

3.1.1 DMEA 的目的和作用

装备损坏模式及影响分析(DMEA)的目的是通过系统分析,预先分析可能的损伤对装备的损坏程度,确定装备在使用过程中所有可能的损坏模式,以及每一损坏模式的原因及影响。通常,须对战时可能受到穿甲弹、高能爆炸弹片或导弹攻击的武器装备进行 DMEA 分析。分析工作一般在装备的分系统级进行,也可按要求在更低级别上进行。在装备研制过程中,分析工作应从方案设计开始直至外场服役为止迭代地进行,但主要是在设计与研制阶段,并应主要由承制方来做。对于复杂的装备,可选择易受损伤且对功能影响大的项目进行分析。为了节约分析的资源与时间,应尽可能与可靠性、维修性分析结合进行。通过进行 DMEA,可使装备在战场上难以被敌方发现和识别,发现后不易被破坏或破坏较轻,这与装备设计直接相关;同时还可使装备在破坏后易于修复,提高克服特殊环境的能力,这不仅与装备设计有关,还与装备保障有关。因此,为了提高 DMEA 的效果,应考虑以下几个问题。

1. 防止被敌方发现与识别的设计

这类设计指各类装备普遍采用的隐形技术、电子干扰和伪装技术等,如坦克为了防止被敌方发现,应采取降低高度和缩小正面轮廓、施放烟幕以及提高机动性能等设计方法。其目的在于躲避和破坏敌方的侦察,以避免战斗损伤。

2. 防止战斗损伤的设计

这类设计指提高防护能力的设计,包括常规防护和核、生、化的防护,以及防止燃烧和弹药爆炸的二次损伤效应、功能分散和关键部位的余度设计等。其目的是防止或减少战斗损伤。

3. 战斗损伤的应急修复

在战场上,战斗损伤的应急修复往往是时间要求紧迫、环境恶劣,对于突如其来的修复任务应采用就地(使用或作战现场)、就便(使用近便器材工具)、就人(使用人员或初级维修人员)的原则进行抢修,使装备尽快恢复到必要的使用性能(甚至可以短期降低一定功能)。因此,战场应急修复与一般正常条件下的修复有较大区别。战场应急修复通常须考虑以下两个方面:一是应急修复的设计要求;二是特殊的修复技术措施。

在保障性分析中,通过 DMEA 来确定装备的损坏维修工作项目。通过在保障性分析中执行 DMEA,可以提出保障系统的损坏维修保障要求,即在保障性分析过程中,DMEA 方法也是保障系统需求分析技术的一部分。同时 DMEA 也为装备的生存力和易损性的评估提供依据。本章主要针对损坏模式对装备执行任务功能的定性影响进行分析。关于危害度分析(CA),即通过确定损伤造成的损坏程度来估计威胁机理所引起的定量影响,则不再展开阐述。

通过对装备执行 DMEA,能够使装备预防、承受或减轻敌对及特殊环境的影响,保持及恢复其规定任务的能力。装备损坏模式的修复能力直接影响到装备的持续战斗力。通过 DMEA 提出影响装备设计的要求,进而为确定战时实现战备完好性目标而需要补充的保障资源的分析提供输入。可见在保障性分析中,损坏模式及影响分析的作用是:

① 拟定影响装备设计的损坏模式和解决办法;

② 为针对损坏模式的修复性维修工作的确定和分析提供损坏模式输入。

DMEA 适用于产品的论证、研制、生产和使用阶段。DMEA 与 FMEA 一样,应在产品寿命周期阶段的早期进行,以提供产品可能承受的、预先规定的敌方威胁能力的相关信息,这有利于提高武器装备的生存力、保障效能和减少寿命周期费用。

在新武器装备的研制过程中,需要进行 DMEA,而且 DMEA 是 FMEA 的扩展。DMEA 应考虑武器装备每一产品可能产生的所有损坏模式,以及每个损坏模式对武器装备的影响,并对武器装备的基本功能、任务能力、敌方威胁能力和敌方武器影响之间的关系进行分析,以便为提高新研武器装备的生存力提供支持。

对于确定的现有的武器装备中的所有分系统和产品,DMEA 应提供因产品技术状态变更或产品改型而对武器装备生存力产生影响的有关信息,并应定期对敌方威胁能力进行评估,以确定现有武器装备在敌对环境中是否能有效地被保障。

3.1.2 DMEA 的相关概念

为了便于读者理解 DMEA,首先引出几个与 DMEA 相关的概念。

1. 损坏模式(damage mode)

损坏模式指产品"由于突发外部应力损伤而造成损坏的表现形式。它一般描述损坏的状况"。导致损坏模式出现的原因通常包含下列几种情况:

① 由于敌方的攻击(如被击中、起火、爆炸等)而造成武器装备的损坏;

② 在战场环境下由于人为操作失误而引起武器装备损坏;

③ 在战场环境中的磨耗(如过度使用造成的过应力)引起武器装备损坏,这种磨耗状态在平时较少出现或禁止出现,而在战场环境下则频繁出现;

④ 由于突发的极端自然环境变化(如台风、泥石流、雷暴)而引起的武器装备损坏。

损坏模式多指在战场环境下,武器装备的各种损坏的表现形式。由于战场环境复杂多变,因而损坏模式往往难以预测。

2. 生存性(survivability)

生存性指"装备及其乘员回避或承受人为敌对环境,能完成规定任务而不遭到破坏性损伤或伤亡的能力,也称生存力"。生存力一般包括四个基本要素:

① 难以被敌方察觉(例如,隐形武器装备等);

② 即使被察觉,也难以被敌方命中(例如,电子干扰系统等);

③ 即使被命中,也难以被击毁(例如,装甲防护或被覆等);

④ 遭损坏后,能迅速修复或自救(例如,自行撤离等)。

上述第③点和第④点是 DMEA 要解决的问题,即通过 DMEA 的结果,采取相应的有效措施,提高武器系统的生存力。

3. 易损性(vulnerability)

易损性是 DMEA 分析的目的之一。易损性指"在人为的敌对环境下和执行任务的过程中,系统能经受由于遭受一定程度有威胁性的机械作用而引起的有限的性能下降的特性"。其中"有威胁性的机械作用(threat mechanisms)"或称"威胁性破坏机械作用(threat damage mechanisms)"指包含某种威胁或用一种威胁性的机械作用,来摧毁(降低功能或破坏)某目标的产品或该目标本身。

4. 威胁(threat mechanism)

威胁指在战场环境下,由于敌方攻击或攻击敌方的行动而引起武器装备破坏的所有可能条件或条件组合。威胁类似于 FMEA 中的故障原因,是造成损坏模式的根本所在。威胁分直接破坏(primary damage mechanism)和间接破坏(secondary D. M.)两种。前者指由威胁作用直接引起的破坏和伤害(例如,抛射物、碎片、爆炸波阵面超压、燃烧物、热脉冲、核辐射、电磁脉冲等);后者指由原破坏的某种影响与武器装备的产品与零件之间相互作用而间接产生的破坏和损害(例如,燃烧、散裂、烟熏、释放的腐蚀物或有毒物质或氧化物、液压冲击、发动机燃油吸入等)。

威胁一般来自以下三个方面。

(1) 敌方攻击因素

包括:

① 攻击的来源　空中、海上、陆地;
② 攻击的武器　核武器、常规武器、化学武器等;
③ 攻击的方向　正面、侧面、后面、上面、下面等;
④ 攻击的时机　作战中、停放中等;
⑤ 其他。

(2) 己方使用因素

包括:

① 实施攻击时的过度使用状态;
② 实施撤离时的过度使用状态;
③ 其他。

(3) 自然环境因素

包括:

① 噪声;
② 恶劣的自然环境;
③ 失重、超重;
④ 地震、雷电、风暴;
⑤ 其他。

由于威胁的复杂性和多样性,一般在实施 DMEA 时,往往是选择一种典型的威胁来进行有针对性的分析。

3.2　DMEA 方法

DMEA 方法的实施步骤如图 3-1 所示。

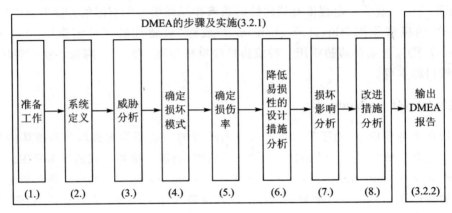

图 3-1　DMEA 方法的实施步骤

3.2.1　DMEA 的步骤及实施

1. 准备工作

(1) 确定研究的问题

DMEA 的范围及要求一般包括:

① 被研究的对象(可以是整个装备或装备的一部分)、装备所面临的威胁及其损伤机理、损伤类别、作战任务及环境条件、分析的精度和详细程度;

② 易损性度量参数;

③ 评估结果形式以及进度与费用等。

(2) 分析对象的信息

根据评估的需要,应尽可能地收集与评估有关的装备的系统、分系统及产品的结构和功能信息。这些信息包括技术状态、外形尺寸和结构材料,以及用于屏蔽关键产品的装甲和产品的位置等。此外,还应收集各产品、分系统和系统的功能及它们与装备的关系。这些信息的来源主要包括承制方、操作人员、咨询机构、使用与维修手册、各种技术报告与设计图纸及外场经验等。

2. 系统定义

(1) 重要产品的确定

DMEA 与 FMEA 不同,DMEA 不针对系统中的所有产品进行分析,而仅围绕重要产品展开分析。因此,在进行 DMEA 之前,应根据 FMEA 的结果(例如,严酷度)和作战任务要求,结合系统的功能分析(例如,系统简图或功能框图),并利用可靠性框图来确定分系统和功能冗余，以确定影响产品或系统基本功能和任务的重要分系统和产品。DMEA 是针对这些重要的分系统和产品进行分析，例如非重要产品的爆炸破片是否会对重要产品产生冲击或震动破坏。

关键产品指当该产品损伤或损坏后，将造成研究对象受到某种程度的损伤力而影响装备的某种功能。关键产品可以是能提供一种必要功能（例如，动力、瞄准等）的产品，也可以是由于它的损坏将造成执行关键功能的产品产生故障的产品（例如，油箱等）。确定关键产品的要点是：

① 选择研究对象的损伤类别。飞机的损伤类别可分为损失、强迫着陆和任务中断。坦克的损伤类别可分为灾难性的、影响机动性的和火力减弱的。对于某一关键产品来说，它只是针对某一损伤类别的关键产品。
② 确定所研究对象为完成规定任务而必须执行的关键功能。
③ 确定执行这些关键功能的主要分系统和产品。
④ 确定各产品或分系统的损坏模式与执行必要功能之间的关系。
⑤ 说明分系统或产品的故障与由战斗造成的损伤之间的关系。

（2）约定层次的确定

按照 FMEA 方法中划分的约定层次要求（详见第 2 章）确定约定层次。

3. 威胁分析

威胁分析是在装备受到敌方武器攻击的情况下，对受损原因进行分析。进行威胁分析和通过设计降低装备易损性的防战伤设计是提高装备生存性的重要措施。

由于各种武器装备的预定任务和作战环境不同，使得在战场上遭受的损伤复杂多样。作为设计分析技术之一的 DMEA，不可能全面、详尽地预测到未来战场上各种威胁机理所引起的损伤。因而在实施 DMEA 之前，应根据过去的战场经验、军事演习资料记录、装备预定的作战任务要求和未来敌方的攻击能力，由订购方和承制方共同确定一种或几种典型的潜在威胁条件（例如，敌方攻击的方式、攻击的火力等），DMEA 应在这种典型的威胁下进行。由于各种损伤（例如，穿透、着火等）的影响不同，所以每一次易损性分析都是针对某一具体威胁或损伤进行的。

4. 确定损坏模式

针对所确定的威胁，分析每个系统、分系统和产品暴露于特定威胁过程中可能产生的损坏模式。根据规定的任务要求、特定的威胁及系统说明，对各个产品功能的损坏模式加以假设。为了确保对损坏模式进行全面的分析，至少应就下述典型损坏模式进行分析：

① 穿透；
② 分离；
③ 震裂、裂缝；
④ 卡住；
⑤ 变形；
⑥ 燃烧、爆炸；
⑦ 碎片冲击；
⑧ 击穿（电过载引起）；
⑨ 烧毁（敌方攻击起火导致）；

⑩ 毒气、细菌污染；
⑪ 核污染；
⑫ 局部高温（热过载）；
⑬ 其他。

在进行分析、确定损坏模式时，应注意区分其与故障模式的差别。故障模式一般由产品本身引起，而损坏模式往往是由战场环境下的特定外部因素引发的，例如，在飞机的正常寿命中，燃油箱较少出现严重的故障模式（虽然有可能因过度腐蚀或事故而需修复或更换），因而在FMEA中，燃油箱的故障模式往往不是分析的重点。但在对其进行损坏模式分析时，由于燃油箱暴露的面积大，因而容易受到各种攻击而引起损坏。实际的战场经验也表明，在战斗中需要更换燃油箱的概率要比和平时期高出一个数量级。

5. 确定损伤率

根据来自保障对象的系统、分系统、产品损坏模式影响的实弹试验、研制试验、修理手册、事故记录、工程判断，以及类似装备的战伤数据、历史数据与经验等，分析确定各关键产品的条件损伤率。

损伤率也可根据战场敌对环境，特别是火力对抗的变化和威胁类型的变化，来进行综合分析评估。计算机仿真是当前易损性评估经常采用的方法。

6. 降低易损性的设计措施分析

降低易损性指通过采用设计技术或利用某些设备来控制或降低因敌方威胁而对装备造成的损伤。为此，应当充分利用易损性分析的结果，认真考虑DMEA中的装备损坏模式，并依据类似装备的历史资料，对比分析最易受损的部位、损伤特征、战伤率、严酷度及所采取的降低易损性设计的有效性。目前经常采用的降低易损性设计的措施有：

① 对关键产品增加余度；
② 合理布置产品的位置；
③ 采取主动和被动损伤抑制技术；
④ 对产品屏蔽和取消多余产品。

7. 损坏影响分析

损坏影响是"损坏模式对产品的使用、功能或状态所导致的结果"。这些结果是对产品与人的安全、使用、任务功能、环境、经济等各方面的综合后果。损坏影响分析的目的是找出产品每个可能的损坏模式所产生的影响，用来评估战斗中关键产品的损伤程度（例如，在战时将造成装备不能安全着陆和从简易机场起飞等）。战伤影响程度可分为丧失全部能力、性能降级或不影响任务等类型。当不能进行修理时，应由降级的使用能力来确定损伤极限。

损坏影响不仅包括整个产品的损坏，还应包括其性能下降，例如，火炮命中精度下降，致使不能有效地损伤敌人。

损坏影响除影响被分析产品的约定层次外，所分析的损坏模式还可能影响到几个约定层次。因此，DMEA应评价每个损坏模式的局部、高一层次和最终的影响。

(1) 局部影响

局部影响指所假设的损坏模式对当前所分析的约定层次产品的使用、功能或状态的影响。确定局部影响的目的在于为评价补偿措施及提出提高生存力的建议提供依据。局部影响有可能就是所分析的损坏模式本身。

(2) 高一层次的影响

高一层次的影响指所假设的损坏模式对被分析约定层次紧邻的高一层次产品的使用、功能或状态的影响。

(3) 最终影响

最终影响指所假设的损坏模式对初始约定层次产品的使用、功能或状态的总的影响。因此,应确定每个损坏模式对于那些影响武器装备的工作能力和完成任务能力的基本功能的影响,以及这些影响导致武器装备生存力降低的程度。

最终影响可能是由双重损坏造成的。例如,安全装置的损坏只有在下述情况下才产生灾难性的最终损坏,即对于安全装置产品,其控制的主要功能超出了极限,同时安全装置也发生了损坏。对此,应在损坏模式影响分析表中注明这种损坏所造成的最终影响。

8. 改进措施分析

当完成上述分析后,应针对所分析的问题从设计、使用和维修等方面找出有效的改进措施;但应注意这些措施与 FMEA 中的改进措施不同,因为提高战修性设计措施的力度往往是有限的,并且是应急的措施。因此,在装备研制的早期就应将战修性要求纳入设计,采取提高战修性的设计措施。提高战伤修理的设计措施,与提高维修性有共同之处,所不同的是,它主要是针对易受战伤的部位与产品。实践证明,能有效提高战修性的设计措施有:

① 采用余度设计。除电子、液压产品外,还包括动力轴、结构件和操纵传动件等,这样当装备受到损伤时,一是可推迟战伤修理,以保证装备战伤后仍能继续投入战斗;二是在修理时,便于采用改变运动路径或转换负载等措施来快速地重构系统。

② 确保与作战紧密相关的或易遭受损伤的关键产品的可达性好,以便实施外场快速修理与更换;连接部位不要采用特殊型号的螺钉或螺栓,以保证可简易快速地拆卸。

③ 装备应具有机内自检测系统或机外简易测试设备,以便在遭受战伤后能自动诊断或快速检查装备的功能与状态,迅速判断装备能否延缓修理和需采取的修理措施。

④ 限制外场可更换单元的体积和质量,将需搬动产品的质量减小到一个人可以搬动的程度,以便在紧张的战时环境下不使用专用搬运设备即可实施快速拆卸与更换。

⑤ 设计时应尽量选用具有互换性的标准通用件和采用模块化(组合化)设计,以实现产品的同型更换或异型替代,简化战时维修,以及便于在战场上迅速拆卸、更换和重新组装。

⑥ 尽可能放宽配合和定位的公差,以便在分解组合时无需专用的吊车和定位工具。

⑦ 为了在战场修理时搬运方便,应设置扶手和起吊的栓系点,以便在无起吊设备的情况下,利用人力搬动或绳索起吊。

⑧ 合理选用材料和零配件,以保证战伤修理所需的专用设备和工具最少、时间最短,或对环境的清洁度要求最低,应使所设计的硬件只需要起子、钳子和活动扳手就可拆装。

⑨ 主机结构采用易于更换、拆卸的单元体设计,使重要结构段能够在简陋的条件下进行更换,各导管、导线能在单元体的接口处断开,更换单元体时易于拆卸、调校和采取临时掐断与

旁路等措施。

⑩ 在使用长的多股导线时,除采用颜色区分外,每根导线在每个补偿的距离上都要印有标号。

3.2.2 输出 DMEA 报告

1. DMEA 报告要求

DMEA 工作的输出主要是提供 DMEA 报告及相关资料。DMEA 报告一般应包括以下主要内容。

(1) 概　述

内容包括:

① 实施 DMEA 的目的和分析任务的来源等基本情况;

② 实施 DMEA 流程的概要说明;

③ 分析中使用的数据来源说明;

④ 其他有关解释和说明等。

(2) 重要产品清单

在重要产品清单中列出要分析的对象,并对其功能进行说明。

(3) 可能的潜在威胁条件清单

根据装备的战斗任务列举出装备可能的潜在威胁。

(4) 重要产品的 DMEA 说明

填写重要产品 DMEA 表。

(5) 结论与建议

结论中应包括:采取提高战修性和生存性的设计、使用及补偿措施和建议,以及预计执行措施后的效果说明等。

2. DMEA 表格

DMEA 表内容如表 3-1 所列。

表 3-1　损坏模式及影响分析(DMEA)表

初始约定层次:　　　　任务:　　　　审核:　　　　第 页・共 页
约定层次:　　　　　　分析人员:　　　批准:　　　　填表日期:

代码	保障对象名称	功能	任务阶段与工作方式	损坏模式	威胁	损坏影响			损伤率	改进措施	备注
						局部影响	高一层次影响	最终影响			
①	②	③	④	⑤	⑥	⑦	⑧	⑨	⑩	⑪	⑫

表 3-1 中各栏目的填写说明如下:

第①~④栏均与 FMEA 表(表 2-8)相应栏目填写内容相同;

第⑤栏"损坏模式"　按 3.2.1 小节的"4. 确定损坏模式"中的要求填写;

第⑥栏"威胁" 按 3.2.1 小节的"3. 威胁分析"中的要求填写；

第⑦~⑨栏"损坏影响" 按 3.2.1 小节的"7. 损坏影响分析"中的要求填写；

第⑩栏"损伤率" 按 3.2.1 小节的"5. 确定损伤率"中的要求填写；

第⑪栏"改进措施" 针对损坏模式、威胁机理及其影响的情况综合提出设计改进和使用补偿的措施；

第⑫栏"备注" 主要记录有关注释和说明。

3.2.3 DMEA 的要点

1. 明确 DMEA 与生存力的关系

DMEA 用于产品研制阶段、生产阶段和改型计划或研究工作。DMEA 和"功能及硬件 FMEA"一样，应在早期的初步设计阶段进行，以提供与初步设计的武器装备承受规定的敌人威胁能力有关的信息。这将有利于提高武器装备的生存力、减少费用和缩短研制进度。

2. 共享 FMEA 结果数据

在进行 DMEA 时，应将 FMEA 结果予以扩展，以便得到关于由威胁性机理所引起的损坏对武器系统基本任务功能造成的影响等信息。

DMEA 是在 FMEA 基础上进行的，如果没有进行 FMEA，则不能进行 DMEA。但 DMEA 与 FMEA 有其各自的侧重点。FMEA 是针对产品使用过程中(含作战)可能出现的偶然故障和耗损故障；而 DMEA 则是针对作战环境下出现的各种战斗损伤，且不是针对产品中所有产品的故障模式进行分析，而是只分析其中的重要功能产品，研究其是否能够在战斗损伤后得到及时修复，以达到重新投入战斗的目的。以某型自行火炮为例，在对其底盘机械部分进行 DMEA 中，重要功能项目有 63 项，而某型自行火炮的全部功能项目约为 370 项，即 DMEA 的基本功能项目仅占全部功能项目的 17.5% 左右，正是这 17.5% 的项目，决定了装备能否在战场上保持战斗能力或安全脱离危险环境。通过 FMEA 找出薄弱环节并加以改进，可以提高产品的可靠性；而经过 DMEA 并采取措施后，装备的生存力会大大提高。

3. 考虑一般产品二次危害的影响

DMEA 还要对某些一般产品进行研究，以确定这些一般产品损坏后是否会产生二次危害而对重要产品造成影响。

4. 提高 DMEA 的分析效率

对战场损伤分析的过程及其内容的复杂性，造成数据分析、收集、整理和录入的工作量很大，从而导致战场损伤分析的效率很低，成为 DMEA 分析的瓶颈。一般可通过以下几项措施来提高 DMEA 的分析效率：

① DMEA 的通用性要强。可以广泛收集整理各类装备，并分类归纳和确定关联关系，以建立战场损伤分析基础数据库；对每个重要产品，应确定由特定威胁作用过程所引起的损坏模式及其对武器系统基本功能的影响。DMEA 应包括所有重要的分系统及其产品，应确定每个产品可能遇到的损坏种类(例如，火、爆炸、毒气、烟、腐蚀物质等)及每个产品可能遇到的主要

和次要的损坏影响。

② 建立各类装备的损坏模式影响分析案例库。

3.3 DMEA 的应用案例

3.3.1 案例1：某型飞机燃油系统的 DMEA

1. 系统定义

该燃油系统包括机身油箱和机翼油箱。机身油箱又分为前部油箱和后部油箱。该系统还具有空中加油和地面加油的功能。在飞机整个任务阶段系统均处于工作状态。

2. 填写 DMEA 表

本案例(仅分析机身前、后油箱)的 DMEA 分析结果如表 3-2 所列。

表 3-2 某型飞机燃油系统 DMEA 表(部分)

初始约定层次：某型飞机　　任务：飞行　　审核：×××　　第1页·共1页
约定层次：燃油系统　　分析人员：×××　　批准：×××　　填表日期：2006年5月5日

代码	保障对象名称	功能	任务阶段与工作方式	损坏模式	威胁	损坏影响 局部影响	损坏影响 高一层次影响	损坏影响 最终影响	损伤率/%	改进措施
460021	机身前部油箱	提供燃油	飞行	油箱壁穿孔	抛射物撞击	油箱丧失功能	燃油损失,燃油流入附近的无油隔离舱	燃油不足,内部起火	2	采用堵漏橡胶内衬
			飞行	外部起火	爆炸	油箱爆炸	无油隔离舱起火	内部起火	5	增加耐火涂层
			飞行	油箱壁撞破	碎片撞击	油箱丧失功能	燃油损失,吸入燃油	燃油不足,发动机损坏	3.6	增加防护装甲
			飞行	油箱内起火	燃烧物	油箱爆炸	油箱破裂,燃油损失	内部起火,燃油不足	0.2	增加防护装甲
460022	机身后部油箱	提供燃油	飞行	油箱壁穿孔	抛射物撞击	油箱丧失功能	燃油损失	内部起火	6	采用堵漏橡胶内衬

3. 结果分析

从表 3-2 得知：

（1）损坏模式与威胁机理

机身前部油箱的损坏模式有两点：一是油箱壁"撞破"、"穿孔"，其威胁机理是由"碎片撞击"、"抛射物撞击"造成；二是油箱内外"起火"，其威胁机理是由"燃烧物"、"爆炸"引起。

机身后部油箱的损坏模式是"油箱壁穿孔"，其威胁机理是"抛射物撞击"。

（2）改进措施

改进措施主要是"采用堵漏橡胶内衬"、"增加防护装甲"、"增加耐火涂层"，其效果明显，提高了产品的生存力。

（3）结　论

通过对该型飞机燃油系统进行 DMEA，为后续进行该型飞机燃油系统的维修工作分析提供了有效输入信息，为该燃油系统保障方案的确定提供了基础数据。

3.3.2 案例 2：某型飞机发动机系统的 DMEA

1. 系统定义

该发动机系统主要包括低压压气机（A1）、高压压气机（A2）、燃烧室（A3）、中介机匣（A4）、高压涡轮（A5）、低压涡轮（A6）、扩散段（A7）、加力燃烧室（A8）、尾喷（A9）、传感器（A10）、发动机附件机匣（A11）、飞机附件机匣（A12）和发动机导流片（A13）等。在飞机整个任务阶段，系统均处于工作状态。

2. 填写 DMEA 表

分析结果如表 3-3 所列。

3. 结果分析

（1）损坏模式与威胁机理

发动机各部件的损坏模式可分为两大类：一是由抛射物撞击所引起的穿孔、变形、穿透及由其引起的二次损伤；二是由燃烧、爆炸引起的泄露、爆炸和失衡。

（2）改进措施

对于由抛射物撞击导致的损坏，通过选用强度更高的钛合金材料来增加抗损坏能力；对于由燃烧导致的损坏，通过选用耐火的复合材料来阻止燃烧带来的损坏。

（3）结　论

通过对某型飞机发动机进行 DMEA，为后续进行该型发动机的维修工作分析提供了有效输入信息，为该型发动机保障方案的确定提供了基础数据。

表 3-3　某型飞机发动机系统 DMEA 表

初始约定层次：某型飞机　　　任务：飞行　　　审核：×××　　　第 1 页・共 2 页
约定层次：发动机系统　　　分析人员：×××　　　批准：×××　　　填表日期：2009 年 5 月 5 日

代码	保障对象名称	功能	任务阶段与工作方式	损坏模式	威胁	损坏影响			损伤率/%	改进措施
						局部影响	高一层次影响	最终影响		
A1	低压压气机	用于压缩低压内、外涵道的空气	全部任务阶段	01 穿孔或变形	抛射物撞击	压气机性能受损	发动机喘振	任务中断	0.8	改用钛合金材料
				02 穿孔或变形的二次损伤	抛射物撞击	由受损的压气机产生高能碎片	由受损的压气机产生高能碎片	飞机解体	0.3	改用钛合金材料
A2	高压压气机	进一步压缩低压压气机输来的空气，并把压缩气送入燃烧室	全部任务阶段	01 穿孔或变形	抛射物撞击	压气机性能受损	发动机喘振	任务中断	1.2	改用钛合金材料
				02 穿孔或变形的二次损伤	抛射物撞击	由受损的压气机产生高能碎片	由受损的压气机产生高能碎片	飞机解体	0.9	改用钛合金材料
A3	燃烧室	将燃油与空气混合，组织燃烧，增加气体的热能	全部任务阶段	01 燃烧室机匣被击穿或燃烧	抛射物撞击	燃气及热气流泄漏	发动机结构受损	任务中断	1.5	改用耐火复合材料
				02 燃烧室爆炸	爆炸	燃烧室爆炸	发动机结构受损，推力下降	飞机解体	0.6	改用耐火复合材料
A4	中介机匣	发动机的主要承力件，它将低压压气机出口的空气分为内、外两路，其壳体用来固定发动机附件	全部任务阶段	01 穿孔或变形	抛射物撞击	穿孔变形	发动机爆炸	飞机解体	0.1	改用钛合金材料
				02 穿孔或变形的二次损伤	抛射物撞击	由受损的部分产生高能碎片	发动机爆炸	飞机解体	0.05	改用钛合金材料
A5	高压涡轮	用于传动高压压气机，并传动发动机附件机匣和飞机附件机匣的附件	全部任务阶段	01 叶片受损	抛射物撞击	机械卡滞	发动机停车	任务中断	2.2	改用耐火复合材料
				02 涡轮失去平衡	抛射物撞击或爆炸	涡轮失去平衡	发动机失效	飞机无法操纵	0.4	改用耐火复合材料
				03 叶片损伤引起的二次损伤	抛射物撞击或爆炸	由受损的部分产生的高能碎片	发动机爆炸	飞机解体	0.9	改用耐火复合材料

续表 3-3

代码	保障对象名称	功能	任务阶段与工作方式	损坏模式	威胁	损坏影响 局部影响	损坏影响 高一层次影响	损坏影响 最终影响	损伤率/%	改进措施
A6	低压压气涡轮	用于传动低压压气机和滑油回路	全部任务阶段	01 燃油泄漏	抛射物撞击或爆炸	燃油泄漏和火灾	发动机性能降低	任务中断	0.9	改用耐火复合材料
A7	扩散段	气体扩散	全部任务阶段	01 穿孔或变形	抛射物撞击或爆炸	扩散段损伤	发动机性能降低	任务中断	1.3	改用钛合金材料
A8	加力燃烧室	将燃油与空气混合，组织燃烧，增加气体的热能	全部任务阶段	01 燃油泄漏	抛射物撞击	燃油泄漏和火灾	发动机性能降低	任务中断	0.2	改用耐火复合材料
A9	尾喷	带外调片的超声速、全态可调喷管	全部任务阶段	01 碎片穿透	抛射物撞击	控制管路或作动机构损伤	发动机性能降低	任务中断	0.9	改用钛合金材料
A10	传感器	传送发动机的工作状态	全部任务阶段	01 碎片穿透	抛射物撞击	传感器失效	影响发动机面板显示	任务中断	2.5	改用钛合金材料
A11	发动机附件机匣	内有调节发动机转速的油泵及增压油泵、加力油泵、发动机减速器	全部任务阶段	01 燃油泄漏	抛射物撞击或爆炸	燃油泄漏和火灾	发动机性能降低	任务中断	0.4	改用钛合金材料
A12	飞机附件机匣	用于安装与发动机附件和系统有关的附件	全部任务阶段	01 碎片穿透	抛射物撞击或爆炸	部分附件失效	发动机性能降低	任务中断	0.16	改用钛合金材料
A13	发动机导流片	对吸入的空气整流	全部任务阶段	01 碎片穿透	抛射物撞击或爆炸	气流畸变	发动机性能降低	任务中断	0.35	改用钛合金材料

习　题

1. 什么是损坏模式？简述 DMEA 的目的和作用。
2. 威胁机理通常来自于哪几个方面？
3. 生存性的基本要素都包括什么？
4. 损坏模式与故障模式的区别是什么？
5. 列举 5 个以上常见的损坏模式。

第4章 修复性维修工作项目确定分析

4.1 概　述

4.1.1 目的和作用

在保障性分析中,修复性维修工作项目确定的目的是根据F(D)MEA的结果,确定装备、LRU、SRU的修复性维修工作项目。这里,修复性维修工作项目包括两部分内容:一是针对故障模式的修复性维修工作项目;二是针对损坏模式的修复性维修工作项目。这些工作项目同时也给维修工作分析(MTA)提供输入信息。这些信息同时也是构成装备维修保障方案的部分内容,可为评价和权衡备选保障方案是否满足保障要求提供依据。

在保障性分析过程中,通过确定修复性维修工作项目来提出保障系统的设计要求,这些设计要求是装备、LRU和SRU的修复性维修工作项目要求。此方法是保障系统需求分析技术的一部分。

4.1.2 基本原理

修复性维修工作项目确定的方法是要确定装备的修复性维修工作要求,这些要求包括装备修复性维修工作项目名称、工作项目频率、工作项目执行条件以及工作项目执行注意事项等信息。若要确定这些信息,须事先确定装备的故障模式和损坏模式信息,这些信息是F(D)MEA的输出结果信息,根据这些信息来生成合适的修复性维修工作要求,通过这些修复性维修工作来修复由F(D)MEA得出的故障。

4.2 修复性维修工作项目确定分析的方法

在保障性分析中,修复性维修工作项目确定分析方法的实施步骤如图4-1所示。

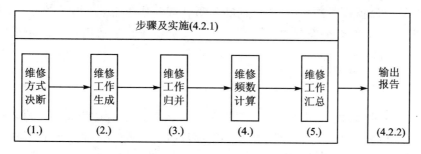

图4-1　修复性维修工作项目确定分析方法的实施步骤

4.2.1 步骤及实施

1. 维修方式决断

维修方式决断是判断产品为原位维修方式或离位维修方式的过程。这需要参照保障对象F(D)MEA结果中的故障(损坏)模式信息。通常可确定为原位维修方式的故障模式是:

① 松脱型故障模式,如松动、脱落等;
② 失调型故障模式,如压力过高或过低、行程失调、间隙过大或过小、干涉等。

采取离位维修方式的故障模式通常是:

① 损坏型故障模式,如断裂、碎裂、开裂、点蚀、烧蚀、击穿、变形、拉伤、龟裂、压痕等;
② 退化型故障模式,如老化、变质、剥落、异常磨损等;
③ 堵塞与渗漏型故障模式,如堵塞、气阻、漏水、漏气、渗油等;
④ 性能衰退或功能失效型故障模式,如功能失效、性能衰退、异响、过热等。

产品维修方式的确定还与产品结构和安装位置有关,当维修人员有充分的操作空间时才可采取原位维修。维修方式的确定也可根据实验或装备服役过程中收集的维修数据来确定,通常情况下原位维修工作所占比例远低于离位维修工作。

此外对于损坏模式,如果分析是针对装备作战或演习等处于紧急状况下的使用任务,则为达到最大的使用可用度,同时也为有效地利用维修资源,还可采用一类特殊的处理方式——延缓修理方式。

2. 维修工作生成

根据产品的维修方式进而可以确定产品的维修工作。维修工作名称应包括保障对象名称和维修方式信息。对于原位维修方式,维修工作名称中还应包括针对故障模式的维修活动信息,如焊接维修、粘贴维修和润滑维修等。

对于损坏维修工作项目信息,通常规定了可能受损的结构产品、操纵面、玻璃窗、电气布线和操纵杆以及所有机械、电气和电子系统等的外场可更换单元;通常应对最少设备清单(MEL,即装备须在战场修理的最少设备清单)中规定的项目重点关注。

在确定维修工作时,应该回答两个问题,以判断维修工作对于修复故障是否是适用和有效的:① 原位维修工作是否是适用和有效的? ② 离位维修工作是否是适用和有效的? 对于损坏模式,如果采用延缓修理方式,则还要判断延缓修理工作是否是适用和有效的? 在回答问题时要判断该种维修工作对维修对象的安装方式和安装位置是否适用? 并判断该种维修工作对解决相应的故障模式是否有效?

3. 维修工作归并

对同一产品的不同故障(损坏)模式所采取的维修方式可能是相同的,这时须将同一产品的不同故障(损坏)模式所对应的相同维修工作项目进行归并。工程上通常还要对最终确定的维修工作编号,以便于信息的追踪和管理。

4. 维修频数计算

(1) 故障模式维修频数计算

修复性维修保障活动的频数 f_{CMS} 与保障对象的使用要求、故障率、故障模式频数比和非故障拆卸率等因素有关,单位通常是次。可按下式进行计算,即

$$f_{\text{CMS}} = A_{\text{OR}} \sum_{k=1}^{N_{\text{QP}}} \Big[\theta_k \sum_{l=1}^{N_{\text{FM}k}} (\alpha_{lk}\lambda_k + \mu_{lk})\Big] \quad (4-1)$$

式中:A_{OR}——装备的工作时间,单位通常是小时。

N_{QP}——被分析的维修保障活动中所包含的保障对象数。

θ_k——被分析的第 k 个保障对象的运行比。

$N_{\text{FM}k}$——被分析的第 k 个保障对象可归并维修工作的故障模式个数。

α_{lk}——被分析的第 k 个保障对象可归并维修工作的第 l 种故障模式频数比,一般可通过统计、试验、预测等方法获得。

λ_k——被分析的第 k 个保障对象的故障率,单位通常是次/小时。

μ_{lk}——被分析的第 k 个保障对象的第 l 种故障模式由于非故障因素导致的单位时间修理次数,单位通常是次/小时,如由于虚警导致的误拆除。当不能有效预计由于非故障因素导致的单位时间修理次数时,修复性维修保障活动的频数可近似用故障率代入计算。

如果式(4-1)中不含 A_{OR} 参数,则计算结果为修复性维修工作的频率 ν_{CMS},单位通常是次/小时,其计算式为

$$\nu_{\text{CMS}} = \sum_{k=1}^{N_{\text{QP}}} \Big[\theta_k \sum_{l=1}^{N_{\text{FM}k}} (\alpha_{lk}\lambda_k + \mu_{lk})\Big] \quad (4-2)$$

式(4-2)中的参数定义同式(4-1)。

(2) 损坏模式维修频数计算

确定每个损坏维修项目在规定任务强度下任务发生的频率,单位是次/小时,其值可依据 DMEA 结果中的损伤率来确定,计算原理与故障模式维修频数相似。

5. 维修工作汇总

根据归并的维修工作信息,生成最终作为 MTA 输入的修复性维修工作项目信息,这些信息可作为修复性维修工作大纲。在修复性维修工作项目信息中,应包含维修工作说明信息。维修工作说明信息是对维修工作信息的进一步阐述,包括对维修工作执行条件、时机和环境等进行的详细说明,以便为 MTA 工作尽可能提供更多的原始输入信息。

4.2.2 输出报告

1. 报告要求

修复性维修工作项目确定分析工作的输出主要是提供修复性维修工作项目报告及相关资料。修复性维修工作项目报告一般应包括以下主要内容。

(1) 概　述

内容包括：

① 实施修复性维修工作项目确定分析的目的、产品所处的寿命周期阶段和分析任务的来源等基本情况；

② 实施修复性维修工作项目确定分析的前提条件和基本假设的有关说明；

③ 修复性维修工作项目确定分析方法的说明；

④ 初始及最低约定层次的选取原则及分析中使用的F(D)MEA数据来源的说明；

⑤ 其他有关解释和说明等。

(2) 产品的功能原理

内容包括阐述产品的功能原理和工作说明，并说明分析所涉及的系统、分系统、LRU、SRU及其相应的功能。

(3) 填写表格

填写修复性维修工作项目确定分析表和修复性维修工作项目汇总表，表格可以报告附件的形式给出。

(4) 结论与建议

结论中要对修复性维修工作项目及其要求做出说明，应包括修复性维修工作项目汇总表，以及通过修复性维修能够将特定的故障或损坏恢复到何种程度的说明。

2. 分析表格

(1) 修复性维修工作项目确定分析表

修复性维修工作项目确定分析表用来填写修复性维修工作项目确定过程的相关信息，通过填写此表来确定保障对象的修复性维修工作项目。表的结构如表4-1所列。

表4-1　修复性维修工作项目确定分析表

初始约定层次：　　　　分析人员：　　　　审核：　　　　第　页·共　页
约定层次：　　　　　　　　　　　　　　　　批准：　　　　填表日期：

代码	保障对象名称	故障模式	故障模式频数比	维修方式	维修工作名称	归并后维修工作名称	维修工作编号	10^6·维修工作频率/（次·小时$^{-1}$）	维修工作说明
①	②	③	④	⑤	⑥	⑦	⑧	⑨	⑩

表4-1中各栏目的填写说明如下：

第①栏"代码"　对每一保障对象采用一种编码体系进行标识。

第②栏"保障对象名称"　记录被分析保障对象的名称与标志。

第③栏"故障模式"　根据故障模式分析的结果，依次填写每一产品的所有故障模式。

第④栏"故障模式频数比"　指产品故障模式发生数与产品所有可能的故障模式数的比率，该值根据故障模式分析的结果填写。

第⑤栏"维修方式"　填写"原位维修"或"离位维修"。

第⑥栏"维修工作名称"　命名维修工作。维修工作名称应包括维修方式信息。对于原位维修方式，维修工作名称中还应包括针对故障模式的维修活动信息。

第 4 章 修复性维修工作项目确定分析

第⑦栏"归并后维修工作名称" 对归并后的维修工作命名。
第⑧栏"维修工作编号" 维修工作的唯一标识,该编号是针对第⑥栏的编号。
第⑨栏"维修工作频率" 单位时间内的维修次数。
第⑩栏"维修工作说明" 进一步对维修工作的内容进行详细说明,包括接近方式、检测要求和维修注意事项等信息。常见的维修要求如下:

ⓐ 调节/校正。指按要求对准、校平或微调以满足设备工作的需要。通常一些维修活动会要求调节或校正,或者经过一段时间需要检查设备是否需要调节或校正。通常调节或校正工作不被单独提出来作为维修步骤,而是随着某个维修工作一起提出,通常发生在维修工作即将完成时。

ⓑ 校准。用于一个需要核对设备是否符合行业标准、军用标准或国家标准的维修工作项目。校准一般涉及精确测量设备,通常发生在一个需要精确测量设备的维修工作项目即将完成时。

ⓒ 功能测试。指在某个维修工作完成之后,对一个系统或分系统进行的检验。它既可以发生在随机性的维修工作中,也可以发生在有固定周期的维修工作中。

ⓓ 检查。当需要确定设备的工作条件或状态时,通常需要执行检查工作。执行检查工作时,通常需要移除遮蔽物,或需要移动其他设备来接近被检查设备,或者进行一定的拆卸工作。有时与检查工作配合完成的这些拆卸或移除工作会被单独列为维修工作项目。

ⓔ 拆除。指将一个产品从更高级层次产品集合中移除的维修需求。

ⓕ 原件更换。指当一个产品被拆除后,对其进行测试或维修,待功能得到恢复和确认后,再将其重新安装回原位的维修工作。

ⓖ 备件更换。指移除某一项组件,用同类型的产品(备件)来代替原部件并安装至原组件位置。修复性维修或预防性维修都可导致该类维修工作的发生。

ⓗ 修理。指通过一系列的修复性维修工作将设备恢复至可工作状态。通常由备件更换、材料替换、紧固、密封、填补等工作组成。

ⓘ 维护。通常指使用润滑剂、气、燃料和油等资源的使用保障工作。在维护工作中可能需要执行拆除、分解、重新安装、调整和校准等工作。维护工作也可包含在对某个设备进行维修、校准或测试的工作中,这时通常不将维护工作单独提出。

ⓙ 故障诊断。指运用逻辑判断去发现故障原因或正确辨别故障部件。它包含故障定位和隔离工作。

(2)损坏维修工作项目确定分析表

损坏维修工作项目确定分析表的内容如表 4-2 所列。

表 4-2 损坏维修工作项目确定分析表

初始约定层次:　　　　　任务:　　　　　审核:　　　　　第 页·共 页
约定层次:　　　　　　　分析人员:　　　批准:　　　　　填表日期:

代码	保障对象名称	任务阶段与工作方式	损坏模式	威胁	改进措施	损坏维修工作项目名称	损坏维修工作编号	维修方式	维修频率	维修工作说明
①	②	③	④	⑤	⑥	⑦	⑧	⑨	⑩	⑪

表 4-2 中各栏目的填写说明如下:

第①栏"代码" 对每一保障对象采用一种编码体系进行标识。

第②栏"保障对象名称"　记录被分析保障对象的名称与标志。

第③栏"任务阶段与工作方式"　根据任务剖面依次填写发生故障时的任务阶段和该阶段内产品的工作方式。

第④栏"损坏模式"　按3.2.1小节的"4.确定损坏模式"的要求填写。

第⑤栏"威胁"　按3.2.1小节的"3.威胁分析"的要求填写。

第⑥栏"改进措施"　针对损坏模式、威胁机理及其影响的情况,综合提出设计改进和使用补偿的措施。

第⑦栏"损坏维修工作项目名称"　填写损坏维修工作项目名称标识,损坏维修工作项目名称标识中应含有产品或功能标志信息。

第⑧栏"损坏维修工作编号"　这是损坏维修工作的唯一标识。

第⑨栏"维修方式"　填写延缓修理、原位修理、拆换或更换。

第⑩栏"维修频率"　可用战损率替代。

第⑪栏"维修工作说明"　针对损坏模式、威胁机理及其影响的情况,综合提出战时快速应急修理措施的说明。由于战伤修理是在战场环境下采用的快速应急修理的措施,因此,修理一般是采取换件修理和重构损伤装备,以恢复装备的基本功能,保证执行当前的紧急任务。常用的修理方法包括:

ⓐ 简化修理。指在紧急情况下用临时凑合的工具与方法,简化修理规程来进行修理,或者采取某些临时性的简便修理措施,保证修理后装备的基本功能或允许功能能够降级。如坦克诱导轮损坏后,采取履带板短接,保证坦克后撤。

ⓑ 代用。主要是用相同或由功能类似而规格不同的单元作为代用件来代替遭受战伤的单元。代用可以是"以高代低"(性能高的代用性能低的),也可以是"以低代高"(但没有安全性的后果)。代用件可能在性能、结构与外形尺寸上与原件不能互换,需要在现场采取一些措施。代用还包括"互换性或标准化"的替代,即用形状和尺寸标准化但适用于不同设备上性能有差异的零部件替代损坏件。

ⓒ 旁路、切换或截断。当电路、油路受到损伤时,采取跨接或切换来改变流程,或者采取临时掐断等措施;对于受损伤的机械系统,可采用旁路来改变运动路径或采用转换负载等措施,以维持其某些功能,这些措施属于重构系统。

ⓓ 临时配用。采用粘接、矫正、捆绑等方法,或利用在现场临时找到的物件来代替损坏件。

ⓔ 就地制作。制作简单的配件来更换损坏件,或制作支架、接头等件来支撑和连接损坏件。

(3) 修复性维修工作项目汇总表

修复性维修工作项目汇总表用来汇总保障对象修复性维修工作项目的信息。该表对表4-1或表4-2中归并后的维修工作项目进行整理,是保障对象修复性维修工作项目确定工作的最终输出表。表的结构如表4-3所列。

表4-3　修复性维修工作项目汇总表

初始约定层次:　　　　分析人员:　　　　审核:　　　　第　页·共　页
约定层次:　　　　　　批准:　　　　　　填表日期:

维修工作名称 ①	维修工作编号 ②	维修方式 ③	保障对象名称 ④	LRU/SRU ⑤	10^6·维修工作频率 /(次·小时$^{-1}$) ⑥	维修工作说明 ⑦

表4-3中各栏目的填写说明如下：

第①栏"维修工作名称" 命名维修工作。维修工作名称应包括维修方式信息。对于原位维修方式，维修工作名称中还应包括针对故障模式的维修活动信息。

第②栏"维修工作编号" 维修工作的唯一标识，该编号是针对第①栏的编号。

第③栏"维修方式" 填写"原位维修"、"离位维修"或"暂缓维修"。

第④栏"保障对象名称" 记录被分析保障对象的名称与标志。

第⑤栏"LRU/SRU" 标明该维修工作对象是"LRU"或"SUR"。

第⑥栏"维修工作频率" 单位时间内的维修次数。

第⑦栏"维修工作说明" 进一步对维修工作的内容进行详细说明，包括接近方式、检测要求和维修注意事项等信息。故障模式的修复性维修工作说明和损坏模式的修复性维修工作说明分别对应于表4-1的第⑨栏和表4-2的第⑪栏。

4.2.3 分析要点

修复性维修工作项目确定分析的要点可以概括如下：

① 注意分析信息的来源，修复性维修工作项目确定分析的输入信息来源于FMEA和DMEA，FMEA输出的是故障模式信息，DMEA输出的是损坏模式信息，这两部分数据产生的原因不同，所以在应用时应加以区分。

② 在确定修复性维修工作方式时，注意保障对象的任务及使用阶段，尤其在针对损坏模式进行分析时，应根据保障对象的任务阶段，注意以最大可用度和有效利用保障资源为原则选择合适的维修方式。

③ 在进行修复性维修工作项目汇总时，故障模式和损坏模式可能会生成相同内容的工作项目，这时要注意工作项目执行的任务阶段，任务阶段不同，其执行的条件和时机会不同，因此就应属于不同的维修工作项目，不能进行归并。

4.3 应用案例

4.3.1 案例1：升降舵操纵分系统修复性维修工作项目确定分析

确定某型军用飞机详细设计阶段中升降舵操纵分系统的修复性维修工作项目。某型军用飞机升降舵操纵分系统的功能是保证飞机的纵向操纵性，它由安定面支承(01)、轴承组件(02)、扭力臂组件(03)、操纵组件(04)、配重组件(05)和调整片(06)组成(见图2-6)。其分析输入的故障模式信息来源于2.3节。

分析过程数据详见表4-4。

在2.3节FMEA基础上进行维修模式决断，确定维修工作名称，通过分析得到升降舵操纵分系统的修复性维修工作项目为：安定面支承更换维修；轴承组件润滑原位维修，轴承组件更换维修；扭力臂组件紧固原位维修，扭力臂组件更换维修，操纵组件润滑原位维修，操纵组件更换维修；配重组件紧固原位维修，配重组件更换维修，配重组件更换铆钉原位维修；调整片更换维修，调整片润滑原位维修。根据各LRU的故障率和故障模式频数比计算出各维修频率。该型军用飞机详细设计阶段中升降舵操纵分系统的修复性维修工作项目汇总信息详见表4-5。该分析为后续进行维修工作分析提供了有效输入信息，为确保该飞机保障系统的设计提供了技术支持。

表 4-4 升降舵操纵分系统修复性维修工作项目确定分析表

初始约定层次：×××　　分析人员：×××　　审核：×××　　第 1 页·共 1 页
约定层次：LRU　　×××飞机　　　　　　　批准：×××　　填表日期：2009 年 5 月 20 日

代码	保障对象名称	故障模式	故障模式频数比	维修方式	维修工作名称	归并后维修工作名称	维修工作编号	10^6·维修工作频率/(次·小时$^{-1}$)	维修工作说明
01	安定面支承	安定面后梁变形过大	0.02	离位	安定面支承更换维修	安定面支承更换维修	12-11-01-R0	7.956	更换安定面支承
		支臂裂纹	0.49	离位					
		螺栓锈蚀	0.49	原位	安定面支承更换螺栓原位维修	安定面支承更换螺栓原位维修	12-11-01-R1	7.644	安定面支承原位维修，更换安定面支承连接螺栓
02	轴承组件	轴承间隙过大	0.89	原位	轴承组件润滑原位维修	轴承组件润滑原位维修	12-11-02-R0	71.12	轴承组件原位维修
		滚珠掉出	0.11	离位	轴承组件更换维修	轴承组件更换维修	12-11-02-R1	8.79	更换轴承组件
03	扭力臂组件	扭力管连接孔松动	0.50	原位	扭力臂组件紧固原位维修	扭力臂组件紧固原位维修	12-11-03-R0	7.61	扭力臂组件原位维修
		摇臂裂纹	0.25	离位	扭力臂组件更换维修	扭力臂组件更换维修	12-11-03-R1	7.62	更换扭力臂组件
		法兰盘裂纹	0.25	离位					
04	操纵组件	摇臂间隙过大	0.2	原位	操纵组件润滑原位维修	操纵组件润滑原位维修	12-11-04-R0	5.936	操纵组件原位维修
		连杆间隙过大	0.2	原位					
		支架裂纹	0.3	离位	操纵组件更换维修	操纵组件更换维修	12-11-04-R1	8.904	更换操纵组件
05	配重组件	配重松动	0.2	离位	配重组件紧固原位维修	配重组件紧固原位维修	12-11-05-R0	6.85	配重组件原位维修
		外支臂裂纹	0.49	离位	配重组件更换维修	配重组件更换维修	12-11-05-R1	16.782 5	更换配重组件
		铆钉锈蚀	0.31	原位	配重组件更换铆钉原位维修	配重组件更换铆钉原位维修	12-11-05-R2	10.617 5	配重组件原位维修，更换配重组件固定铆钉
06	调整片	铰链松动	0.2	离位	调整片更换维修	调整片更换维修	12-11-06-R0	7.61	更换调整片
		拉杆断	0.05	离位					
		电动效应机构不工作	0.75	原位	调整片润滑原位维修	调整片润滑原位维修	12-11-06-R1	22.83	调整片原位维修

表 4-5　升降舵操纵分系统修复性维修工作项目汇总表

初始约定层次：×××飞机　　　分析人员：×××　　　审核：×××　　　第 1 页·共 1 页
约定层次：LRU　　　　　　　　　　　　　　　　　　批准：×××　　　填表日期：2006 年 5 月 20 日

维修工作名称	维修工作编号	维修方式	保障对象名称	LRU/SRU	10^6·维修工作频率/(次·小时$^{-1}$)	维修工作说明
安定面支承更换维修	12-11-01-R0	离位	安定面支承	LRU	7.956	更换安定面支承
轴承组件润滑原位维修	12-11-02-R0	原位	轴承组件	LRU	71.12	轴承组件原位维修
轴承组件更换维修	12-11-02-R1	离位			8.79	更换轴承组件
扭力臂组件紧固原位维修	12-11-03-R0	原位	扭力臂组件	LRU	7.61	扭力臂组件原位维修
扭力臂组件更换维修	12-11-03-R1	离位			7.61	更换扭力臂组件
操纵组件润滑原位维修	12-11-04-R0	原位	操纵组件	LRU	5.936	操纵组件原位维修
操纵组件更换维修	12-11-04-R1	离位			8.904	更换操纵组件
配重组件紧固原位维修	12-11-05-R0	原位	配重组件	LRU	6.85	配重组件原位维修
配重组件更换维修	12-11-05-R1	离位			16.782 5	更换配重组件
配重组件更换铆钉原位维修	12-11-05-R2	原位			10.617 5	配重组件原位维修,更换配重组件固定铆钉
调整片更换维修	12-11-06-R0	离位	调整片	LRU	7.61	更换调整片
调整片润滑原位维修	12-11-06-R1	原位			22.83	调整片原位维修

4.3.2　案例 2：发动机系统修复性维修工作项目确定分析

确定某型军用飞机详细设计阶段中发动机系统的损坏维修工作项目,该发动机系统主要包括低压压气机(A1)、高压压气机(A2)、燃烧室(A3)、中介机匣(A4)、高压涡轮(A5)、低压涡轮(A6)、扩散段(A7)、加力燃烧室(A8)、尾喷(A9)、传感器(A10)、发动机附件机匣(A11)、飞机附件机匣(A12)和发动机导流片(A13)等。其分析输入的损坏模式信息来源于 3.3.2 小节。

分析过程数据详见表 4-6。

表 4-6 某型飞机发动机损坏维修工作项目确定分析表

初始约定层次：某型飞机　　　　　　　任务：飞行　　　　　　　审核：×××　　　　　　　第1页·共3页
约定层次：发动机系统　　　　　　　　分析人员：×××　　　　　批准：×××　　　　　　　填表日期：2009 年 5 月 5 日

代码	保障对象名称	任务阶段与工作方式	损坏模式	威胁	改进措施	损坏维修项目名称	损坏维修工作编号	维修方式	$10^2 \cdot$ 维修频率/(次·小时$^{-1}$)	维修工作说明
A1	低压压气机	全部任务阶段	01 穿孔或变形	抛射物撞击	改用钛合金材料	低压压气机延缓修理	DM-A1-01	目视检查、临时配用	0.8	低压压气机主要用于增压，在不影响任务执行时可采取临时配用，暂缓修理，但任务执行前需检查
A1	低压压气机	全部任务阶段	02 穿孔或变形的二次损伤	抛射物撞击	改用钛合金材料	低压压气机原位修理	DM-A1-02	简化修理、临时配用	0.3	必须即刻修理，但任务紧急时可采取简化修理
A2	高压压气机	全部任务阶段	01 穿孔或变形	抛射物撞击	改用钛合金材料	高压压气机延缓修理	DM-A2-01	目视检查、临时配用	1.2	若没有气体渗漏，可采取临时配用，暂缓修理，但任务执行前需检查
A2	高压压气机	全部任务阶段	02 穿孔或变形的二次损伤	抛射物撞击	改用钛合金材料	高压压气机原位修理	DM-A2-02	简化修理、临时配用	0.9	必须即刻修理，但任务紧急时可采取简化修理
A3	燃烧室	全部任务阶段	01 燃烧室机匣被击穿或燃烧	抛射物撞击或燃烧	改用耐火复合材料	燃烧室延缓修理	DM-A3-01	目视检查、旁路	1.5	若未发生泄漏，可暂缓修理，但任务执行前需检查
A3	燃烧室	全部任务阶段	02 燃烧室爆炸	爆炸	改用钛合金材料	燃烧室拆换	DM-A3-02	拆换、代用	0.6	必须即刻修理，但任务紧急时可采取代用方式

续表 4-6

代码	保障对象名称	任务阶段与工作方式	损坏模式	威胁	改进措施	损坏维修工作项目名称	损坏维修工作编号	维修方式	10^2·维修频率/(次·小时$^{-1}$)	维修工作说明
A4	中介机匣	全部任务阶段	01 穿孔或变形	抛射物撞击	改用钛合金材料	中介机匣延缓修理	DM-A4-01	目视检查、临时配用	0.1	若不影响任务执行,可采取临时配用、暂缓修理,但任务执行前需简化检查
			02 穿孔或变形的二次损伤	抛射物撞击	改用钛合金材料	中介机匣原位修理	DM-A4-02	简化修理、旁路	0.05	必须即刻修理,但任务紧急时可采取简化修理
A5	高压涡轮	全部任务阶段	01 叶片受损	抛射物撞击	改用耐火复合材料			简化修理、代用或就地制作	3.5	必须即刻修理,但任务紧急时可采用或就地制作方式进行修理
			02 涡轮失去平衡	抛射物撞击或爆炸	改用耐火复合材料	高压涡轮原位修理	DM-A5-01			
			03 叶片损伤引起的二次损伤	抛射物撞击或爆炸	改用耐火复合材料					
A6	低压涡轮	全部任务阶段	01 燃油泄漏	抛射物撞击	改用耐火复合材料	低压涡轮延缓修理	DM-A6-01	目视检查、临时配用	0.9	若未发生渗漏,可采取临时配用、暂缓修理,但任务执行前必须检查
A7	扩散段	全部任务阶段	01 穿孔或变形	抛射物撞击	改用钛合金材料	扩散段延缓修理	DM-A7-01	目视检查、截断	1.3	若不影响任务执行,可直接截断、暂缓修理,但任务执行前需检查
A8	加力燃烧室	全部任务阶段	01 燃油泄漏	抛射物撞击或爆炸	改用耐火复合材料	加力燃烧室延缓修理	DM-A8-01	目视检查、临时配用	0.2	若发生泄漏,在任务紧急时可采取紧急、暂缓修理

续表 4-6

代码	保障对象名称	任务阶段与工作方式	损坏模式	威胁	改进措施	损坏维修工作项目名称	损坏维修工作编号	维修方式	$10^2 \cdot$ 维修频率/(次·小时$^{-1}$)	维修工作说明
A9	尾喷	全部任务阶段	01 碎片穿透	抛射物撞击	改用钛合金材料	尾喷延缓修理	DM-A9-01	目视检查、临时配用	0.9	若任务紧急,可直接采用临时配用进行简单修理
A10	传感器	全部任务阶段	01 碎片穿透	抛射物撞击	改用钛合金材料	传感器延缓修理	DM-A10-01	目视检查、代用	2.5	若任务紧急,可采取代用方式进行快速修理
A11	发动机附件机匣	全部任务阶段	01 燃油泄漏	抛射物撞击或爆炸	改用钛合金材料	发动机附件机匣延缓修理	DM-A11-01	目视检查、代用	0.4	若未发生泄漏,可暂缓修理,但任务执行前必须检查
A12	飞机附件机匣	全部任务阶段	01 碎片穿透	抛射物撞击或爆炸	改用钛合金材料	飞机附件机匣延缓修理	DM-A12-01	目视检查、代用	0.16	在任务紧急时,可暂缓修理,但任务执行前必须检查
A13	发动机导流片	全部任务阶段	01 碎片穿透	抛射物撞击或爆炸	改用钛合金材料	发动机导流片延缓修理	DM-A13-01	目视检查、旁路	0.35	在任务紧急时,可暂缓修理,但任务执行前必须检查

在该型军用飞机详细设计阶段中,发动机系统的修复性维修工作项目汇总信息详见表 4-7。通过分析,综合考虑该型发动机系统中各产品损坏模式的损伤率,继而确定某型发动机的损坏维修工作项目,为该型发动机维修保障方案的确定提供依据。

表 4-7 某型飞机发动机修复性维修工作项目汇总表

初始约定层次:某型飞机　　分析人员:×××　　审核:×××　　第1页·共1页
约定层次:发动机系统　　　　　　　　　　　　批准:×××　　填表日期:2009 年 5 月 5 日

维修工作名称	维修工作编号	维修方式	保障对象名称	LRU/SRU	10^2·维修工作频率/(次·小时$^{-1}$)	维修工作说明
低压压气机延缓修理	DM-A1-01	目视检查、临时配用	低压压气机	LRU	0.8	低压压气机主要用于增压,在不影响任务执行时可采取临时配用,暂缓修理,但任务执行前需检查
低压压气机原位修理	DM-A1-02	简化修理、临时配用	低压压气机	LRU	0.3	必须即刻修理,但任务紧急时可采取简化修理
高压压气机延缓修理	DM-A2-01	目视检查、临时配用	高压压气机	LRU	1.2	若没有气体渗漏,可采取临时配用,暂缓修理,但任务执行前需检查
高压压气机原位修理	DM-A2-02	简化修理、临时配用	高压压气机	LRU	0.9	必须即刻修理,但任务紧急时可采取简化修理
燃烧室延缓修理	DM-A3-01	目视检查、旁路	燃烧室	LRU	1.5	若未发生泄漏,可暂缓修理,但任务执行前需检查
燃烧室拆换	DM-A3-02	拆换、代用	燃烧室	LRU	0.6	必须即刻修理,但任务紧急时可采取代用方式
中介机匣延缓修理	DM-A4-01	目视检查、临时配用	中介机匣	LRU	0.1	若不影响任务执行,可采取临时配用,暂缓修理,但任务执行前需检查
中介机匣原位修理	DM-A4-02	简化修理、旁路	中介机匣	LRU	0.05	必须即刻修理,但任务紧急时可采取简化修理
高压涡轮原位修理	DM-A5-01	简化修理、代用或就地制作	高压涡轮	LRU	3.5	必须即刻修理,但任务紧急时可采取代用或就地制作方式进行修理
低压涡轮延缓修理	DM-A6-01	目视检查、临时配用	低压涡轮	LRU	0.9	若未发生渗漏,可采取临时配用,暂缓修理,但任务执行前必须检查
扩散段延缓修理	DM-A7-01	目视检查、截断	扩散段	LRU	1.3	若不影响任务执行,可直接截断,暂缓修理,但任务执行前需检查
加力燃烧室延缓修理	DM-A8-01	目视检查、临时配用	加力燃烧室	LRU	0.2	若发生泄漏,在任务紧急时可采取临时配用,暂缓修理
尾喷延缓修理	DM-A9-01	目视检查、临时配用	尾喷	LRU	0.9	若任务紧急,可直接采用临时配用进行简单修理
传感器延缓修理	DM-A10-01	目视检查、代用	传感器	LRU	2.5	若任务紧急,可采用代用方式进行快速修理

续表 4-7

维修工作名称	维修工作编号	维修方式	保障对象名称	LRU/SRU	$10^2 \cdot$ 维修工作频率/(次·小时$^{-1}$)	维修工作说明
发动机附件机匣延缓修理	DM-A11-01	目视检查、代用	发动机附件机匣	LRU	0.4	若未发生泄漏,可暂缓修理,但任务执行前必须检查
飞机附件机匣延缓修理	DM-A12-01	目视检查、代用	飞机附件机匣	LRU	0.16	在任务紧急且不影响任务执行时,可暂缓修理,但任务执行前必须检查
发动机导流片延缓修理	DM-A13-01	目视检查、旁路	发动机导流片	LRU	0.35	在任务紧急且不影响任务执行时,可暂缓修理,但任务执行前必须检查

习 题

1. 简述修复性维修工作项目的确定流程。

2. 试分析保障对象修复性维修工作频率的影响因素。修复性维修工作频率的计算与哪些因素有关?

3. 某保障对象的利用率为 0.6,故障率为每 10^6 小时 380 次,误拆率为每 10^6 小时 20 次,试估计该产品的修复性维修工作频率(次/年)。

第 5 章 以可靠性为中心的维修分析(RCMA)

5.1 概 述

5.1.1 RCMA 的目的

以可靠性为中心的维修分析是:按照以最少的维修资源消耗保持装备固有可靠性和安全性的原则,应用逻辑决断的方法确定装备预防性维修要求的过程。

RCMA 的目的是:通过确定适用而有效的预防性维修工作,以最少的资源消耗保持和恢复装备的安全性和可靠性的固有水平,并在必要时提供改进设计所需的信息。RCMA 是完整的后勤保障分析(LSA)的组成部分。

在保障性分析中,通过 RCMA 可以确定装备的预防性维修工作项目和要求,装备的预防性维修要求一般包括:需要进行预防性维修的产品,预防性维修工作的类型及简要说明,预防性维修工作的间隔期和维修级别的建议。装备的预防性维修要求是编制其他技术文件,如维修工作卡、维修技术规程和准备维修资源(如供应品、保障设备及人力)等的依据。

5.1.2 RCMA 的基本原理

确定预防性维修要求的基础是对产品的故障规律及影响进行深入的分析,进而确定适当的维修对策。

1. 产品的故障

故障指产品或其一部分不能或将不能完成预定功能的事件或状态。对于具体产品,其故障的判据还应结合产品的功能以及装备的性质与适用范围加以规定。清晰的故障定义是划分故障种类、评定故障后果和确定产品可靠性水平的基础。

(1) 故障的分类

故障可以从多个角度加以区分,在以可靠性为中心的维修分析中主要有两类划分:功能故障与潜在故障,单个故障与多重故障。

1) 功能故障与潜在故障

功能故障指产品不能完成规定功能的事件或状态。要想确定产品的功能故障,需清楚产品的全部功能。若一个系统有几个功能,则实际使用中就会有几种不同的功能故障发生。在进行产品的故障模式和影响分析时,就要针对具体产品来考虑所有的功能故障。

功能故障可分为明显功能故障和隐蔽功能故障。

明显功能故障指在其发生后,正在履行正常职责的操作人员能够发现的功能故障。只有在功能故障发生时,且履行正常职责的使用人员能够及时或立即发现的情况下,才能认为该功能故障是明显的。这里所谓的"正常职责"指装备操作人员在装备日常运行过程中所履行的规定的操作程序和检查工作,而不包括附加的特殊工作。所谓"发现"指操作人员通过正常的感觉对故障进行辨认,如通过气味、声音、振动、温度、压力、操作力量的变化和目视观察等来辨别故障。

隐蔽功能故障指正常使用装备的人员不能发现,而必须在装备停机检查或测试后才能发现的功能故障。

隐蔽功能故障可分为两种情况:① 在正常使用情况下工作的产品,其功能的中断对正常使用装备人员的影响不明显;② 在正常情况下不工作的产品,当需要使用时,其状态是否良好对正常使用装备人员的影响不明显。

潜在故障指产品将不能完成规定功能的可鉴别的状态。许多产品的故障模式都有一个发展过程,在临近功能故障之前,可以确定其将不能完成预定功能的状态,这就是潜在故障。"潜在"两字的特殊含义指:① 功能故障临近前的产品状态,而不是功能故障前任何时刻的状态;② 产品的这种状态是经观察或检测可以鉴别的。否则,该产品就不存在潜在故障。零部件和元器件的磨损、疲劳、老化等故障模式大都存在由潜在故障发展到功能故障的过程。

2) 单个故障与多重故障

在 RCMA 中分析故障后果时,除讨论单个故障的发生及其影响外,还要考虑两个或更多独立故障同时发生时的影响,即多重故障的影响。

多重故障指由连贯发生的两个或两个以上的独立故障组成的故障事件,可能造成由其中任一故障所不能单独引起的后果。多重故障与隐蔽功能故障具有密切的联系。隐蔽功能故障如果没有及时发现和排除,就会造成多重故障,从而可能产生重大后果。及时发现并排除组成多重故障的独立故障或隐蔽功能故障是预防多重故障严重后果的必要措施。

(2) 故障率曲线

掌握故障规律,最重要的是掌握产品的瞬时故障率随工作时间(寿命单位数)的变化曲线。

1) 浴盆曲线

传统的观点认为,产品故障率的变化如图 5-1 所示的"浴盆曲线"。这种曲线有 3 个可以识别的区域:

① 早期故障区,即产品刚刚制造或翻修出厂故障率较高但会较快降低的一段时期;

② 偶然故障区,即故障率大体不变并且相对较低的时期,即产品可用期;

③ 耗损故障区,即故障率开始随工作时间迅速上升的时期。

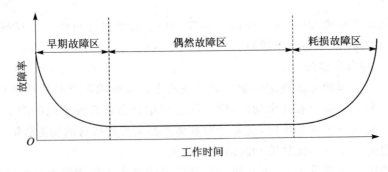

图 5-1 浴盆曲线

在以可靠性为中心的维修理论确立以前,人们曾认为所有的产品都服从浴盆曲线的规律,其故障率曲线都有耗损故障区。但实际情况远非如此,一般的复杂产品都没有明显的耗损故障区。浴盆曲线只适用于零件、简单产品和存在主导故障的复杂产品。

2) 故障率曲线的基本形式

美国联合航空公司在创立以可靠性为中心的维修理论的过程中,统计出许多航空产品的故障率,绘制了故障率曲线,发现了共有 6 种基本形式,如图 5-2 所示。在这 6 条曲线中,只有 A 型和 B 型具有明显的耗损故障区。符合这两条曲线情形的是各种零件或简单产品,如轮胎、刹车片、活塞式发动机的气缸、涡轮发动机的压气片和飞机的结构零件。这些产品的数量只占所统计产品数量的 6%。另外,有占产品数量 5% 的复杂产品,如航空涡轮发动机产品,符合 C 型曲线,它没有明显的耗损故障区转折点。这类产品随着工作时间的增加,渐渐趋向于容易发生故障,但并不是超过某一工作时间点后故障率就迅速增大。在所统计的产品中大约占 89% 的复杂产品的故障率曲线没有耗损故障区,呈 D 型、E 型或 F 型曲线,如航空电子设备的故障率曲线一般呈 F 型。

复杂产品和简单产品之间的故障率曲线有无明显的耗损故障区这种基本的差别,不仅适用于航空装备,也适用于其他装备。航天产品统计资料表明,航天产品的故障率曲线如图 5-2 中 A 型至 F 型的比例分别为 3%,1%,4%,11%,15%,66%。我国海军、装甲兵、通信装备的一些统计资料也都证明了许多产品没有明显的耗损故障区的结论。

(3) 故障后果

故障后果通常可以分为三类,即安全性影响、任务性影响和经济性影响。它们分别又都分两种,即明显的和隐蔽的。

1) 安全性影响

明显的安全性影响指明显功能故障或由该故障所引起的二次损伤对装备的使用安全具有直接不利的影响,即会直接导致人员伤亡或装备的严重损坏。

隐蔽的安全性影响指一个隐蔽功能故障与另一个(或多个)功能故障结合而产生的多重故障对使用安全的有害影响。它与明显的安全性影响的差别是,它不是一个故障的直接影响,而是多个故障的影响。

对具有安全性影响的功能故障,必须做预防性维修工作以避免其发生。

2) 任务性影响

明显的任务性影响指明显功能故障直接产生妨碍装备完成任务的故障后果。每当出现此类故障时就需要停止执行计划的任务。任务性影响包括:在故障发生之后需要中断任务的执行,为了要进行事先未料到的修理而延误或取消其他任务,或者在进行修理之前需要做任务上的限制。并不是所有故障都有任务性影响,例如有些故障可以在装备出动前、后或在再次出动的准备时间内排除,而不会造成任务的延误或取消。在设计有余度部分的装备时,对其余度部分的修复或更换就没有任务性影响。

隐蔽的任务性影响指一个隐蔽功能故障与另一个或多个功能故障结合而产生的多重故障对任务能力的有害影响。

3) 经济性影响

明显的经济性影响指不妨碍使用安全和任务完成,而只会造成较大的经济损失。

隐蔽的经济性影响指一个隐蔽功能故障与另外一个或多个功能故障结合而产生的多重故障会造成较大的经济影响。

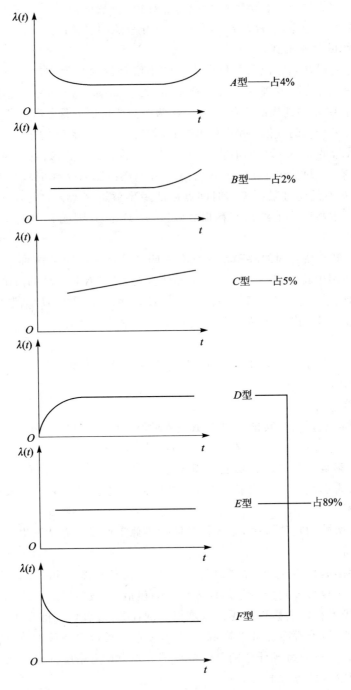

图 5-2 航空产品的故障率曲线

2. 维修对策

装备在实际使用中,故障是不可避免的。早期故障和偶然故障更不可能靠维修来预防。只有耗损性故障才有可能预防。对有安全性或任务性后果的偶然故障,如果故障率超过了可接受水平,则只能改进产品的设计。耗损性故障也不必全部预防,而只对将会产生严重后果的故障才需加以预防。因此,应按故障的性质和后果通过分析来采用相应的维修对策。以可靠性为中心的维修分析可以得出如下预防性维修对策。

(1) 划分重要和非重要产品

重要产品指其故障会有安全性、任务性或经济性后果的产品。对它们需要做详细的分析,以确定适当的预防性维修工作要求。

装备上除重要产品外的产品即为非重要产品。其中有些产品可能需要一些简单的预防性维修工作,如一般目视检查,通常可包含在区域检查范围内。但这类预防性维修工作应控制在最小范围内,以使之不会显著增加总的维修费用。

(2) 按故障后果和原因确定预防性维修工作和更改设计的必要性

对于重要产品,要通过对其故障模式、原因和后果进行分析,来对是否要进行预防性维修工作做出决断。其准则是:

① 对于会产生安全性或任务性后果的故障,必须确定有效的预防性维修工作。

② 对于会产生经济性后果的故障,只有在经济上合算时才做预防性维修工作。

③ 须按产品故障的原因以及各类预防性维修工作的适用性和有效性准则,来确定有无适用而又有效的预防性维修工作可做。若无有效的工作可做,则对有安全性故障后果的产品必须更改设计;对有任务性故障后果的产品,一般也要更改设计。

(3) 根据故障规律及影响选择预防性维修工作类型

预防性维修工作类型是在发现或排除某一隐蔽或潜在故障时,防止潜在故障发展成为功能故障的一种或一系列的维修作业。通常采用的预防性维修工作类型有七种:保养、操作人员监控、使用检查、功能检测、定时拆修、定时报废以及它们的综合工作。这些工作类型对于明显功能故障来说,就是要预防该故障本身的发生;对于隐蔽功能故障来说,并不只是预防该故障本身的发生,更重要的是预防该故障与其他故障结合而形成多重故障,从而避免产生严重后果。

下面对各种预防性维修工作类型加以说明:

① 保养。指为了保持产品的固有设计性能所进行的表面清洗、擦拭、通风、添加油液或润滑剂和充气等作业,但不包括功能检测和使用检查等工作。

② 操作人员监控。指操作人员在正常使用装备时对其状态进行的监控,其目的在于发现产品的潜在故障。内容包括:对装备所做的使用前检查;对装备仪表的监控;通过感觉来辨认异常现象或潜在故障,如通过气味、噪声、振动、温度、视觉、操作力的改变等及时发现异常现象及潜在故障。

③ 使用检查。指按计划进行的定性检查(或观察),以确定产品能否执行规定功能,其目的在于发现隐蔽功能故障。

④ 功能检测。指按计划进行的定量检查,以确定产品功能参数是否在规定限度内,其目的在于发现潜在故障和隐蔽功能故障。

⑤ 定时拆修。指产品使用到规定的时间时予以拆修,使其恢复到规定的状态。

⑥ 定时报废。指产品使用到规定的时间时予以报废。

⑦ 综合工作。指实施上述两种或多种类型的预防性维修工作。

上述预防性维修工作类型的顺序,实际上是按其资源消耗、费用和实施难度、工作量大小和所需技术水平排列的。在保证可靠性和安全性的前提下,从节省费用的目的出发,预防性维修工作的类型应按顺序选择。

5.1.3 RCMA 的范围

以可靠性为中心的维修分析方法主要包括以下三项内容。

（1）系统和设备以可靠性为中心的维修分析

设备以可靠性为中心的维修分析用于确定设备的预防性维修产品、预防性维修工作类型、维修间隔期及维修级别。它适用于各种类型的设备预防性维修大纲的制定，具有通用性。

（2）结构以可靠性为中心的维修分析

结构以可靠性为中心的维修分析用于确定结构项目的检查等级、检查间隔期及维修级别。它适用于大型复杂设备的结构部分。此处所指的结构包括各承受载荷的结构项目。

（3）区域检查分析

区域检查分析用于确定区域检查的要求，如检查非重要项目的损伤，检查由邻近项目故障所引起的损伤。它适用于需要划分区域进行检查的大型设（装）备。

5.2 RCMA 方法

前已述及，RCMA 的实质是按照以最少的维修资源消耗来保持装备固有可靠性和安全性的原则，用逻辑决断的方法确定装备预防性维修要求的过程。装备的预防性维修要求的内容，通常包括需要进行预防性维修的产品以及预防性维修工作类型及其间隔期，并提出对维修级别的建议。下面分别阐述以可靠性为中心的维修分析方法。

5.2.1 系统和设备 RCMA 方法

系统和设备 RCMA 方法的相关实施步骤如图 5-3 所示。

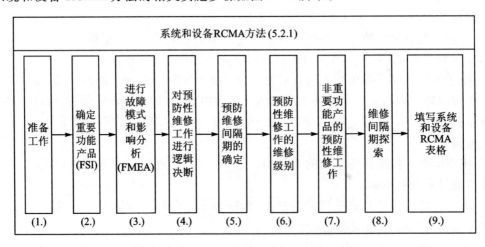

图 5-3 系统和设备 RCMA 方法的实施步骤

1. 准备工作

在进行系统和设备 RCMA 分析工作前，要尽可能收集下列信息：

① 产品的概况，如产品的构成、功能（含隐蔽功能）和冗余等；

② 产品的故障信息,如产品的功能故障模式、故障原因和故障影响,产品可靠性与使用时间的关系,预计的故障率,潜在故障判据,产品由潜在故障发展为功能故障的时间,功能故障或潜在故障可能的检测方法;

③ 产品的维修保障信息,如维修的方法和所需人力、设备、工具、备件等;

④ 费用信息,包括产品预计或计划的研制费用、预防性维修和修复性维修的费用,以及维修所需保障设备的研制和维修费用;

⑤ 相似产品的信息。

2. 确定重要功能产品(FSI)

(1) 重要功能产品的定义

分析前应首先确定重要功能产品。对于大型复杂装备,其零部件的数量很大,如果都要进行详细的以可靠性为中心的维修分析,则工作量很大,而且也无此必要。事实上,许多产品的故障对装备的使用来说,其后果都是可以容忍的,也就是说不会带来什么严重影响。因此,对于这些产品可以不做预防性维修工作,而是等到产品工作到发生故障后再做处理。因此,只有那些会产生严重故障后果的重要功能产品才需做详细的维修分析。确定重要功能产品就是对装备中的产品进行初步筛选,剔除那些不必一定要做预防性维修工作的产品。

重要功能产品一般指其故障符合下列条件之一的产品:

① 可能影响安全;

② 可能影响任务完成;

③ 可能导致重大经济损失;

④ 产品隐蔽功能故障与另一有关或备用产品故障的综合可能导致上述一项或多项后果;

⑤ 可能引起从属故障导致上述一项或多项后果。

(2) 确定重要功能产品的过程和方法

确定重要功能产品的过程是一个粗略、快速而又偏保守的过程,不需要进行深入的分析。具体做法是:

① 将功能系统分解为分系统、组件……直至零件,如图 5-4 所示。

② 沿着系统、分系统、组件……的次序,自上而下按产品的故障对装备使用的后果进行分析,以确定重要功能产品,直至产品的故障后果不再是安全性、任务性和经济性后果为止。低于该产品层次的都是非重要功能产品。

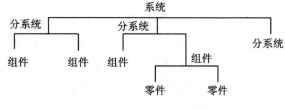

图 5-4 系统分解结构

重要功能产品的确定主要靠工程技术人员的经验和判断力,而不需要使用 FMEA。若在此之前已进行了 FMEA,则可直接引用其结果来确定重要功能产品,而对 RCMA 本身无需做如此详尽的分析。

(3) 确定重要功能产品的技术关键

1) 重要功能产品的层次

在确定重要功能产品的过程中,应选择最适宜的层次来划分重要与非重要功能产品。该层次必须低到足以保证不会有功能和重要的故障被漏掉;但又高到当功能丧失时对装备整体会产生影响,且不会漏掉分系统或组件内部几个产品相互作用而引起的故障。

然而,最适宜的层次也不是绝对的。例如可以将整台发动机定为一个重要功能产品,但特别要注意在逻辑决断分析中,不要遗漏功能故障、模式和原因(虽然故障可能很多),从而得出发动机应做的全部预防性维修工作。也可将发动机本体、涡轮、涡轮叶片这几个层次的产品都定为重要功能产品,分别加以分析,这样应该能够得出同样的结论。

2) 掌握重要功能产品与非重要功能产品的性质

内容包括:

① 包含有重要功能产品的任何产品,其本身也是重要功能产品;
② 任何非重要功能产品都包含在它以上的重要功能产品之中;
③ 包含在非重要功能产品内的任何产品,也是非重要功能产品。

掌握以上性质,划分重要功能产品与非重要功能产品就会简便迅速得多。

3. 进行故障模式和影响分析(FMEA)

对每个重要功能产品进行 FMEA,以便为下一步通过逻辑决断确定预防性维修工作类型提供功能故障的模式、原因及影响信息。如果已经进行过 FMEA 工作,则可直接引用相关分析结果。有关 FMEA 内容可参见本书第 2 章。

4. 对预防性维修工作进行逻辑决断

重要功能产品的逻辑决断分析是 RCMA 的核心,应用逻辑决断可以确定对各重要功能产品需做的预防性维修工作类型要求或其他处置方法。

(1) 逻辑决断

逻辑决断图由一系列的方框和矢线组成,如图 5-5 所示。决断的流程始于决断图的顶部,然后由对问题的回答是"是"或"否"来确定分析流程的方向。逻辑决断图分为两层:

第一层"确定故障影响"(问题 1 至 5)。根据故障模式和影响分析确定各功能故障的影响类型,即将功能故障的影响划分为明显的安全性、任务性、经济性影响和隐蔽的安全性、任务性、经济性影响。问题 2 提到的对使用安全的直接影响指某故障或由它引起的二次损伤直接导致危害安全的事故发生,而不是与其他故障的结合才会导致危害安全的事故发生。

第二层"选择预防性维修工作类型"(问题 A 至 F 或 A 至 E)。考虑各功能故障的原因,并依此来选择每个重要功能产品的预防性维修工作类型。对于明显功能故障的产品,可供选择的维修工作类型为:保养、操作人员监控、功能检测、定时拆修、定时报废和综合工作。对于隐蔽功能故障的产品,可供选择的维修工作类型为:保养、使用检查、功能检测、定时拆修、定时报废和综合工作。

第二层中的各问题是按照预防性维修工作费用或资源消耗以及技术要求由低到高,并且工作保守程度由小到大的顺序排列的。除了两个安全性影响分支外,对所有其他 4 个分支来说,如果在某一问题中所问的工作类型对预防所分析的功能故障是适用且有效的话,则不必再问以下的问题。不过这个分析原则不适用于保养工作。因为即使在理想情况下,保养也只能延缓故障的发生,而不能防止故障的发生。所以,无论对问题 A 的回答为"是"或"否",都必须进入问题 B。为了确保装备的使用安全,对于两个安全性影响分支来说,必须在回答完所有问题之后,再选择其中最有效的维修工作。

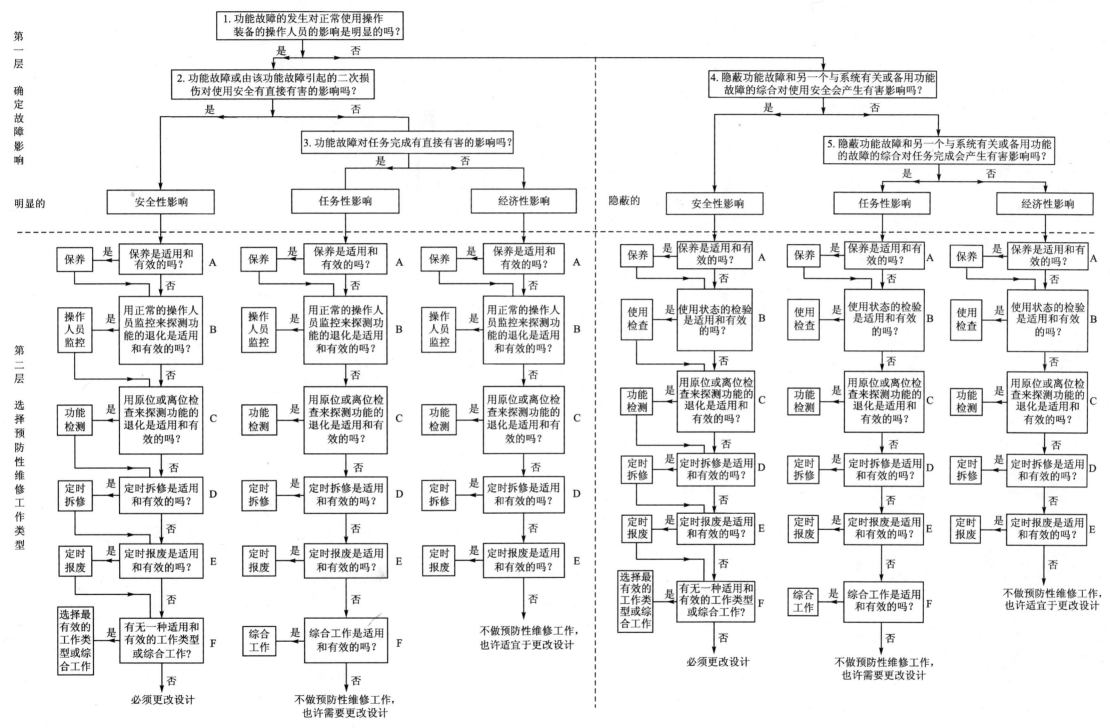

图5-5 系统和设备以可靠性为中心的维修分析逻辑决断图

(2) 故障影响的分析

根据故障模式和影响分析的结果,通过对决断图第一层问题的回答,将故障影响分为明显的安全性、任务性、经济性影响和隐蔽的安全性、任务性、经济性影响6个分支。

问题1:"功能故障的发生对正常使用操作装备的操作人员的影响是明显的吗?"

在回答问题1时应注意,只有在功能故障发生时,且履行正常职责的使用人员能够及时或立即发现的情况下,才能认为该功能故障是明显的。这里所谓的"正常职责"指装备操作人员在装备的日常运行过程中所履行的规定的操作程序和检查工作,而不包括附加的特殊工作;所谓"发现"指操作人员通过正常的感觉对故障进行的辨认,如通过气味、声音、振动、温度、压力、操作力量的变化和目视观察等对故障进行辨别。

通过对问题1的回答,将产品的功能故障分为两类:明显功能故障和隐蔽功能故障。

若对问题1的回答为"是",则分析流程进入问题2;若回答为"否",则分析流程进入问题4。

问题2:"功能故障或由该功能故障引起的二次损伤对使用安全有直接有害的影响吗?"

在回答问题2时,应注意以下两个问题:

① 直接有害影响。直接有害影响意味着由功能故障本身所产生的影响的综合。也就是说,该功能是无余度的,并且该产品是必备的。在分析过程中特别要注意对直接有害影响的一种误解。例如,对于一个由主用的分系统和备用的分系统组成的关键系统,有人认为备用分系统的功能故障对装备的使用安全有直接有害影响,其理由是一旦备用分系统发生了故障,则将会立即导致事故的发生。但他忽略了一个前提条件,就是一旦要由备用分系统来代替主用分系统执行系统的功能时,就说明主用分系统已发生故障。此时所造成的安全性影响不是一个功能故障的直接结果,而是两个故障综合的结果。所以,在这种情况下,不能认为备用分系统的故障对装备的使用安全一定会有直接的有害影响。

② 要考虑二次损伤。某些故障可能导致二次损伤,从而影响安全。例如发动机叶片发生故障后甩出,可能引起打伤发动机中其他完好部件而导致的二次损伤。

若对问题2的回答为"是",则使分析流程进入明显的安全性影响分支;若回答为"否",则使分析流程进入问题3。

问题3:"功能故障对任务完成有直接有害的影响吗?"

所谓任务性影响包括:限制装备的使用性能,以及延误、中断或取消任务等。若对该问题的回答为"是",则分析流程进入明显的任务性影响分支;若回答为"否",则表明故障只有经济性影响,使分析流程进入明显的经济性影响分支。

问题4:"隐蔽功能故障和另一个与系统有关或备用功能的故障的综合对使用安全会产生有害影响吗?"

按照隐蔽功能故障的定义,它本身对使用安全不会产生直接的有害影响,设计上应保证单个隐蔽功能故障不会影响装备的使用安全,故问题4考虑的是多重故障的安全性影响,这是问题4与问题2的不同之处。

若对问题4的回答为"是",则使分析流程进入隐蔽的安全性影响分支;若回答为"否",则使分析流程进入问题5。

问题5:"隐蔽功能故障和另一个与系统有关或备用功能的故障的综合对任务完成会产生有害影响吗?"

同样,问题5考虑的不是隐蔽功能故障本身而是多重故障对完成任务的影响。若对该问题的回答为"是",则使分析流程进入隐蔽的任务性影响分支;若回答为"否",则表明故障只有经济性影响,使分析流程进入隐蔽的经济性影响分支。

通过对问题1~5的回答,将一个功能故障的后果划定为明显的安全性、任务性和经济性影响,或者划定为隐蔽的安全性、任务性、经济性影响六类中的一类,然后沿该类影响分支的流程进入逻辑决断图的第二层,以选择适用而有效的预防性维修工作类型。

(3) 预防性维修工作类型的选择

对逻辑决断图第二层的各影响分支中的问题,选择适用而有效的预防性维修工作类型要以产品的故障及其特性为依据。

1) 明显的安全性影响分支

故障的安全性后果最为严重,必须加以预防。所以在本分支分析过程中必须回答其中的所有问题,然后从各适用而有效的工作中选择最为有效的工作。通过分析之后,若认为既没有适用的又没有有效的工作,则必须更改设计。

2) 明显的任务性影响分支

一般来说,任务性影响的后果虽不及安全性后果严重,但对于使用者来说也是极为重要的。所以在本分支分析过程中,不管对问题A的回答为"是"或"否",都要进入下一个问题。自此往下,若对某一问题的回答为"是",则分析即告结束,所选择的维修工作就能满足要求。若对所有问题的回答都是"否",则说明无适用的预防性维修工作可做。对于装备,要从故障对任务的影响程度来考虑更改设计问题;对于民用产品,则应从任务损失与更改设计费用之间的经济性加以权衡来考虑是否更改设计。

3) 明显的经济性影响分支

本分支等同于明显的安全性和任务性分支。不同之处在于当无适宜的预防性维修工作可做时,更改设计的着眼点应是对故障损失与更改设计费用的权衡。另一点不同的是,它不需要采用综合工作来预防故障。

4) 隐蔽的安全性影响分支

本分支与明显的安全性影响分支的区别在于用"使用检查"代替"操作人员监控",其他内容雷同。

5) 隐蔽的任务性影响分支

本分支与明显的任务性影响分支雷同,只是用"使用检查"代替"操作人员监控"作为一种维修工作类型。

6) 隐蔽的经济性影响分支

本分支与明显的经济性影响分支的区别在于用"使用检查"代替"操作人员监控",其他内容雷同。

(4) 各类预防性维修工作的适用性和有效性

某类维修工作是否可用于预防所分析的功能故障,不仅取决于工作的适用性,还取决于其有效性:

① 各类预防性维修工作类型的适用性主要取决于产品的故障特性,其适用的条件如下:

ⓐ 保养。保养工作必须是该产品设计所要求的,必须能降低产品功能的退化速率。

ⓑ 操作人员监控。产品功能退化必须是可探测的,产品必须存在一个可定义的潜在的故障状态,产品从潜在故障发展到功能故障必须经历一定的可以检测的时间,必须是操作人员正

常工作的组成部分。

ⓒ 功能检测。产品功能退化必须是可测的,必须具有一个可定义的潜在故障状态,从潜在故障发展到功能故障必须经历一定的可以预测的时间。

ⓓ 定时拆修。产品必须有可确定的耗损期,产品工作到该耗损期应有较大的残存概率,必须有可能将产品修复到规定状态。

ⓔ 定时报废。产品必须有可确定的耗损期,产品工作到该耗损期应有较大的残存概率。

ⓕ 使用检查。产品使用状态良好与否必须是能够确定的。

ⓖ 综合工作。所综合的各预防性维修工作类型必须都是适用的。

② 各种类型的预防性维修工作的有效性取决于该类工作对产品故障后果的消除程度。

对于有安全性和任务性影响的功能故障,若该类预防性维修工作能够将故障或多重故障发生的概率降低到规定的可接受水平,则认为是有效的。

对于有经济性影响的功能故障,若该类预防性维修工作的费用低于产品故障所引起的损失费用,则认为是有效的。

保养工作只要适用就是有效的。

(5) 暂定答案

预防性维修工作的决断分析需要以大量信息为基础。这些信息有的是设计、分析和试验数据,有的可以从类似产品的经验获得,有的则需要通过使用来积累,有的还需要通过做一些试验或验证来求得。因此对于新研制的装备来说,往往存在因所获得的信息不足而不能确定的情况。此时只能对这些问题给出一个偏保守的暂定答案。对各问题的暂定答案及应用这些暂定答案后可能出现的不利影响如表 5-1 所示。

表 5-1 逻辑问题的暂定答案

逻辑问题	保守答案	可能出现的不利影响
确定故障后果:		
RCMA 问题 1	否:认为故障是隐蔽功能故障	不必要的维修或更改设计
RCMA 问题 2	否:认为故障直接影响安全	不必要的维修或更改设计
RCMA 问题 3	否:认为故障直接影响任务完成	不必要的维修或更改设计
RCMA 问题 4	否:认为故障有隐蔽安全影响	不必要的维修或更改设计
RCMA 问题 5	否:认为故障有隐蔽任务影响	不必要的维修或更改设计
确定工作类型:		
RCMA 问题 A	否:认为需要保养工作	不必要的维修
RCMA 问题 B	否:	继续分析选择更保守的工作
RCMA 问题 C	否:	继续分析选择更保守的工作
RCMA 问题 D	否:	继续分析选择更保守的工作
RCMA 问题 E	否:安全和任务性影响	继续分析选择更保守的工作
	是:经济性影响	不必要的维修
RCMA 问题 F	否:需要更改设计	不必要的更改设计

采用暂定答案一般能保证装备的使用安全性和任务能力,但有可能因选择了较保守的耗资较大的预防性维修工作或提出了不必要的更改设计要求而影响维修经济性。所以,一旦在

使用中获得必要的信息后就应及时重新审定暂定答案,判断答案是否合适。若不合适,则重新选择合适而有效的预防性维修工作类型,以提高有效性和降低费用。

5. 预防维修间隔期的确定

预防维修间隔期的确定比较复杂,涉及各个方面的工作,一般先由各种维修工作类型做起,经过综合研究并结合维修级别分析和实际使用进行。因此,首先应确定各类维修工作类型的间隔期,然后合并成产品或部件的维修工作间隔期,再与维修级别相协调,必要时还要影响装备设计,并要在实际使用和试验中加以考核,逐渐调整和完善。下面仅就维修工作类型间隔期的确定加以讨论。

工作间隔期与工作效能直接相关。对于有安全性或任务性后果的故障,工作间隔期过长将不足以保证装备所需的安全性或任务能力,过短则不经济。对于有经济性后果的故障,工作间隔期是很重要的;但往往由于信息不足,难以从一开始就定得很恰当,一般开始定得保守些,在装备投入使用后,再通过维修间隔期探索来做调整。

对于维修间隔期,一般根据类似产品以往的经验和承制方对新产品维修间隔期的建议,结合有经验的工程人员的判断来确定。在能获得适当数据的情况下,可以通过分析和计算确定。

(1) 保　养

保养工作一般是产品设计中规定必须进行的工作,因其费用较少,所以不必计算间隔期,只要按承制方提出的要求即可。例如有些润滑油的加注间隔期可根据所加注油类的失效或挥发时间,再结合具体产品的结构和特点加以确定。

(2) 操作人员监控

对操作人员监控工作来说,因其属于操作人员的正常职责,所以不必另行确定工作间隔期。

(3) 使用检查

使用检查必须能保证隐蔽功能具有所要求的可用度,从而将多重故障的发生概率控制在规定的水平,以保证使用安全和任务能力,否则就是无效的。其可保证的产品可用度可按产品在使用检查工作的控制间隔期中的平均水平来衡量。假设产品的瞬态可用度为 $A(t)$,检查间隔期为 T_c,则平均可用度 $\overline{A}$ 为

$$\overline{A} = \frac{1}{T_c}\int_0^{T_c} A(t)\,\mathrm{d}t \tag{5-1}$$

由于在检查期内不进行修理,故产品的瞬态可用度 $A(t)$ 也就是瞬态可靠度 $R(t)$,所以式(5-1)变为

$$\overline{A} = \frac{1}{T_c}\int_0^{T_c} R(t)\,\mathrm{d}t \tag{5-2}$$

$\overline{A}$ 的近似值可计算为

$$\overline{A} \approx \frac{1}{2}[1 + R(T_c)] \tag{5-3}$$

若故障时间服从指数分布,故障率为 λ,则由公式(5-3)可得

$$\overline{A} = \frac{1}{\lambda T_c}(1 - e^{-\lambda T_c}) \tag{5-4}$$

从式(5-4)可见,若要求 $\overline{A}$ 越大,则 T_c 越小。给出 $\overline{A}$ 则可推出 T_c,当然,实际应用中还要

看计算得出的 T_c 是否可行。

以上讨论是针对安全性影响和装备的任务性影响而言的,对于经济性影响和民用产品的任务性影响而言,使用检查必须有经济效果,即做该项工作的费用应少于故障所带来的损失。此时有效性可用效益比 K_{ca} 来衡量,其计算公式为

$$K_{ca} = \frac{C_{pm} + C_{spm}}{C_{fl} + C_{scm}} \tag{5-5}$$

式中:C_{pm}——进行预防性维修工作的直接费用;

C_{spm}——进行预防性维修工作所需的保障费用;

C_{fl}——故障造成的损失;

C_{scm}——修复性维修工作所需的保障费用。

以上费用均为产品在寿命期内的总费用。

若忽略式(5-5)中保障费用的影响,则预防性维修工作的经济效益比 K_{cb} 为

$$K_{cb} = \frac{C_{pm}}{C_{fl}} \tag{5-6}$$

若某一使用检查的 K_{ca} 或 K_{cb} 大于1或计算所得的检查间隔期太短以至于不可执行,则可认为该项检查是无效的,需要进一步分析改进。当各项费用数据比较齐全时,可按式(5-5)计算 T_c。若无完整的费用数据,则也可按所要求的产品平均可用度(小于安全性影响的要求)按式(5-1)、式(5-2)、式(5-3)或式(5-4)来计算 T_c。

(4) 功能检测

对于安全性影响和武器装备的任务性影响来说,功能检测必须能够将因单个故障发生过多而导致多重故障发生的概率控制在可接受的水平之内,以确保使用安全和任务能力。若规定的故障概率的可接受值为 P_{ac},一次检测能检出的潜在故障的概率为 P,则在 T 期间内要检查的次数 n 可确定为

$$P_{ac} = (1-P)^n \tag{5-7}$$

或

$$n = \frac{\log P_{ac}}{\log(1-P)} \tag{5-8}$$

功能检测的时间 T_c 为

$$T_c = \frac{T}{n} \tag{5-9}$$

式中:T——从潜在故障发展到功能故障之间的时间。

对于经济性影响和民用产品的任务性影响来说,若有各项费用的数据,则可按式(5-5)或式(5-6)来计算工作间隔期。若费用数据不全,则可按所要求的故障发生概率的可接受值(大于安全性影响的要求)按式(5-8)和式(5-9)来计算。

(5) 定时拆修

对安全性影响和装备的任务性影响来说,为了确保在工作间隔期 T_c 内的故障发生概率位于所规定的可接受水平之内,T_c 应短于产品的平均耗损期 T_w,并按产品耗损期 T_w 的分布和 T_c 内的故障发生概率的可接受水平 P_{ac} 来确定。对于安全性故障来说,一般 P_{ac} 的值应小于 0.1%。装备的任务性故障应同样严格或略松一些。

对于经济性影响和民用产品的任务性影响来说,若费用数据齐全,则可按式(5-5)和

式(5-6)确定 T_c。否则,也可考虑按 T_c 内的故障概率的可接受水平来确定 T_c。

(6) 定时报废

其工作间隔期的计算方法与定时拆修工作的相同。

6. 预防性维修工作的维修级别

经过 RCMA 确定各重要功能产品的预防性维修工作的类型及其间隔期后,还要提出关于该项维修工作在哪一维修级别进行的建议。维修级别的划分应符合维修方案。关于维修级别的确定可参见本书第 7 章内容。

7. 非重要功能产品的预防性维修工作

以上的分析工作是针对各重要功能产品进行的。应该注意到,在确定预防性维修要求时,完全不考虑非重要功能产品的预防性维修工作是不合适的。对于某些非重要功能产品,也可能需要做一定的简易的预防性维修工作;但对于这些产品不需要进行深入的分析,可以根据以往类似项目的经验,确定适宜的预防性维修工作要求。对于采用新结构或新材料的产品,其预防性维修工作可根据承制方的建议确定。

8. 维修间隔期探索

装备投入使用后,应进行维修间隔期探索,即通过分析实际使用和维修数据以及研制过程中由试验提供的信息,来确定产品可靠性与使用时间的关系,调整产品预防性维修工作类型及其间隔期。这样可减少因仅考虑暂定答案的要求及因信息不足或不准确而带来的过多维修工作量;当然,根据实践也有可能需要增加某些必要的预防性维修工作,或者延长或缩短某些工作的间隔期。

维修间隔期探索可通过抽样考察规定数量的产品来进行。在调整产品的预防性维修工作类型和间隔期时,应特别重视以下信息:

① 所分析产品的设计、研制试验结果和以前的使用经验;
② 相似产品以前抽样的结果;
③ 当前产品的抽样结果。

9. 填写系统和设备 RCMA 表格

(1) 产品(项目)概况记录表

重要功能产品(项目)概况记录表如表 5-2 所列。

表 5-2 重要功能产品(项目)概况记录表

初始约定层次:		分析人员:		审核:		第 页·共 页
约定层次:		图号:		批准:		填表日期:

产品(项目)编码	产品(项目)名称	产品(项目)件号	产品(项目)工作单元编码	区 域	功能说明	备 注
①	②	③	④	⑤	⑥	⑦

表 5-2 中各栏目的填写说明如下：

第①栏"产品（项目）编码"　填写分析对象的编码。

第②栏"产品（项目）名称"　填写分析对象的名称。

第③栏"产品（项目）件号"　填写产品或项目的件号。

第④栏"产品（项目）工作单元编码"　填写分析对象工作单元的编码。

第⑤栏"区域"　填写分析对象所在区域的编码或名称，主要针对大型分区的装备，不分区域的装备可不填。

第⑥栏"功能说明"　填写分析对象的各项功能并予以说明，包括输入和输出容限、振动或应力极限及任何可能的限制性因素。其中必须标明所有的隐蔽功能。

第⑦栏"备注"　填写分析对象的补偿措施，包括余度、保护装置、故障安全特性或故障指示装置。

（2）故障模式影响分析记录表

故障模式影响分析记录表的填写说明详见第 2 章，这里不再赘述。

（3）逻辑决断表

系统和设备逻辑决断分析记录表如表 5-3 所列。

表 5-3　系统和设备逻辑决断分析记录表

初始约定层次：　　　分析人员：　　　审核：　　　第　页·共　页
约定层次：　　　图号：　　　批准：　　　填表日期：

产品（项目）编码 ①	产品（项目）名称 ②	故障原因编码 ③	逻辑决断回答（Y 或 N）																					维修工作			
			故障影响 ④					安全性影响 ⑤					任务性影响 ⑥					经济性影响 ⑦					预防性维修工作类型 ⑧	维修间隔期/天 ⑨	维修级别 ⑩
			1	2	3	4	5	A	B	C	D	E	F	A	B	C	D	E	F	A	B	C	D	E			

表 5-3 中各栏目的填写说明如下：

第①，②栏的说明与表 5-2 中同名列的说明相同。

第③栏"故障原因编码"　填写分析对象对应故障原因的编码，该码可从 FMEA 表中获取。

第④列"故障影响"　填写对逻辑决断图第一层问题 1～5 的回答，如何回答详见 5.2.1 小节的"4. 对预防性维修工作进行逻辑决断"中的内容，此处填入"Y（是）"或者"N（否）"。

第⑤～⑦列　填写对逻辑决断图第二层问题的回答，如何回答详见 5.2.1 小节的"4. 对预防性维修工作进行逻辑决断"中的内容，此处填入"Y（是）"或者"N（否）"。

第⑧列"预防性维修工作类型"　填写根据逻辑决断图的结果确定的预防性维修工作类型。

第⑨列"维修间隔期/天"　填写预防性维修工作的维修间隔期，有关维修间隔期的确定方法可参见 5.2.1 小节的"5. 预防维修间隔期的确定"中的内容。

第⑩列"维修级别" 填写初定的修理级别。

(4) 适用性与有效性检查记录表

通过以上的逻辑决断过程,分析人员就能够初步确定每个故障模式所对应的预防性维修工作类型了。但在该决断过程中,分析人员并未给出逻辑决断过程中回答问题为"是"或"否"的判据,对于所确定的预防性维修工作类型是否确实适用且有效,有人可能会持怀疑态度。因此,分析人员需要进一步根据系统或设备的详细信息对前面所确定的每一个预防性维修工作类型进行分析,给出具体的判据以及相关的数据信息,以确定确实适用且有效的类型,排除不适用的或无效的类型。每个预防性维修工作类型详细的适用性及有效性检查表如表5-4～表5-8所列。

表5-4 保养工作适用性及有效性检查表

初始约定层次:　　　分析人员:　　　审核:　　　第 页·共 页
约定层次:　　　图号:　　　批准:　　　填表日期:

产品(项目)编码	故障原因编码	故障影响确定 ③										故障后果	可能的保养工作			工作是否适用和有效
		问题1		问题2		问题3		问题4		问题5			维修工作说明	维修间隔期	维修级别	
		Y/N	判据	Y/N	判据	Y/N	判据	Y/N	判据	Y/N	判据					
①	②											④	⑤	⑥	⑦	⑧

表5-4中各栏目的填写说明如下:

第①,②栏的说明与表5-3中同名列的说明相同。

第③栏"故障影响确定" 根据表5-3中对逻辑决断图第一层各个问题回答的结果,填写相应子项"Y/N"和"判据"栏。注意,并不是每个问题的"Y/N"栏都要填写,而是根据逻辑决断图的走向来选择该回答的问题,对应所回答问题的"判据"栏都要相应说明该问题回答"Y/N"的原因,以给出回答判据。

第④栏"故障后果" 填写故障后果。主要有6类,即明显安全性后果、明显任务性后果、明显经济性后果、隐蔽安全性后果、隐蔽任务性后果和隐蔽经济性后果。

第⑤～⑦栏"可能的保养工作" 这几栏填写保养工作说明,包括维修工作说明、维修间隔期和维修级别。维修工作说明如"润滑所有具备耗损特征的连接处"等;若分析人员对于维修间隔期没有具体的参考数据,则也可根据以往的工程经验给出一个参考值;维修级别指初定的维修级别。

第⑧栏"工作是否适用和有效" 根据前面的分析来判定所确定的保养工作类型是否适用且有效,若适用且有效,则填"是",否则,填"否"。

第 5 章　以可靠性为中心的维修分析(RCMA)　　89

表 5-5　使用检查适用性及有效性检查表

初始约定层次：　　　　分析人员：　　　　审核：　　　　第　页·共　页
约定层次：　　　　　　图号：　　　　　　批准：　　　　填表日期：

产品（项目）编码	故障原因编码	故障后果	维修工作适用性（探测产品故障方法）	维修工作说明	维修间隔期	维修级别	维修工作有效性			维修工作是否适用和有效
							安全/任务		经济	
							故障的概率	故障的可接受水平	有无经济效果	
①	②	③	④	⑤	⑥	⑦	⑧	⑨	⑩	⑪

表 5-5 中各栏目的填写说明如下：

第①～③栏和第⑤～⑦栏的说明与表 5-4 中同名列的说明相同。

第④栏"维修工作适用性（探测产品故障方法）"　给出探测产品故障的方法，以协助判定所给定的使用检查是否适用。

第⑧～⑩栏"维修工作有效性"　给出故障的概率和故障的可接受水平，并比较两者的大小；判定采用使用检查工作类型是否能取得经济效果，若能，则填"是"，否则，填"否"。

第⑪栏"维修工作是否适用和有效"　结合前面几列的信息，判定采用使用检查工作类型是否适用且有效，若适用且有效，则填"是"，否则，填"否"。

表 5-6　操作人员监控或功能检测适用性及有效性检查表

初始约定层次：　　　　分析人员：　　　　审核：　　　　第　页·共　页
约定层次：　　　　　　图号：　　　　　　批准：　　　　填表日期：

产品（项目）编码	故障原因编码	故障后果	维修工作适用性				维修工作说明	维修间隔期	维修级别	维修工作有效性			维修工作是否适用和有效
			探测产品的潜在故障状态	可探测的潜在故障状态	潜在故障至功能故障的时间	是否为操作人员的正常职责				安全/任务		经济	
										故障的概率	故障的可接受水平	有无经济效果	
①	②	③	④	⑤	⑥	⑦	⑧	⑨	⑩	⑪	⑫	⑬	⑭

表 5-6 中各栏目的填写说明如下：

第①～③栏和第⑧～⑩栏的说明与表 5-4 中同名列的说明相同。

第④～⑦栏"维修工作适用性"　给出探测产品的潜在故障状态、可探测的潜在故障状态、潜在故障至功能故障的时间($P-F$ 间隔期)和是否为操作人员的正常职责，以协助判定给定的操作人员监控或功能检测是否适用。

第⑪～⑬栏"维修工作有效性"　给出故障的概率和故障的可接受水平，并比较两者的大小；判定采用操作人员监控或功能检测工作类型是否能取得经济效果，若能，则填"是"，否则，填"否"。

第⑭栏"维修工作是否适用和有效"　结合前面几列的信息，判定采用操作人员监控或功能检测工作类型是否适用且有效,若适用且有效,则填"是",否则,填"否"。

表5-7 定时拆修或定时报废适用性及有效性检查表

初始约定层次:　　　　分析人员:　　　　审核:　　　　第 页·共 页
约定层次:　　　　　　图号:　　　　　　批准:　　　　填表日期:

产品（项目）编码	故障原因编码	故障后果	维修工作适用性			维修工作说明	维修间隔期	维修级别	维修工作有效性			维修工作是否适用和有效
			产品的耗损期或寿命	产品工作至耗损期的残存比	能否将产品修复到规定状态				安全/任务		经济	
									故障的概率	故障的可接受水平	有无经济效果	
①	②	③	④	⑤	⑥	⑦	⑧	⑨	⑩	⑪	⑫	⑬

表5-7中各栏目的填写说明如下：

第①~③栏和第⑦~⑨栏的说明与表5-4中同名列的说明相同。

第④~⑥栏"维修工作适用性" 给出产品的耗损期或寿命、产品工作至耗损期的残存比,并判定能否将产品修复到规定状态,以协助判定所给定的定时拆修或定时报废工作类型是否适用。

第⑩~⑫栏"维修工作有效性" 给出故障的概率和故障的可接受水平,并比较两者的大小;判定采用定时拆修或定时报废工作类型是否能取得经济效果,若能,则填"是",否则,填"否"。

第⑬栏"维修工作是否适用和有效" 结合前面几列的信息,判定采用定时拆修或定时报废工作类型是否适用且有效,若适用且有效,则填"是",否则,填"否"。

表5-8 综合工作适用性及有效性检查表

初始约定层次:　　　　分析人员:　　　　审核:　　　　第 页·共 页
约定层次:　　　　　　图号:　　　　　　批准:　　　　填表日期:

产品（项目）编码	故障原因编码	故障后果	维修工作适用性	维修工作说明	维修间隔期	维修级别	维修工作有效性			维修工作是否适用和有效
							安全/任务		经济	
							故障的概率	故障的可接受水平	有无经济效果	
①	②	③	④	⑤	⑥	⑦	⑧	⑨	⑩	⑪

表5-8中各栏目的填写说明如下：

第①~③栏和第⑤~⑦栏的说明与表5-4中同名列的说明相同。

第④栏"维修工作适用性" 给出所有适合分析对象的维修工作类型,以协助判定所给定的综合工作是否适用。

第⑧~⑩栏"维修工作有效性" 给出故障的概率和故障的可接受水平,并比较两者的大小;判定采用综合工作的工作类型是否能取得经济效果,若能,则填"是",否则,填"否"。

第⑪栏"维修工作是否适用和有效" 结合前面几列的信息,判定采用综合工作的工作类型是否适用且有效,若适用且有效,则填"是",否则,填"否"。

5.2.2 结构 RCMA 方法

结构 RCMA 方法针对不同的损伤及结构设计原理,确定适当的预防性维修工作要求,结构 RCMA 方法的实施步骤如图 5-6 所示。

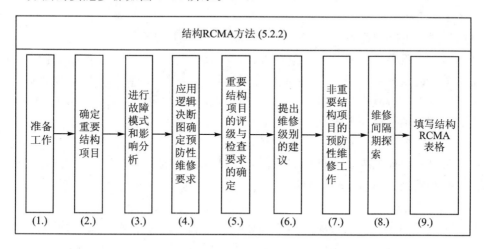

图 5-6 结构 RCMA 方法的实施步骤

1. 准备工作

在进行结构 RCMA 分析工作之前,应尽可能收集下列信息:
① 结构项目的类型、材料和主要受力情况;
② 内、外部防腐蚀状况;
③ 每个重要结构项目的编码、名称、位置、图形和初步估计的故障后果等;
④ 已有的静力试验、疲劳试验或耐久性试验和损伤容限试验的结果;
⑤ 其他分析确定的耐久性或损伤容限结构项目的疲劳检查计划;
⑥ 类似结构的信息。

2. 确定重要结构项目

(1) 重要结构项目的定义

按故障后果将结构项目划分为重要结构项目(SSI)和非重要结构项目(NSI)。凡其损伤会使装备结构削弱到对安全或任务产生有害影响的结构组件及结构零件(包含结构细节)应划为重要结构项目,其余的划为非重要结构项目。对于重要结构项目,需要通过评级来确定检查要求;对于非重要结构项目,则不需要进行评级,而只需按以往的经验或承制方的建议来确定进行适当的检查。

重要结构项目指其损伤使装备结构削弱到对安全或任务产生有害影响的结构组件和结构零件。也就是指承受载荷的、其损伤后会影响使用安全或任务所需完整性(包括引起丧失安全上或任务上的关键功能、过度变形或颤振)的结构组件、结构零件或结构细节。其余的结构项目为非重要结构项目。

从定义中可以看出,重要结构项目的确定是从故障的安全性和任务性后果考虑的,而未直接考虑经济性后果。这一点与重要功能产品的确定有所不同,这是由于需做预防维修的结构项目的包含范围较宽,那些绝大多数无安全性或任务性后果的结构项目也要求定期做一般的目视检查,以便及时发现损伤,易修省钱,这实际上已经是在考虑经济性问题了。因此,在结构分析中,在确定重要结构项目时只考虑结构项目故障是否存在安全性和任务性后果。

(2) 重要结构项目的确定方法

重要结构项目的确定是按结构的层次自上而下进行的,直到下一层次的项目不再重要时为止。这样确定的重要结构项目,大多数应是结构零件。同一结构零件上的几个结构细节,可被选为几个单独的重要结构项目,特别是当检查通道不同时更是如此。比如作为飞机机翼油箱壁的翼梁的两面,其环境损伤条件以及检查通道都不同,故可作为两个重要结构项目。

确定重要结构项目时应考虑下列因素:

1) 故障后果

选择其故障会对使用安全或任务完成产生有害影响的项目,即主要承载结构为 SSI。如飞机的机身与机翼结合点、机身的隔框腹板与连接板和起落架的减震支柱外筒,等等。

2) 设计原理

重要结构组件中大的安全寿命或单传力途径的损伤容限零件是重要结构项目,因为它们被破坏后会立即或短期内导致组件丧失功能。重要损伤容限组件的多传力途径损伤容限零件是否是重要结构项目,要由它对组件强度所起的作用而定。

(a) 安全寿命设计

这种设计起始于 20 世纪 60 年代。它假定:新的结构没有裂纹,在交变载荷作用下,结构会逐渐出现细小的裂纹,并发展为可见裂纹。在裂纹发展到肉眼可见以前,项目的强度没有太大变化。随着裂纹的扩展,项目的强度加速降低。这种设计对结构项目确定了安全使用期,叫做安全寿命。在该寿命期内,项目出现疲劳裂纹的概率低于规定值(通常为 0.1%),到达安全寿命之后项目就退役。安全寿命是按结构的疲劳分析与试验确定的,它等于平均疲劳试验寿命与一系数之比。该系数称为分散系数。其数值基本上取决于材料的种类和所规定的在安全寿命期内不出现疲劳裂纹的概率,此外,还与受试件数量、非破坏概率置信度等多种因素有关。其取值各国设计标准不完全一致,如我国对硬铝结构一般取 4.0～6.0,美军的规范曾规定为 4.0。

按安全寿命设计的装备在使用上存在两个主要问题:一个问题是在安全寿命期内使用并不一定能够保证安全,因为设计中没有考虑材料在冶金和制造过程中可能存在的缺陷,因而结构可能会出现早期破坏。另一个问题是该设计方法浪费了结构的大量可用寿命,因为 99.9% 的结构在到达安全寿命时并不出现疲劳裂纹。它们的可用寿命,有的可为安全寿命的几倍,甚至十几倍。

由于安全寿命设计存在这两个缺点,故美国空军从 20 世纪 70 年代起开始在飞机结构上采用损伤容限与耐久性设计,来代替安全寿命设计。之后其他国家也逐步这样做。

(b) 损伤容限与耐久性设计

损伤容限的结构具有在规定的无修理期内耐受由裂纹、缺陷或其他损伤所引起破坏的能力。损伤容限设计的目的是保证结构安全性。该设计方法用于破坏后会导致装备发生灾难性事故的结构项目。其设计思路是:结构出厂时要想做到无缺陷是不现实的,因此按照现代断裂力学的理论,假定新结构就有看不见的微小初始裂纹或缺陷,设计时要在这个假定的基础上考虑安全性。它采用两种设计方法：破坏安全设计和裂纹缓慢扩展设计。前者是把结构组件设计成多传力路径的(即其零件有余度)或有止裂结构的形式,使得在一个零件破坏后,组件在规定的修理间隔期内仍有规定的剩余强度。这种方法应被优先考虑使用。后者是通过对材料和(或)应力水平的选择,使得在最长的初始裂纹扩展到临界长度期间(称为裂纹扩展寿命)至少可有两次检查的机会。这种方法用于无条件采用破坏安全设计的项目。对损伤容限设计来说,损伤容限结构项目的检查计划是设计必不可少的组成部分,结构的安全性正是依靠定期检修来保证的。结构的裂纹扩展寿命由损伤容限试验确定,检查间隔期通常为其扩展寿命的 1/2。

耐久性的结构具有在规定期间内耐受开裂(包括应力腐蚀开裂和氢脆开裂)、腐蚀、热老化、脱层、磨损和外来物损伤的能力。耐久性设计是从结构经济性角度考虑的,它用于破坏后会引起重大经济损失的结构项目。它要求结构的经济寿命大于用户所要求的使用寿命。所谓经济寿命指损伤增加迅速以至修起来不经济时的结构使用时间。经济寿命由耐久性分析与试验确定,分散系数一般为 2,有时也可为 1~2。

3) 对损伤的敏感性

结构项目的功能故障是由损伤发展形成的。结构损伤主要分为 3 类：环境损伤(或称环境恶化)、偶然损伤和疲劳损伤。

(a) 环境损伤

环境损伤(ED)指结构项目因与环境或大气发生化学、物理和(或)生物作用而引起的损伤,包括金属的一般腐蚀和应力腐蚀以及非金属材料的退化等。其中应力腐蚀是这样一种腐蚀过程：它由环境和持续或反复的内部张应力的综合影响引起,使金属内部产生细小的晶界裂纹或穿晶裂纹,从而导致金属的瞬间破坏而无破坏临近的宏观迹象。

(b) 偶然损伤

偶然损伤(AD)指由碰撞、冰雹、雷击、异物、使用维修不当、制造缺陷、使用中过应力等偶然事件所引起的损伤。

(c) 疲劳损伤

疲劳损伤(FD)指由超过一定数值的交变载荷持续作用所引起的裂纹及其扩展。交变载荷作用的影响是累积性的,随着结构项目使用时间的增加,就会出现裂纹。

随着这几类损伤的出现和扩展,项目的强度就会降低。对于疲劳损伤来说,修理只能恢复或保持裂纹部位的强度,却无法消除其他部位的累积性的疲劳影响。

此外,所设计的结构项目在做完损伤容限试验并进行分解检查,或做完到寿的现役装备分解后,类似结构项目的实际损伤情况等信息也可作为损伤敏感性的确定依据。

(3) 典型的重要结构项目

典型的重要结构项目可能有以下一些类型：

① 主要结构零件的结合点；

② 需润滑以避免微振磨损的静态结合点；

③ 易疲劳的部位,如应力集中处、不连续或不均匀处、受拉接头(特别是承受拉伸力、压缩力循环变化的接头)、拼接处、主要接头、蒙皮切口、门窗周围以及容易出现多余裂纹的部位等；

④ 易受环境损伤的区域,如飞机、舰船的厨房和厕所下面的区域,易积聚水分的部位,易

受电瓶液、某些型号的液压油、细菌、酸碱盐性灰尘影响的部位,会有电化学腐蚀的不同材料接触部位,橡胶、油箱周围的结构,易承受应力腐蚀的项目,易受潮湿的燃油蒸气影响的复合材料结构等;

⑤ 易受偶然损伤的部位,如舱门周围用于调隙以便组装、配合正确的接头,靠近正常维修处的项目,易受雨、雹、雷击、异物打伤的部位等;

⑥ 安全寿命项目;

⑦ 单传力途径损伤容限零件等。

在大纲制定开始时,承制方应提出重要结构项目表的初稿,因为在此时期,只有他们最了解结构设计的特性。

3. 进行故障模式和影响分析

对每个重要结构项目进行 FMEA,以便为下一步通过逻辑决断来确定预防性维修工作信息提供功能故障的模式、原因及影响信息。如果已经进行过 FMEA 工作,则可直接引用相关分析结果。有关 FMEA 内容可参见本书第 2 章。

4. 应用逻辑决断图确定预防性维修要求

应用逻辑决断图(见图 5-7)确定各结构项目的预防性维修要求,并形成结构预防性维修大纲。

(1) 决断时应考虑的因素

一般包括:

① 材料的特性,特别是复合材料和其他新材料。

② 损伤的种类,分为疲劳损伤、环境损伤和偶然损伤三类。

③ 重要结构项目对每种损伤的敏感性和探测及时性。

④ 重要结构项目的故障模式影响分析结果,包括:

ⓐ 损伤对安全或任务的影响程度。

ⓑ 多部位丛生的疲劳损伤。

ⓒ 由结构项目的功能故障与系统和设备产品相互作用所引起的对装备使用特性的影响。

⑤ 检查等级分为一般目视检查(GV)、详细目视检查(NV)和无损检测三级(NDT)。其中一般目视检查指对明显损伤的目视检查;详细目视检查是对细微损伤的细致目视检查,可能需要适当的辅助检查工具。

⑥ 影响检查工作有效性的因素,包括:

ⓐ 重要结构项目的位置及可达性。

ⓑ 可检损伤尺寸及损伤扩展速率。

ⓒ 所检查的装备数和装备的使用时间。

ⓓ 首检期和检查间隔期。首检期指从结构项目投入使用或储存到应做首次检查的时间,检查间隔期是首次检查后重复进行检查的间隔时间。

(2) 决断过程

根据图 5-7 的逻辑决断图,可以看出对结构项目的决断过程是:

① 把结构项目分为重要结构项目和非重要结构项目。

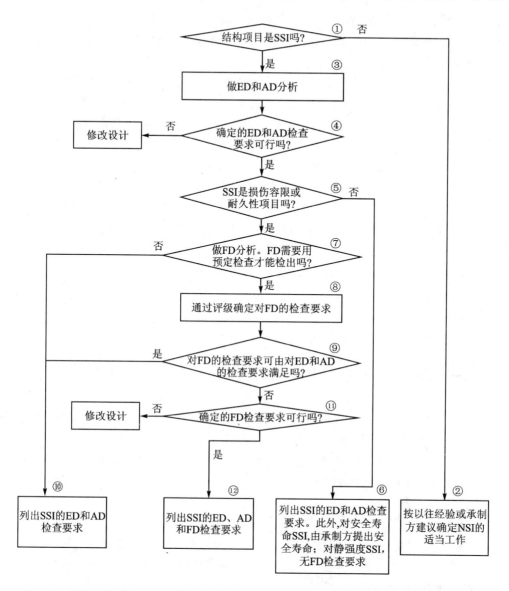

注：SSI—重要结构项目；NSI—非重要结构项目；ED—环境损伤；AD—偶然损伤；FD—疲劳损伤

图 5-7 结构以可靠性为中心的维修分析逻辑决断图

② 对于非重要结构项目，依据下列两点确定合适的检查工作：
ⓐ 类似项目以往的经验；
ⓑ 采用新材料或新技术时按承制方的建议。
③ 对重要结构项目，分别对环境损伤和偶然损伤进行评级，并按评级结果选择下列各项要求：
ⓐ 检查等级；
ⓑ 首检期；
ⓒ 检查间隔期；

ⓓ 维修间隔期探索计划(如适用)。

④ 评审所确定的重要结构项目的环境损伤和偶然损伤的检查要求是否可行,若不可行,则应修改该项目的设计。

⑤ 把各重要结构项目分为损伤容限或耐久性项目和安全寿命项目或静强度项目。

⑥ 列出对安全寿命重要结构项目或静强度重要结构项目的环境损伤和偶然损伤检查要求。此外,对安全寿命重要结构项目,由承制方提出安全寿命;对静强度重要结构项目,不需要考虑疲劳损伤检查要求。

⑦ 对损伤容限或耐久性重要结构项目进行分析,确定其疲劳损伤是否需要预定检查才能发现。若不需要,则只需列出对环境损伤和偶然损伤的检查要求,而不必另定对疲劳损伤的检查要求。

⑧ 对每个损伤容限或耐久性重要结构项目的疲劳损伤进行评级,并按评级结果选择下列各项要求:

ⓐ 检查等级;

ⓑ 首检期;

ⓒ 检查间隔期;

ⓓ 维修间隔期探索计划(如适用)。

⑨ 分析对疲劳损伤的检查要求是否可由对环境损伤或偶然损伤的检查要求来满足。若是,则对所分析的项目不必另定疲劳损伤检查要求;若不是,则通常要求在领先使用的装备上做详细目视检查或无损检测,当发现有问题时,再对装备整体做检查。

⑩ 若对疲劳损伤的检查要求可由对环境损伤或偶然损伤的检查要求来满足,则此时列出环境损伤或偶然损伤的检查要求。

⑪ 评审所确定的疲劳损伤检查要求是否可行,若不可行,则应修改该项目的设计。

⑫ 列出该重要结构项目的各种损伤检查要求。

5. 重要结构项目的评级与检查要求的确定

应评定每个重要结构项目对某种损伤的敏感性和探测及时性的级号。级号表示损伤对结构项目的影响程度。评级是一套按照一定的准则、采用评分的方法、把各类损伤对结构项目的影响程度进行量化分析的程序。级号表示损伤对结构项目影响程度的数码。

设计人员所用的评级准则必须保证装备总体中的各种结构损伤在超出规定范围之前就能被及时检查出来。对同一结构区内各个重要结构项目的环境损伤和偶然损伤的评级,一般是成组地进行,并按照它们损伤敏感性和探测及时性之间的差别,确定相应的级号。

在完成重要结构项目评级之后,应按照适用的级号与检查要求对照表来确定适用的检查等级及其相应的首检期和检查间隔期。对于需要做详细检查的重要结构项目,包括特定的、隐蔽的或已知有过问题的项目,可采用无损检测,其余可采用详细目视检查。各项检查工作的首检期和检查间隔期应尽量与预定的装备维修间隔期一致,当不可行时再考虑其他实用的间隔期。

(1) 疲劳损伤的评级与检查要求的确定

对静强度结构项目不必进行评级。由于安全寿命结构项目是由设计过程中确定的安全寿命来保证的(通常以 99.9% 的概率),所以结构在该寿命期内不会出现可检疲劳裂纹。一般只对损伤容限和耐久性重要结构项目才需评定疲劳损伤级号。

1) 疲劳损伤的评级

疲劳损伤的评级应考虑以下几点：

① 相应于规定剩余强度的临界损伤尺寸。

② 各级检查能够以所确定的概率检出的损伤尺寸,即各级检查的可检裂纹长度,它与下列因素有关：

ⓐ 使用经验；

ⓑ 照明条件；

ⓒ 项目可达性和与相邻结构的距离；

ⓓ 表面的清洁程度和涂层；

ⓔ 部分裂纹长度被结构或密封胶遮盖的程度；

ⓕ 检查时的结构承载状态。

③ 裂纹扩展速率。

④ 适用的检查等级、检查方法、检查方位、首检期和检查间隔期。

⑤ 热蠕变与疲劳的相互作用。

⑥ 装备总数和使用情况。

疲劳损伤的评级按耐久性试验所确定的重要结构项目平均裂纹形成寿命与装备设计使用寿命(经济寿命)之比(n)来评定,如表5-9所列。疲劳损伤的评级可用于确定疲劳损伤详细目视检查或无损检测的首检期。

表 5-9 疲劳损伤级号(FDR)的评定

n	$n<1.0$	$1.0 \leqslant n < 1.5$	$1.5 \leqslant n < 2.0$	$n \geqslant 2.0$
FDR	1	2	3	4

2) 疲劳损伤检查要求

由于疲劳损伤是累积的,只有在装备使用一定时间后才会出现,因此在制定初始预防性维修大纲时,一般先不包括疲劳损伤检查要求,而是在装备投入使用后的规定时期内才确定,并及时补充进预防性维修大纲。

一般来说,使用时间最长的装备结构,最容易出现疲劳损伤。因此,若适用的话,可制订一个疲劳损伤领先使用计划,只在使用时间最长的一些装备上进行疲劳损伤检查,当发现问题后,再在整批装备上普查。检查期限的时间单位可为使用次数和(或)使用小时(里程)。对有些装备来说,采用使用次数比采用使用小时对结构疲劳的影响更大,如飞机的起落次数比飞行小时对结构疲劳的影响更大。按不同原理设计的结构,对疲劳损伤的检查要求也不同：

① 静强度结构项目不必做疲劳损伤检查。

② 安全寿命重要结构项目由设计确定安全寿命,不必另定疲劳损伤检查要求。但对于进行了损伤容限设计的安全寿命重要结构项目来说,则要按损伤容限重要结构项目来确定其疲劳损伤检查要求。

③ 对损伤容限或耐久性重要结构项目应确定其疲劳损伤检查要求。若设计已确定有疲劳损伤检查要求,则不必另行确定。有些项目在疲劳损伤后尚有足够的剩余强度,且该损伤在装备的日常维护中很容易被发现,或者可由不危害安全的故障显示出来,这种情况下也不必确

定预定的疲劳损伤检查要求。疲劳损伤的一般目视检查要求,应尽量与环境损伤和偶然损伤的检查要求相结合。

④ 对同时做损伤容限设计的安全寿命重要结构项目,要同损伤容限项目一样确定检查等级(详细目视检查或无损检测)和检查间隔期,其首检期即为其确定的安全寿命周期。

⑤ 详细目视检查或无损检测的首检期按设计分析和耐久性试验确定,其确定的原则是使重要结构项目在该期限内出现可检疲劳裂纹的概率小于规定值(通常为0.1%)。

⑥ 详细目视检查或无损检查的检查间隔直接以重要结构项目的裂纹扩展寿命除以分散系数来确定。该分散系数通常为2或3。这样,在项目的裂纹扩展到临界尺寸以前,可有两次(或多次)机会来检测出裂纹,从而保证结构的使用安全性。

对重要结构项目疲劳损伤的详细目视检查和无损检测,可在领先使用的装备上进行,当发现问题时才对装备总体做普查。对于特定的、隐蔽的或有过问题的重要结构项目,可用无损检测;对于其余重要结构项目可用详细目视检查。详细目视检查和无损检测的检查期确定原则如下:

(a) 首检期

首检期的确定原则是,重要结构项目在该期限内出现可检疲劳裂纹的概率小于规定值(通常为0.1%)。对损伤容限或耐久性重要结构项目来说,该期限由设计和试验确定。对于进行了损伤容限设计的安全寿命重要结构项目,其首检期为原定的安全寿命期。

损伤容限或耐久性重要结构项目的首检期的确定原则是,保证在首检期内该项目不出现可检疲劳裂纹的概率为99.9%,具体值按FDR确定,如表5-10所列。

表5-10 领先使用装备首检期的确定

FDR	首检期与装备设计使用寿命之比
1	重要结构项目平均裂纹形成寿命的1/4
2	装备设计使用寿命的1/4
3	装备设计使用寿命的3/8
4	装备设计使用寿命的1/2

(b) 检查间隔期

检查间隔期根据重要结构项目疲劳裂纹扩展寿命确定。

(2) 环境损伤的评级与检查要求的确定

1) 环境损伤评级的影响因素

通常分一般损伤(包括金属的腐蚀和非金属的退化)和应力腐蚀两类来评定损伤敏感性和探测及时性。

一般损伤的敏感性按下列因素评定:

① 材料类型;

② 环境类型;

③ 表面防护状况。

应力腐蚀的敏感性按下列因素评定:

① 材料类型;

② 表面防护状况。

一般损伤的探测及时性按下列因素评定：
① 暴露于有害环境的可能性；
② 检查时损伤的可见性。

应力腐蚀的探测及时性按下列因素评定：
① 制造中形成内应力的程度；
② 检查时损伤的可见性。

2) 环境损伤级号(EDR)的评定

环境损伤级号分一般损伤(包括金属的腐蚀和非金属的退化)和金属的应力腐蚀两方面来进行评定。

(a) 一般损伤级号(GDR)的评定

GDR 为一般损伤敏感性级号(GDSR)与一般损伤探测及时性级号(GDDR)之和，即

$$GDR = GDSR + GDDR \tag{5-10}$$

GDSR 和 GDDR 的评定分别如表 5-11 和表 5-12 所列。

表 5-11 一般损伤敏感性级号(GDSR)的评定

GDSR \ 环境类型 表面防护(效果)	排污、电解液、海水、盐湖 (严酷)	舱内凝结水、地面水、酸碱性灰尘 (中等)	其他类型
无(差)	0	1	2
阳极化、油漆层(中)	1	2	3
镀层、严密覆盖层(好)	2	3	4

表 5-12 一般损伤探测及时性级号(GDDR)的评定

GDDR \ 暴露于有害环境的可能性 检查时损伤可见性	大	中	小
差	0	1	2
中	1	2	3
好	2	3	4

上述评定适用于腐蚀性中等的硬铝和钢钛合金等类合金。镁合金等易蚀金属的 GDR 按上述评定的结果减 1；不锈钢和复合材料等耐蚀材料的 GDR 按上述评定的结果加 1。GDR 最小为 0，最大为 8。

(b) 应力腐蚀级号(SCR)的评定

SCR 为应力腐蚀敏感性级号(SCSR)与应力腐蚀探测及时性级号(SCDR)之和，即

$$SCR = SCSR + SCDR \tag{5-11}$$

SCSR 和 SCDR 的评定分别如表 5-13 和表 5-14 所列。

表 5-13　应力腐蚀敏感性级号(SCSR)的评定

SCSR＼材料敏感性＼表面防护(效果)	大	中	小
无(差)	0	1	2
阳极化、油漆层(中)	1	2	3
镀层(好)	2	3	4

表 5-14　应力腐蚀探测及时性级号(SCDR)的评定

SCDR＼内应力可能性＼检查时损伤可见性	大	中	小
差	0	1	2
中	1	2	3
好	2	3	4

SCR 最小为 0，最大为 8。

以 GDR 和 SCR 中较小的一个作为环境损伤级号。

3) 检查要求的确定

由于相当部分的环境损伤都是随机性的，故对其的检查在装备的整个使用寿命期内都要进行。

(a) 首检期

各级检查的首检期可按订购方和承制方对类似结构的经验来协商确定。随机性损伤的首检期与检查间隔期相同。对于与使用时间有关的损伤，一般目视检查的首检期可与检查间隔期相同；详细目视检查和无损检测的首检期，可用维修间隔期探索来确定，即通过对使用与试验数据的分析，系统地评价结构项目退化与使用时间增长之间的关系，以确定或调整首检期。

(b) 检查间隔期

检查间隔期可按订购方和承制方对类似结构的经验来协商确定，通常与预定的装备维修间隔期一致。对于与使用时间有关的损伤，详细目视检查和无损检测检查间隔期也可用维修间隔期探索或领先使用检查来确定。

(3) 偶然损伤的评级与检查要求的确定

1) 偶然损伤的评级

应评定操作人员易忽视的偶然损伤的敏感性和探测及时性。

偶然损伤敏感性按下列因素评定：

① 损伤可能性。它与重要结构项目的位置和可能的损伤频度有关。

② 损伤后的剩余强度。通常按可能损伤尺寸与临界损伤尺寸的相对值来评定。

偶然损伤探测及时性按损伤扩展敏感性和检查时的可见性来评定。前者与重要结构项目所承受载荷的大小有关。

由战伤、发动机破裂掉块或严重碰撞等引起的大尺寸偶然损伤容易发现,评定中不需考虑。

在进行偶然损伤级号(ADR)的评定时,ADR 为偶然损伤敏感性级号(ADSR)与偶然损伤探测及时性级号(ADDR)之和,即

$$ADR = ADSR + ADDR \tag{5-12}$$

ADSR 和 ADDR 的评定分别如表 5-15 和表 5-16 所列。

表 5-15　偶然损伤敏感性级号(ADSR)的评定

ADSR＼损伤可能性＼损伤后剩余强度	大	中	小
小	0	1	2
中	1	2	3
大	2	3	4

表 5-16　偶然损伤探测及时性级号(ADDR)的评定

ADDR＼损伤扩展敏感性＼检查时损伤可见性	大	中	小
差	0	1	2
中	1	2	3
好	2	3	4

ADR 最小为 0,最大为 8。

2) 检查要求的确定

由于偶然损伤是随机性的,故对其的检查在装备的整个使用寿命期内都要进行。

各级检查的首检期与检查间隔期相同,可按订购方和承制方对类似结构的经验来协商确定,通常与预定的装备维修间隔期一致。

(4) **装备总体检查计划中检查要求的确定**

在新装备投入使用时执行的装备总体检查计划中,只包括环境损伤和偶然损伤的检查要求。以后按领先使用检查计划的执行结果,再确定是否需要在总体检查计划中增加某些疲劳损伤检查要求,或修改某些与使用时间有关的环境损伤检查要求。

由于偶然损伤和大部分环境损伤都是随机的,故检查期一般可不分首检期和检查间隔期,而在整个装备使用寿命期内都是相等的,并以日历时间表示。检查等级及其间隔期按环境损伤和偶然损伤两个级号中较小的一个确定。检查期一般应与预定维修间隔期相同或为其倍数,并应考虑到预定维修间隔期在使用中可能延长。

对一种型号的装备来说,各结构区所适用的检查间隔期并不一定相同,故不可能存在一个各结构区都适用的环境损伤级号或偶然损伤级号与检查间隔期的对应表,而只能有一个对应的准则,如表5-17所列。

表5-17 EDR 或 ADR 与检查间隔期的对应准则

EDR 或 ADR	确定结构检查期的基本准则
0	不许可,重要结构项目要重新设计
1	最短的使用检查期
2	检查期大于级号1但小于级号3
3	检查期小于级号4
4	使用经验证明可行的、重要结构项目所在区域的内部或外部结构项目的一般目视检查间隔期
5	检查期大于级号4但小于级号6
6	检查期小于或等于级号7或8
7 或 8	最长的使用检查期,一般按可达性和修理经济性确定。对于可达性差的内部项目,可用维修间隔期探索来确定恰当的检查期

表5-17中的级号是与重要结构项目所在结构区的内部或外部结构项目的一般目视检查间隔期相联系的。对于同一结构区中的重要结构项目,评级和检查期的确定一般是成组进行的,并确定相同的一般目视检查间隔期。不过对于该结构区中级号较小的重要结构项目(如级号为3或3以下的外部项目以及4或4以下的内部项目),可考虑其损伤后果按该检查间隔期做详细目视检查。无损检测一般是以基地级维修间隔期来检查特定部位、隐藏的结构细部以及已知出过问题的细节。

6. 提出维修级别的建议

经过 RCMA 确定各重要结构项目的预防性维修工作类型及其间隔期后,还要提出该项维修工作应在哪一维修级别进行的建议。维修级别的划分应符合维修方案。关于维修级别的确定参见本书第7章内容。

7. 非重要结构项目的预防性维修工作

以上的分析工作是针对各重要结构项目进行的。应该注意到,在确定预防性维修要求时,完全不考虑非重要结构项目的预防性维修工作是不合适的。对于某些非重要结构项目,也可能需要做一定的简易预防性维修工作。但对于这些产品并不需要进行深入的分析,可根据以往类似项目的经验来确定适宜的预防性维修工作要求,该工作要求通常为一般目视检查。对于采用新结构或新材料的产品,其预防性维修工作可根据承制方的建议来确定。

8. 维修间隔期探索

维修间隔期探索工作主要通过装备领先使用来完成,首先要制订领先使用计划。

(1) 制订领先使用计划

领先使用计划的目的在于提高对疲劳损伤和环境损伤的检出概率。它包括领先使用装备的条件、数量、要做检查的重要结构项目、首检期和检查间隔期。领先使用的装备应是使用时间已达到规定的结构首检期的装备,其数量按所要求的装备总体中疲劳损伤和环境损伤的检出概率确定。领先使用检查所能检出的装备总体中疲劳损伤与环境损伤的概率与下列因素有关:

① 所检查的装备数;
② 检查等级、方法及其首检期和检查间隔期;
③ 每台装备的使用时间或使用次数;
④ 领先使用装备的使用环境。

(2) 领先使用检查工作

领先使用检查工作包括对疲劳损伤和环境损伤的领先使用检查。对疲劳损伤的领先使用检查是在使用时间最长的领先使用装备上,增做损伤容限或耐久性重要结构项目(包括同时做有损伤容限设计的安全寿命重要结构项目)的疲劳损伤检查工作。对环境损伤的领先使用检查是以一定的间隔期对使用时间超过某一数值(例如初步确定的首检期)的装备做检查,以探索重要结构项目上与使用时间有关的环境损伤最佳详细目视检查与无损检测期限(首检期和检查间隔期)。增做的工作一般为详细目视检查,但对于特定部位、隐蔽细节和已知有过问题的细节则应做无损检测。检查期限以使用次数或使用小时表示。

1) 领先使用装备的条件

领先使用装备应为使用时间超过某一数值的装备。以飞机结构为例,一般按损伤容限和耐久性设计的飞机设计使用寿命为耐久性试验寿命的 $1/2$,即分散系数为 2。结构的疲劳寿命可认为近似服从对数正态分布或双参数威布尔分布。对铝结构来说,分散系数 2 大体上与结构在设计寿命周期内的可靠度为 95% 对应,即可能有 5% 的飞机结构在设计寿命周期内出现疲劳裂纹。但最早可能出现疲劳裂纹的时间是在 $1/2$ 设计寿命点。此时相当于分散系数为 4,即在 $1/2$ 设计寿命周期内的可靠度为 99%,该可靠度等于安全寿命设计所要求的可靠度。因此,一般把达到 $1/2$ 设计寿命的飞机作为领先使用飞机的候选对象。

2) 领先使用装备的数量

领先使用装备的数量按所需的疲劳损伤检出概率确定。领先使用装备的数量确定后,一般固定不变,也不增减数量。在确定领先使用装备时,应考虑从不同使用环境中选取。

数量的确定可以有两种做法:一种是固定一定数量的领先使用装备,如装备总数的 $1/3$ 左右,只在这些装备上增做疲劳损伤检查;另一种是固定更多的领先使用装备,并按一定的检查期分批轮流检查这些领先使用装备,每次的检查数量不超过装备总数的 $1/3$。后一种的效果可能更好些。

9. 填写结构 RCMA 表格

(1) 重要结构项目疲劳损伤检查要求确定记录表

表 5-18 是重要结构项目疲劳损伤检查要求确定记录,在该表中并不是所有的重要结构

项目都要填写,而是主要针对领先使用的装备。在使用时间最多的领先使用装备上,对损伤容限或耐久性重要结构项目和进行了损伤容限设计的安全寿命重要结构项目增做疲劳损伤检查工作。增做的工作一般为详细目视检查,对于特定部位、隐蔽细节和已知有过问题的细节则采用无损检测。

表 5-18 重要结构项目疲劳损伤检查要求确定记录

初始约定层次：　　　　　分析人员：　　　　　审核：　　　　　第　页·共　页
约定层次：　　　　　　　图号：　　　　　　　批准：　　　　　填表日期：

产品(项目)编码 ①	产品(项目)名称 ②	SSI类别 ③		内部或外部项目 ④		SSI的平均裂纹形成寿命 N_i ⑤	装备设计使用寿命 L ⑥	$n=\dfrac{N_i}{L}$ ⑦	疲劳损伤级号 FDR ⑧	SSI的裂纹扩展寿命 N_p ⑨	维修工作 ⑩			首检期 ⑪	检查间隔期 ⑫	安全寿命 ⑬	维修级别 ⑭
		安全寿命	损伤容限或耐久性	内部	外部						编号	类型	说明				

表 5-18 中各栏目的填写说明如下：

第①栏"产品(项目)编码" 填写分析对象的编码；

第②栏"产品(项目)名称" 填写分析对象的名称；

第③栏"SSI 类别" 根据分析对象的类别在"安全寿命"或者"损伤容限或耐久性"栏打"√"；

第④栏"内部或外部项目" 按项目是内部或外部项目在"内部"或者"外部"栏打"√"；

第⑤栏"SSI 的平均裂纹形成寿命 N_i" 填写分析对象的平均裂纹形成寿命；

第⑥栏"装备设计使用寿命 L" 填写分析对象的装备设计使用寿命；

第⑦栏"$n=\dfrac{N_i}{L}$" 根据"SSI 的平均裂纹形成寿命 N_i"和"装备设计使用寿命 L"计算；

第⑧栏"疲劳损伤级号 FDR" 结合第⑦栏的 n 值,根据表 5-9 确定；

第⑨栏"SSI 的裂纹扩展寿命 N_p" 填写分析对象的裂纹扩展寿命；

第⑩栏"维修工作" 填写每个重要结构项目所确定的预防性维修工作编号及其描述；

第⑪栏"首检期" 损伤容限或耐久性重要结构项目的首检期的确定原则是保证在首检期内结构不出现可检裂纹的概率为 99.9%；

第⑫栏"检查间隔期" 对于损伤容限或耐久性重要结构项目和进行了损伤容限设计的安全寿命重要结构项目来说,其检查间隔期为重要结构项目裂纹扩展寿命的 1/2；

第⑬栏"安全寿命" 给出项目的安全寿命,只有项目类别是"安全寿命"的才需要填写；

第⑭栏"维修级别" 分析人员根据前面的分析以及工程经验给出初定的维修级别。

（2）重要结构项目一般环境损伤评级记录分表

重要结构项目一般环境损伤评级记录分表如表 5-19 所列。

表 5-19 重要结构项目一般环境损伤评级记录分表

初始约定层次：　　　　分析人员：　　　　审核：　　　　第 页·共 页
约定层次：　　　　　　图号：　　　　　　批准：　　　　填表日期：

产品（项目）编码 ①	产品（项目）名称 ②	内部或外部项目 ③		SSI的材料 ④	环境类型 ⑤			表面防护 ⑥			敏感性级号GDSR ⑦	损伤可能性 ⑧			预定检查可见性 ⑨			探测及时性级号GDDR ⑩	一般环境损伤级号GDR ⑪	GDR因材料的修正值 ⑫	修正后GDR ⑬
		内部	外部		严酷	中等	其他	差	中	好		大	中	小	差	中	好				

表 5-19 中各栏目的填写说明如下：

第①~③栏的说明与表 5-18 中同名列的说明相同。

第④栏"SSI 的材料" 填写分析对象的材料结构，如铝等腐蚀性中等的材料、镁等易腐蚀金属，或者不锈钢、复合材料等耐腐蚀材料。

第⑤栏"环境类型" 将环境类型分为"排污、电解液、海水、盐湖（严酷）"、"舱内凝结水、地面水、酸碱性灰尘（中等）"和"其他类型"，分析人员根据分析对象所处的环境进行选择。

第⑥栏"表面防护" 将表面防护分为"无（差）"、"阳极化、油漆尘（中）"和"镀层、严密覆盖层（好）"，分析人员根据分析对象的具体情况进行选择。

第⑦栏"敏感性级号 GDSR" 结合"环境类型"和"表面防护"两栏的结果，根据表 5-11 填写。

第⑧栏"损伤可能性" 也称暴露于有害环境的可能性，根据产品暴露于有害环境概率的大小进行选择。

第⑨栏"预定检查可见性" 根据预定检查时分析对象的可见性进行选择。

第⑩栏"探测及时性级号 GDDR" 结合"损伤可能性"和"预定检查可见性"两栏的结果，根据表 5-12 填写。

第⑪栏"一般环境损伤级号 GDR" 此栏为"敏感性级号 GDSR"与"探测及时性级号 GDDR"两栏之和。

第⑫栏"GDR 因材料的修正值" 此栏根据"SSI 的材料"栏所填信息而定。"铝等腐蚀性中等的材料"对应于"0"、"镁等易腐蚀金属"对应于"-1"、"不锈钢、复合材料等耐腐蚀材料"对应于"1"。

第⑬栏"修正后 GDR" 此栏为"一般环境损伤级号 GDR"与"GDR 因材料的修正值"两栏之和。

(3) 重要结构项目应力腐蚀评级记录分表

重要结构项目应力腐蚀评级记录分表如表 5-20 所列。

表 5-20　重要结构项目应力腐蚀评级记录分表

初始约定层次：　　　　　分析人员：　　　　　审核：　　　　　第　页·共　页
约定层次：　　　　　　　图号：　　　　　　　批准：　　　　　　填表日期：

产品(项目)编码①	产品(项目)名称②	内部或外部项目③		SSI的材料④	材料敏感性⑤			表面防护⑥			敏感性级号SCSR⑦	内应力可能性⑧			预定检查可见性⑨			探测及时性级号SCDR⑩	应力腐蚀级号SCR⑪
		内部	外部		大	中	小	差	中	好		大	中	小	差	中	好		

表 5-20 中各栏目的填写说明如下：

第①～④栏的说明与表 5-19 中同名列的说明相同。

第⑤栏"材料敏感性"　根据分析对象使用材料的敏感性进行选择。

第⑥栏"表面防护"　将表面防护分为"无(差)"、"阳极化、油漆尘(中)"和"镀层、严密覆盖层(好)"，分析人员根据分析对象的具体情况进行选择。

第⑦栏"敏感性级号 SCSR"　结合"材料敏感性"和"表面防护"两栏的结果，根据表 5-13 填写。

第⑧栏"内应力可能性"　将产品或项目分为 3 类，即"复杂组件且难加工(大)"、"复杂组件,但易加工；简单组件,但难加工(中)"以及"简单组件且易加工(小)"，根据分析对象情况进行选择。

第⑨栏"预定检查可见性"　根据预定检查时分析对象的可见性进行选择。

第⑩栏"探测及时性级号 SCDR"　结合"内应力可能性"和"预定检查可见性"两栏的结果，根据表 5-14 填写。

第⑪栏"应力腐蚀级号 SCR"　此栏为"敏感性级号 SCSR"与"探测及时性级号 SCDR"两栏之和。

(4) 重要结构项目偶然损伤评级记录表

重要结构项目偶然损伤评级记录表如表 5-21 所列。

表 5-21　重要结构项目偶然损伤评级记录表

初始约定层次：　　　　　分析人员：　　　　　审核：　　　　　第　页·共　页
约定层次：　　　　　　　图号：　　　　　　　批准：　　　　　　填表日期：

产品(项目)编码①	产品(项目)名称②	内部或外部项目③		SSI的材料④	损伤可能性⑤			损伤后剩余强度⑥			敏感性级号ADSR⑦	损伤扩展敏感性⑧			预定检查可见性⑨			探测及时性级号ADDR⑩	偶然损伤级号ADR⑪
		内部	外部		大	中	小	小	中	大		大	中	小	差	中	好		

表 5-21 中各栏目的填写说明如下：

第①～④栏的说明与表 5-19 中同名列的说明相同；

第⑤栏"损伤可能性" 根据产品暴露于有害环境概率的大小进行选择；

第⑥栏"损伤后剩余强度" 分析人员根据分析对象在损伤后的剩余强度进行选择；

第⑦栏"敏感性级号 ADSR" 结合"损伤可能性"和"损伤后剩余强度"两栏的结果，根据表 5-15 填写；

第⑧栏"损伤扩展敏感性" 分析人员根据分析对象的损伤扩展敏感情况进行选择；

第⑨栏"预定检查可见性" 根据预定检查时分析对象的可见性进行选择；

第⑩栏"探测及时性级号 ADDR" 结合"损伤扩展敏感性"和"预定检查可见性"两栏的结果，根据表 5-16 填写；

第⑪栏"偶然损伤级号 ADR" 此栏为"敏感性级号 ADSR"与"探测及时性级号 ADDR"两栏之和。

(5) 重要结构项目环境损伤和偶然损伤检查要求确定记录表

重要结构项目环境损伤和偶然损伤检查要求确定记录表如表 5-22 所列。

表 5-22 重要结构项目环境损伤和偶然损伤检查要求确定记录

初始约定层次：			分析人员：			审核：			第 页·共 页		
约定层次：			图号：			批准：			填表日期：		

产品（项目）编码 ①	产品（项目）名称 ②	内部或外部项目 ③		SSI的材料 ④	一般环境损伤级号 GDR ⑤	应力腐蚀级号 SCR ⑥	环境损伤级号 EDR ⑦	偶然损伤级号 ADR ⑧	EDR 和 ADR 中较小的级号 ⑨	检查工作 ⑩			首检期 ⑪	检查间隔期 ⑫	维修级别 ⑫
		内部	外部							编号	类别	说明			

表 5-22 中各栏目的填写说明如下：

第①～④栏的说明与表 5-19 中同名列的说明相同。

第⑤栏"一般环境损伤级号 GDR" 填写表 5-19 第⑬栏对应内容。

第⑥栏"应力腐蚀级号 SCR" 填写表 5-20 第⑪栏对应内容。

第⑦栏"环境损伤级号 EDR" 此栏填写的是"一般环境损伤级号 GDR"和"应力腐蚀级号 SCR"两栏之较小者。

第⑧栏"偶然损伤级号 ADR" 填写表 5-21 第⑪栏对应内容。

第⑨栏"EDR 和 ADR 中较小的级号" 选择 EDR 和 ADR 两者较小的填写。

第⑩栏"检查工作" 根据所确定的"EDR 和 ADR 中较小的级号"，填写相应的维修相关信息。其中"编号"子栏填写维修工作编号，应与型号 RCMA 工作编号相协调；"类别"子栏填写维修工作分类，通常分为一般目视检查（GV）、详细目视检查（DV）、无损检测（NDT）；"说明"子栏填写维修工作说明。

第⑪栏"首检期" 首检期的确定参见 5.2.2 小节的"5.重要结构项目的评级与检查要求的确定"中的相关内容。

第⑫栏"检查间隔期" 检查间隔期的确定参见5.2.2小节的"5.重要结构项目的评级与检查要求的确定"中的相关内容。

第⑬栏"维修级别" 给出初定的维修级别。

(6) 重要结构项目分析记录汇总表

重要结构项目分析记录汇总表如表5-23所列。

表 5-23 重要结构项目分析记录汇总表

初始约定层次：　　　　　　分析人员：　　　　　　审核：　　　　　　第　页·共　页
约定层次：　　　　　　　　图号：　　　　　　　　批准：　　　　　　填表日期：

产品（项目）编码 ①	产品（项目）名称 ②	SSI 类别 ③		内部或外部项目 ④		故障模式编码 ⑤	FDR ⑥	EDR		ADR ⑨	维修工作 ⑩			首检期 ⑪	检查间隔期 ⑫	安全寿命 ⑬	维修级别 ⑭
		安全寿命或静强度	损伤容限或耐久性	内部	外部			GDR ⑦	SCR ⑧		编号	类型	说明				

注：表5-23中所有信息均可从表5-18至表5-22中相应同名栏中获取。

5.2.3 区域RCMA方法

对需做结构分析的大型装备或其他划分区域的大型装备来说，除了对重要功能产品（重要结构项目）应计划一定的维修工作以外，对于非重要功能产品（非重要结构项目）以及电缆、导管、接头等管线的状态，也应定期检查。因为它们除了有使用耗损以外，还会受到因维修临近装置而引起的偶然损伤。这种检查往往不是按产品组成，而是按结构区域划分进行的，故称为区域检查。它也可包括对重要功能产品和重要结构项目的一般目视检查。

区域RCMA在系统和设备以及结构RCMA的后期进行。区域检查一般为目视检查，适用于需划分区域的大型装备，其内容包括：

① 检查非重要产品（项目）的损伤；
② 检查由邻近产品（项目）故障引起的损伤；
③ 归并来自重要产品（项目）分析得出的一般目视检查。

区域RCMA方法的相关实施步骤如图5-8所示。

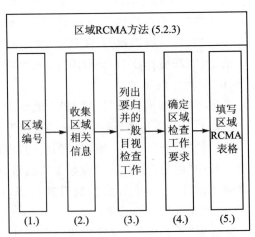

图 5-8 区域RCMA方法的实施步骤

1. 区域编号

进行区域RCMA工作的第一步是进行区域编号。它是把装备的内、外部按有关文件或订购方与承制方的协议划分为若干个区域并编号。例如，飞机一般被划分为大、中、小区三个层次的区域,整架飞机被划分为若干个大区,一个大区包括几个中区,一个中区又分为几个小区。按这种方式划分的每个区域的号码可用 3 位数字表示,其中百位数表示该区域所在的大区,十位数表示所在的中区,个位数表示小区。大区号码的十位数和个位数都是 0,中区号码的个位数是 0。如尾翼是大区,编号为 300;垂尾是中区,编号为 320;其方向舵是小区,编号为 324。舰船的编号原则也可与此类似。

装备应按有关文件或订购方与承制方的协议划分区域,以确定区域代码和区域工作顺序号。区域以自然的形式为界来划分,如按地板、隔板和外蒙皮划分。对于飞机来说,一般首先是根据飞机系统内的设备分布情况做一个较大范围的初步划分,然后根据相同区域或者相近区域内系统或设备的预防性维修工作类型、检查间隔期等,以最短路径或最短检查时间为原则,确定详细的区域检查路线。当然,这个过程需要明确飞机结构信息才能完成区域划分工作。

图 5-9 给出了飞机区域划分的一个示例。

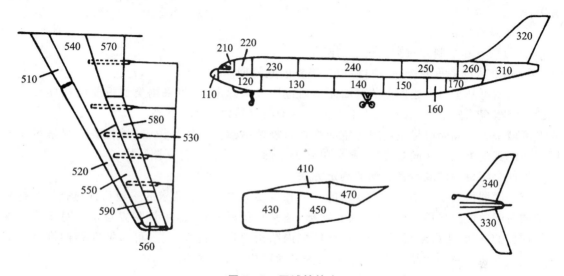

图 5-9 区域性检查

2. 收集区域相关信息

收集要分析区域的相关说明、有关区域检查工作确定的因素以及要归并入区域检查工作中的重要产品(项目)的一般目视检查工作。

(1) 区域说明

区域说明应包括区域的边界、区域内的产品与结构项目以及检查通道(需打开的口盖或需拆卸的临近产品与结构项目)。

(2) 有关区域检查工作确定的因素

有关区域检查工作确定的因素主要有以下几项:

① 密度。指区域内产品与结构项目的密集程度。它反映一个产品(项目)的故障会对本区域内临近产品(项目)产生影响的大小,也表示该区域内产品(项目)的可检性。

② 使用维修频度。指使用操作、例行检查和定期检查时进出某区域的频度。它用于衡量该区域内产品(项目)遭受偶然损伤的可能性。

③ 环境条件。表示区域周围损伤源的情况。它用于衡量区域内的产品(项目)因之而引

起损伤的可能性,如易被异物打伤、被腐蚀性液体腐蚀,以及由振动、受热、结冰引起损伤等。

④ 故障后果。指区域检查所能发现的故障对装备的最大可能影响。它表示区域的重要性。

3. 列出要归并的一般目视检查工作

列出从重要功能产品分析得出的一般性目视检查工作及其间隔期,并从中确定可归并入区域检查大纲的工作。对于其检查间隔期无法调整到与区域检查间隔期相一致的工作则不并入。

4. 确定区域检查工作要求

区域检查的检查间隔期可按以下四点确定:

① 区域产品(项目)的损伤可能性。这与产品(项目)的密度、维修频度和环境条件等因素有关。

② 故障后果。

③ 订购方和承制方对类似装备的经验。

④ 所并入的各重要产品(项目)检查工作的间隔期。

检查期可基于对上述四点的判断而不通过评级来确定,也可采用类似重要结构项目所使用的评级法。当然,这里的评级并不像重要结构项目的评级那样详细。

区域检查间隔期应尽量定得与定期检查间隔期一致。一般来说,区域检查应尽量与在该区域做的其他类型工作同时进行,避免单纯为了做区域检查而打开该区域。

下面介绍一种区域检查大纲的制定方法。

应在区域检查工作中并入重要功能产品和重要结构项目所要求的一般目视检查。检查间隔期的时间单位是采用飞行小时、飞行次数,还是日历时间单位,由订购方自定。对于只包含结构项目的区域,不必进行区域检查;该区域内结构项目的检查工作,可包括在结构维修大纲内。对于安装有系统产品的区域,应通过评级确定相应的检查期。

下面介绍检查间隔期的确定方法。

区域级号由密度、重要性(故障后果)和环境条件这 3 个因素的级号综合而成。每种级号分 1、2、3 和 4 四级,数值小的级别所对应的检查要求高。

可按表 5-24 来评定上述 3 个因素的级号。

表 5-24 区域检查要求的 3 个因素的评级

级 号	密 度	重要性	环境条件
1	区域产品(项目)的密度大	区域产品(项目)的故障后果大	由腐蚀、冷热或振动引起损伤的可能性大
2	区域产品(项目)的密度中	区域产品(项目)的故障后果中	由腐蚀、冷热或振动引起损伤的可能性中
3	区域产品(项目)的密度小	区域产品(项目)的故障后果小	由腐蚀、冷热或振动引起损伤的可能性小
4	区域产品(项目)的密度很小	区域产品(项目)的故障后果很小	由腐蚀、冷热或振动引起损伤的可能性很小

按表 5-25 把密度级号与重要性级号综合成密重级号。

表 5-25 区域密重级号的评定

密重级号 \ 密度级号 重要性级号	1	2	3	4
1	1	1	2	2
2	1	2	2	3
3	2	2	3	3
4	2	3	3	4

按表 5-26 把密重级号与环境级号综合成综合级号。

表 5-26 综合级号的评定

综合级号 \ 密重级号 环境级号	1	2	3	4
1	1	1	2	2
2	1	2	2	3
3	2	2	3	3
4	2	3	3	4

按表 5-27 根据综合级号确定检查间隔期。

表 5-27 检查间隔期与综合级号的对应表

综合级号	1	2	3	4
检查间隔期/工作次数	1 000	3 000	6 000	12 000

5. 填写区域 RCMA 表格

(1) FSI 和 SSI 工作区域检查表

通过填写 FSI 和 SSI 工作区域检查表 5-28 来完成该区域的 FSI 和 SSI 的并入工作。

表 5-28 FSI 和 SSI 工作区域检查表

初始约定层次：　　　　　分析人员：　　　　　审核：　　　　　第　页·共　页
约定层次：　　　　　　　图号：　　　　　　　批准：　　　　　填表日期：

区域名称 ①	区域编号 ②	SSI 工作名称 ③	FSI 工作名称 ④	维修间隔期 ⑤	是否并入 ⑥

表 5-28 中各栏目的填写说明如下：

第①栏"区域名称" 填写区域名称标识;
第②栏"区域编号" 填写区域编号;
第③栏"SSI 工作名称" 填写该区域中的 SSI 工作名称;
第④栏"FSI 工作名称" 填写该区域中的 FSI 工作名称;
第⑤栏"维修间隔期" 填写 SSI 或 FSI 工作的维修间隔期;
第⑥栏"是否并入" 填写"是"或"否","是"表示将 SSI 或 FSI 工作并入该区域检查工作中,反之为"否"。

(2) 区域检查分析表

通过填写区域检查分析表 5-29 来完成区域 RCMA 分析工作。

表 5-29 区域检查分析表

初始约定层次:　　　　分析人员:　　　　审核:　　　　第 页·共 页
约定层次:　　　　　　图号:　　　　　　批准:　　　　填表日期:

区域名称 ①	区域编号 ②	密度级号 ③				重要性级号 ④				环境条件级号 ⑤				综合级号 ⑥	检查工作要求 ⑦	检查间隔期 ⑧
		1	2	3	4	1	2	3	4	1	2	3	4			

表 5-29 中各栏目的填写说明如下:

第①,②栏的说明与表 5-28 中各同名栏的说明相同;

第③栏"密度级号" 区域内产品(项目)的密度级别编号,密度越大编号越小;

第④栏"重要性级号" 区域内产品(项目)的故障影响级别编号,影响越严重编号越小;

第⑤栏"环境条件级号" 区域内产品(项目)由腐蚀、冷热或振动引起损伤程度的编号,损伤程度越大编号越小;

第⑥栏"综合级号" 综合了密度级号、重要性级号和环境条件级号得出的级号;

第⑦栏"检查工作要求" 对该区域检查工作要求的说明;

第⑧栏"检查间隔期" 该区域的检查间隔期。

5.2.4 补充的 RCMA 工作

补充的 RCMA 工作包括例行检查、常规保养和过应力事件的检查。

(1) 例行检查

即日常检查,这里指在装备执行每日任务之前和之后(以及其间再次出动之前)进行的一般目视检查,以发现产品(项目)的外部明显故障或损伤,如松动、摩擦、过热、腐蚀、碰伤、泄露,等等。这类检查往往还包括一些简单的使用检查甚至功能检测工作,如车辆的例行检查中包括检查机油量、缓冲钢板、刹车磨损、轮胎磨耗程度,等等。

例行检查主要由承制方确定,通常按一定的检查路线进行,以提高检查效率。

(2) 常规保养

维修大纲还包括对产品(项目)的常规保养(含润滑)。从重要功能产品分析中所得出的保养工作,只是装备所需保养工作中的一小部分,而大部分的保养工作则由承制方根据类似装备的使用经验和工程判断作为常规工作提出,不需要做深入的分析。由于其费用往往很少,故也很少进行维修间隔期探索。

（3）过应力事件的检查

装备在使用中遇到过应力事件后,需做相应的检查,以确定有无引起损伤或故障。如车辆、火炮碰撞或翻倒后,飞机在野战机场着陆或在空中遇到风暴后,都要对结构进行检查;发动机在超温或超转后,也要做相应的检查。这类检查不仅仅限于一般目视检查,有时还需使用较高的检查等级。

5.2.5 RCMA 工作项目的确定

1. 维修工作项目的汇总

（1）系统和设备 RCMA 工作汇总

系统和设备预防性维修大纲汇总表如表 5-30 所列。该表是对所有系统和设备进行了前面所有的分析工作之后,对所得的结果进行汇总,主要用于协助分析人员对结果做进一步的分析,例如可根据间隔期进行排序,以确定相同间隔期的产品;或者根据工作区域排序,以对同一工作区域的产品调整维修间隔期,便于进行预防性维修工作等。

表 5-30 系统和设备预防性维修大纲汇总表

初始约定层次：　　　　分析人员：　　　　审核：　　　　第 页·共 页
约定层次：　　　　　　图号：　　　　　　批准：　　　　填表日期：

产品编码①	产品名称②	工作区域③	工作通道④	维修工作说明⑤	间隔期⑥	维修级别⑦

表 5-30 中各栏目的填写说明如下：
第①栏"产品编码"　填写分析对象的编码;
第②栏"产品名称"　填写分析对象的名称;
第③栏"工作区域"　填写该产品所在的区域;
第④栏"工作通道"　填写接近该产品的维修通道名称;
第⑤栏"维修工作说明"　填写维修工作类型、所需工具设备及注意事项等;
第⑥栏"间隔期"　填写维修工作间隔期;
第⑦栏"维修级别"　填写初定的维修级别。

（2）结构 RCMA 工作汇总

结构预防性维修大纲汇总表如表 5-31 所列。此表是对所有重要结构项目进行了前面所有的分析工作之后,对所得的结果进行汇总,主要用于协助分析人员对结果做进一步的分析,例如可根据检查间隔期进行排序,以确定相同间隔期的产品;或者根据检查区域排序,以对同一检查区域的产品调整维修间隔期,便于进行预防性维修工作。

表 5-31 结构预防性维修大纲汇总表

初始约定层次：　　　　分析人员：　　　　审核：　　　　第 页·共 页
约定层次：　　　　　　图号：　　　　　　批准：　　　　填表日期：

项目编码 ①	项目名称 ②	检查区域 ③	检查通道 ④	检查工作说明 ⑤	首检期 ⑥	检查间隔期 ⑦	维修级别 ⑧

表 5-31 中各栏目的填写说明如下：

第①栏"项目编码"　填写分析对象的编码；

第②栏"项目名称"　填写分析对象的名称；

第③栏"检查区域"　填写该项目所在的区域；

第④栏"检查通道"　填写接近该项目的维修通道名称；

第⑤栏"检查工作说明"　填写领先使用检查、维修间隔期探索要求及注意事项；

第⑥栏"首检期"　填写检查工作首检期；

第⑦栏"检查间隔期"　填写检查工作间隔期；

第⑧栏"维修级别"　填写初定的维修级别。

(3) 区域 RCMA 工作汇总

区域预防性维修大纲汇总表如表 5-32 所列。此表是对所有区域进行了前面所有的分析工作之后，对所得的结果进行汇总，主要用于协助分析人员对结果做进一步的分析。

表 5-32 区域预防性维修大纲汇总表

初始约定层次：　　　　分析人员：　　　　审核：　　　　第 页·共 页
约定层次：　　　　　　图号：　　　　　　批准：　　　　填表日期：

区域编码 ①	区域名称 ②	归并入的重要设备 （结构）检查工作项目名称 ③	检查通道 ④	检查工作说明 ⑤	间隔期 ⑥	维修级别 ⑦

表 5-32 中各栏目的填写说明如下：

第①栏"区域编码"　填写分析对象的编码；

第②栏"区域名称"　填写分析对象的名称；

第③栏"归并入的重要设备（结构）检查工作项目名称"　填写该区域内归并执行的重要设备（结构）检查工作项目；

第④栏"检查通道"　填写接近该项目的维修通道名称；

第⑤栏"检查工作说明"　填写检查工作条件及注意事项；

第⑥栏"间隔期"　填写检查工作间隔期；

第⑦栏"维修级别"　填写初定的维修级别。

2. 维修工作的组合

维修工作组合是把各项维修工作按尽可能少的几种间隔期加以组合形成预防性维修大

纲。以下介绍组合的基本步骤。

（1）确定工作组合的形式及其间隔期

维修工作组合形式的选用主要考虑部队现行的装备维修制度。最常见的组合形式是定期检查。

定期检查分为间隔期长短不同的几级，往往上下两级定期检查的间隔期之间一定有整数倍的关系，上一级定期检查的内容包括下一级定期检查的内容以及其他内容。间隔期最长的大检查在基地级维修级别进行，它相应于或可替代通常所谓的大修（或翻修）。其余各级定期检查一般都在基层级进行，有的也可在中继级进行。有时，定期检查的等级可用英语字母或其他符号表示。如 A 检、C 检、D 检，其中 A 检的间隔期最短，D 检的最长。D 检相应于大检查。定期检查的间隔期主要根据装备的设计使用寿命和费用较高的预防性维修工作来确定。一般把装备的整个设计使用寿命划分为几个（通常为 3～4 个）大检查期，然后再在大检查期内根据倍数关系和费用较高的预防性维修工作来确定下级定期检查的间隔期。

有的使用部门为了使在部队进行的各级定期检查的工作量均匀化，以减少因定期检查而产生的停机时间上的波动，把除大检查以外的各级定期检查的内容组合成工作量大体相同的"检查阶段"，以代替除大检查以外的各级定期检查。阶段检查也分大小两级，一个大检查期可划分为几个大阶段，每个大阶段又分为几个小阶段。

对于数量极少而又需要每天执行任务的装备来说，甚至可以把除大检查以外的所有计划维修工作部分都分散在每天夜间进行。

定期检查间隔期的时间单位，对系统和设备维修大纲来说，一般采用使用小时（里程）；对结构维修大纲来说，可以采用使用次数或日历时间，也可以将使用次数或日历时间按使用小时（里程）进行折合，统一按使用小时（里程）计。

（2）归并组合

可以把系统、结构和区域三部分分析得出的各项计划维修工作中工作间隔期相近的工作进行组合。但是对于系统部分从安全后果和任务后果分支分析得出的工作以及结构部分的重要结构项目的详细目视检查和无损检测，只能并入其间隔期不长于所分析间隔期的工作组合，以确保使用安全和任务的完成。必要时，个别工作的间隔期也可以单列。

重要功能项目的一般目视检查工作通常归入区域检查大纲，而重要结构项目的一般目视检查则可归入也可不归入区域检查大纲。

这一步完成后，把系统、结构和区域三部分组合好的工作及其间隔期分别填入相应部分的预防性维修大纲汇总表中。

通常，工作组合的间隔期和许多计划维修工作的间隔期开始时订得偏保守些，但可以在使用中经过探索加以延长。在延长工作组合的间隔期时，要审查组合的各项工作的间隔期，看有无潜力能随之延长。如果某项工作的间隔期已达到了最大限度而不能随之延长，则就要归入间隔期较短的工作组合内。对于结构部分的损伤容限或耐久性重要结构项目来说，如果其疲劳损伤检查要求是通过环境损伤和偶然损伤检查要求满足的，则还要做这样的审查，即环境损伤和偶然损伤的检查间隔期随工作组合延长后，疲劳损伤检查要求是否还能通过这两类损伤的检查要求来得到满足，如果不能，则要么另外增加疲劳损伤检查要求，要么把该结构项目的环境损伤和偶然损伤的检查要求归入间隔期较短的工作组合。

(3) 列出工作组合中的内容

列出各级工作组合中所包含的各项计划维修工作,以便进一步落实成维修文件,如维护规程和工作卡等。

5.2.6 输出 RCMA 报告

RCMA 报告包括各部分分析表格的内容以及装备预防性维修大纲。预防性维修大纲包括:

① 前言　包括范围、用途、一般说明、预防性维修工作类型及其简要说明、维修工作组合的间隔期等;

② 例行检查要求　包括检查路线、检查工作编号、间隔期、检查区域、检查通道、检查说明、维修工作、过应力事件后的检查要求等;

③ 常规保养要求　包括工作编码、间隔期、工作区域、工作通道、工作说明、参照图号、工时、适用范围等;

④ 系统和设备预防性维修大纲　包括产品编码、产品名称、产品所在区域、工作通道、工作说明(维修工作类型、所需工具设备等)、维修间隔期、维修级别等;

⑤ 结构预防性维修大纲　包括结构项目编码、项目名称、项目所在区域、检查通道、首检期与检查间隔期、检查工作说明(包括领先使用检查或维修间隔期探索要求)、维修级别等;

⑥ 区域检查大纲　包括区域编码、区域名称、检查通道、并入的重要功能产品(或者还有重要结构项目)工作、检查间隔期、检查工作说明等;

⑦ 附录　根据需要可包括术语、区域划分、维修通道编码、大纲制定组织,等等。

5.2.7 RCMA 的要点

1. 系统和设备 RCMA 的要点

(1) 方法的剪裁

本章给出的系统和设备 RCMA 方法是从装备通用角度综合考虑提出来的,具有一般性,其逻辑决断图的分支和预防性维修工作类型的划分都较细。但若对每一具体的装备盲目地照搬该方法,则不一定是最佳的。例如对于某些简单的设备,也许就不需要这样复杂的分析方法和逻辑决断图。所以,在应用本标准时,一般需根据具体装备的特点进行剪裁,以获得最适用于该装备的 RCMA 方法。剪裁包括了分析步骤的剪裁,可删减某些步骤或将这些步骤合并;还包括逻辑决断图的剪裁,逻辑决断图的剪裁包括故障影响种类的剪裁和维修工作类型的剪裁。例如,对于某些装备,也许安全性影响和任务性影响对该装备来说是同等重要的,则可将故障影响分为 4 类,而不是标准中的 6 类;对于维修工作类型,在本章中给出了较为齐全的工作类型,但有的工作类型对某种装备也许根本不适用,所以在应用时可删减。

(2) 重要功能产品选择的层次

重要功能产品选择的层次对后续的分析工作影响甚大。层次过高往往容易由于其产品的功能及故障模式过多而造成遗漏;层次太低又不宜于分析产品故障对装备整体的影响,也不便于管理。所以选择的层次应当适中,一般来说,应在产品的最低管理层次上确定重要功能产品。

(3) 故障模式和影响分析

在对重要功能产品进行 FMEA 时,应注意到所需分析的内容并不只是产品的主要功能,而是全部功能及所有的故障模式和原因,甚至还包括从未出现但有理由认为它有可能出现的故障模式和原因。这是因为若遗漏了某些故障模式和原因,则不可能找到针对这些模式和原因的最佳维修对策,从而造成不必要的损失。

(4) 隐蔽功能故障与明显功能故障的划分

进入逻辑决断分析后,遇到的第一个问题就是将重要功能产品的功能故障划分为明显的功能故障和隐蔽的功能故障,这对以后分析工作的影响甚大,尤其当将隐蔽功能故障错划为明显功能故障时,则有可能导致灾难性的后果,所以必须慎重。根据定义,其故障能为正常操作的操作人员所觉察则为明显功能故障,反之则为隐蔽功能故障。也许可以说装备中几乎所有的故障都可以由操作人员觉察到,但觉察的时机很重要。例如对于两冗余的系统,当一个通道发生故障时就能觉察到该通道发生了故障,这与两个通道都发生故障后才能觉察到系统发生了故障有明显的区别,所以必须注意。判别是否为隐蔽功能故障要考虑故障发生后能否立即由操作人员觉察到。在许多装备中设有指示冗余系统发生故障的指示器,因此还应注意分析对象。若所分析的是系统故障,则可认为该故障为明显功能故障,因为一旦该系统发生故障就会有指示器向操作人员告警;但若所分析的对象是系统中某个冗余通道的故障,则不能将其认为是明显功能故障,而应划为隐蔽功能故障,因为当只是该通道发生故障时并没有故障指示,也就是说操作人员是不知道的。

(5) 明显功能故障安全性影响的确定

明显功能故障安全性影响定义为该故障直接影响装备的安全。这里必须强调"直接",所谓"直接",这里指的是故障本身就会影响安全,而不是与其他故障综合后影响安全。在过去的分析中曾有过这样的误解,即将有多余度系统的最后一个余度分系统或部件的故障认为是有直接的安全性影响。例如,将飞机电源系统中的应急电源故障判为故障有安全性影响。其理由是应急电源一旦启用,说明主电源和备用电源都已发生了故障,这样一旦应急电源发生故障,则会"直接"影响飞机的安全。但这种考虑实际上忽略了这样一个条件:既然应急电源启用是在主电源和备用电源故障以后,所以此时应急电源故障后所造成的影响,实际上是主电源、备用电源和应急电源三者故障综合的影响,而不是应急电源故障直接的影响,试想若仅是应急电源发生故障,而主电源和备用电源正常,那么是否会导致安全性后果?回答显然是否定的。因此,在确定明显功能故障安全性影响时应注意:一般具有这种影响的产品都是装备中必不可少且无余度的项目。在确定明显功能故障任务影响时也应注意这个问题。

(6) 操作人员监控、功能检测工作的适用性

操作人员监控工作的目的是通过操作人员来监控装备的状态,发现潜在故障,以防止功能故障。所以在选择该工作时,一定要注意操作人员能否觉察到产品的潜在故障,而不是功能故障。显而易见,若操作人员仅能觉察到产品的功能故障,则通过该工作是无法起到防止功能故障的作用的。对于功能检测工作也应注意这样的问题。功能检测工作的目的是通过检查来确定产品是否发生了潜在故障,以防止功能故障的发生。若检查只能查出产品是否发生了功能故障,则该工作是不适用的。在过去的分析中曾有过这样的情况,所定下来的功能检测工作只能探测出产品的功能故障,而探测不到潜在故障,这样就达不到预防功能故障的目的。实际上这是由于没有完全理解该类工作的适用性准则造成的。

2. 结构 RCMA 的要点

与系统和设备 RCMA 方法相比,结构的预防性维修分析工作的要点如下。

(1) 要进行预防性维修工作的范围较宽

对于其故障会有安全性或任务性后果的结构项目,当然要进行预防性维修;对于其他结构项目,当其中绝大多数项目的损伤不能在装备的操作过程中发现时,为了及早发现以便易修省钱,所以也要求进行一定的预防性维修。

(2) 适用的预防性维修工作类型比较单一

由于目前设计的结构不便于拆卸,修理通常是采用加强措施而不采用更换(飞机起落架等可拆的项目例外),因此适用的预防性维修工作类型只有两种:检测(查)和对安全寿命结构项目的定时报废。检查分为一般目视检查、详细目视检查和无损检测 3 级,后两级也可合成为针对性检查。一般目视检查指对内、外部结构项目明显损伤的一般性目视检查。详细目视检查指对内、外重要结构项目的细微损伤的细致目视检查,可能需用镜子、手持放大镜、较强的照明等辅助检查手段,还可能要求拆除待检项目前面的遮蔽物,和做待检项目的表面清洁与处理。无损检测指用适用的无损检测技术进行检查(包括用高倍放大镜、超声、涡流、磁力、X 射线等)。

(3) 工作重点

制定结构维修大纲时的注意力不是集中在确定所使用的工作类型,而是在于确定恰当的检查等级及其相应的检查间隔期,因而所用的分析方法和逻辑决断图与系统所用的不同。其分析原理是根据设计资料、试验结果和类似结构的使用经验,按照结构项目的故障后果以及对损伤的敏感性和损伤的可检性,比较各个检查等级及其相应间隔期的有效性,以最有效的组合方案来确定结构维修大纲。

3. 区域及补充 RCMA 的要点

(1) 注意在区域检查工作中归并入设备及结构产品的目视检查工作

在进行区域 RCMA 时,除了关注该区域内的非重要设备及结构产品外,为了提高维修工作效率,减少不必要的停机时间,还要注意将安放于该区域的重要设备及结构产品的一般目视检查和详细目视检查工作归并入该区域的 RCMA 工作中。

(2) 注意合理确定过应力事件的检查等级

对于补充工作而言,尤其是对于例行检查和常规保养工作而言,通常其检查深度比较有限,检查时间较短;但是对于过应力事件的检查,通常要视其具体的过应力损伤而定,不能仅局限于一般目视检查,对于可能危害安全和任务的过应力检查的深度,要以排除对装备安全和完成任务的潜在威胁为首要考虑因素。

5.3 RCMA 的应用案例

5.3.1 案例 1:系统和设备 RCMA

以某型飞机液压刹车系统的部分 RCMA 数据为例,对系统和设备 RCMA 过程进行示意性说明。

(1) 准备工作

该液压刹车系统的功能是向刹车传动装置(包括飞行员的手动刹车)提供液压控制功能。液压刹车系统提供从刹车控制板到轮胎刹车器的机械控制回路,由一个主用分系统和一个备用分系统组成。主用分系统由右液压系统提供液压源,备用分系统由左液压系统提供液压源,刹车蓄压器也由右液压系统通过变换器提供液压源。自动刹车装置在收回起落架时制动主轮的转动,该装置通过备用刹车主控活门使用左液压系统的液压源。系统概况如表5-33所列。

表 5-33 某型飞机液压刹车系统概况记录表

初始约定层次：某型飞机　　　分析人员：×××　　　审核：×××　　　第1页·共1页
约定层次：液压系统　　　图号：32-41-01　　　批准：×××　　　填表日期：2009年10月10日

产品标志编码	产品名称	产品件号	产品工作单元编码	区域	功能说明	备注
32-41	液压刹车系统	41	AAB	起落架区域	液压刹车系统提供从刹车控制板到轮胎刹车器的机械控制回路,由一个主用分系统和一个备用分系统组成。主用分系统由右液压系统提供液压源,备用分系统由左液压系统提供液压源,刹车蓄压器由右液压系统通过变换器提供液压源。备用刹车选择阀在右液压系统压力丧失时保护系统,液压保险提供漏液时的保护。自动刹车装置在收回起落架时制动主轮的转动。左液压系统通过刹车主控活门向该分系统提供液压。液压刹车系统由机械控制回路、主控活门、滑动活门、刹车防滑装置活门、液压保险、刹车装置和自动刹车选择阀组成	无

(2) 确定重要功能产品

根据液压刹车系统功能说明,可知其功能故障可能会导致安全性及任务性影响,故将其确定为重要功能产品。

(3) 进行 FMEA

液压刹车系统的故障模式和影响分析如表5-34所列。

(4) 进行逻辑决断

液压刹车系统的逻辑决断过程如表5-35所列。

液压刹车系统预防性维修工作适用性和有效性判断的数据来自于相似产品数据,详见表5-36和表5-37。

(5) 预防性维修间隔期确定

根据分析人员的工程经验确定了相关预防性维修工作及其间隔期,如表5-35所列。

(6) 结　论

经过对液压刹车系统进行系统和设备 RCMA,得到了某型飞机液压刹车系统的 RCMA 工作汇总记录,详见表5-38。

表 5-34 某型飞机液压刹车系统 FMEA 表

分析人员：×××　　审核：×××　　第 1 页·共 1 页
图号：×××　　批准：×××　　填表日期：2009 年 10 月 10 日
约定层次：32-41-01

初始约定层次：某型飞机
约定层次：刹车系统

产品标志编码	产品名称	功能编号	功能说明	功能故障代码	功能故障	故障模式编号	故障模式	任务阶段与工作方式	故障影响 - 本身影响	故障影响 - 对上一层的影响	故障影响 - 最终影响	故障检测方法	使用补偿措施	故障模式频数比
32-41	液压刹车系统	1	将刹车命令传到刹车主控活门	A	刹车命令不能到达主控活门	1	机械控制路卡住或断开	着陆	不正确的刹车系统响应	丧失刹车的一个余度	限制飞机的使用	BIT	使用检查	0.2
		2	向刹车系统提供液压源	A	不能向刹车系统提供液压	1	主控活门故障	着陆	不正确的刹车系统响应	丧失刹车的一个余度	限制飞机的使用	BIT	使用检查	0.18
		3	对各轮胎提供适当的刹车力	A	不能提供备用刹车系统	1	刹车器故障	着陆	降低刹车能力	丧失刹车的一个余度	限制飞机的使用	BIT	使用检查	0.22
						2	保险定位							
						3	刹车防滑装置活门由于故障打开							
						4	滑动活门故障							
		4	起落架收回刹车	B	刹车响应	1	刹车器不能松	着陆	刹车器锁死	系统故障	飞机不能正常起飞	BIT	使用检查	0.1
						1	车轮收回刹车传动装置故障	着陆	车轮收回时不转动	系统故障	飞机不能正常起飞	BIT	使用检查	0.15
		5	提供漏液时的保护	A	不能保护	1	液压保险不工作	着陆	不能在漏液时保护	系统故障	飞机不能正常起飞	BIT	功能检测	0.05
		6	在主用分系统故障时提供备用刹车系统	A	不能提供备用刹车系统	1	自动刹车选择活门故障	着陆	不能起用备用系统	丧失备用系统	可能影响使用	BIT	功能检测	0.1
						2	备用刹车主控活门故障							

第5章 以可靠性为中心的维修分析（RCMA）

表5-35 某型飞机液压刹车系统逻辑决断分析记录表

初始约定层次：某型飞机
约定层次：刹车系统

分析人员：×××
审核：×××
批准：×××

图号：32-41-01

第1页·共1页
填表日期：2009年10月10日

产品标志编码	产品名称	FFM	故障影响					决断逻辑回答（Y或N）																预防性维修工作类型	工作周期
								安全影响						任务影响						经济影响						
			1	2	3	4	5	A	B	C	D	E	F	A	B	C	D	E	F	A	B	C	D	E		
32-41	液压刹车系统	1A1	Y	N	Y	—	—	—	—	—	—	—	—	N	N	Y	—	—	—	N	Y	—	—	—	使用检查	C
		2A1	Y	N	Y	—	—	—	—	—	—	—	—	N	N	N	Y	—	—	N	Y	—	—	—	定时报废	C
		3A1	N	—	—	N	N	—	—	—	—	—	—	—	—	—	—	—	—	N	Y	—	—	—	使用检查	C
		3A2	N	—	—	N	N	—	—	—	—	—	—	—	—	—	—	—	—	N	Y	—	—	—	使用检查	C
		3A3	N	—	—	N	N	—	—	—	—	—	—	—	—	—	—	—	—	N	Y	—	—	—	使用检查	C
		3A4	N	—	—	N	N	—	—	—	—	—	—	—	—	—	—	—	—	N	Y	—	—	—	使用检查	C
		3B1	N	—	—	N	Y	N	N	N	N	N	N	Y	—	—	—	—	—	—	—	—	—	—	定时报废更换	C
		4A1	N	—	—	N	N	—	—	—	—	—	—	—	—	N	N	N	Y	—	—	—	—	—	定时报废更换	C
		5A1	N	—	—	N	Y	—	—	—	—	—	—	N	Y	—	—	—	—	—	—	—	—	—	使用检查	C
		6A1	N	—	—	N	Y	—	—	—	—	—	—	N	Y	—	—	—	—	—	—	—	—	—	使用检查	C
		6A2	N	—	—	N	Y	—	—	—	—	—	—	N	Y	—	—	—	—	—	—	—	—	—	使用检查	C

注：A、C、D为定期检查的类别，1D相当于40A相当于4C相当于1/4的飞机设计使用寿命。

表 5-36 某型飞机液压刹车系统使用检查分析记录表

分析人员：×××　　审核：×××　　第1页·共1页
图号：32-41-01　　批准：×××　　填表日期：2009年10月10日

初始约定层次：某型飞机
约定层次：刹车系统

产品编码	故障原因编码	故障后果	维修工作适用性		维修工作说明	维修间隔期	维修级别	安全/任务		经济	维修工作是否适用和有效
			探测产品故障的方法					故障的概率	故障的可接受水平	有无经济效果	
32-41	1A1	明显任务性	目视检查		目视检查前机械控制路径	C	Ⅰ级	0.001	0.005	—	是
	3A1	隐蔽经济性	目视检查		目视检查刹车装置的反应	C	Ⅰ级	—	—	是	是
	3A2	隐蔽经济性	目视检查		目视检查刹车保险的可用性	C	Ⅰ级	—	—	是	是
	3A3	隐蔽经济性	目视检查		目视检查刹车防滑装置的可用性	C	Ⅰ级	—	—	是	是
	3A4	隐蔽经济性	目视检查		目视检查滑动阀门的可用性	C	Ⅰ级	0.003	0.01	—	是
	6A1	隐蔽任务性	运行检验		系统检查是否完好地启动刹车用刹车	C	Ⅰ级	0.007	0.01	—	是
	6A2	隐蔽任务性	运行检验		系统检查是否完好地启动刹车用刹车	C	Ⅰ级	—	—	—	是

表 5-37 某型飞机液压刹车系统定时拆修或定时报废分析记录表

分析人员：×××　　审核：×××　　第1页·共1页
图号：32-41-01　　批准：×××　　填表日期：2009年10月10日

初始约定层次：某型飞机
约定层次：刹车系统

产品编码	故障原因编码	故障后果	维修工作适用性			维修工作说明	维修间隔期	维修级别	安全/任务		经济	维修工作是否适用和有效
			产品的耗损期或寿命	产品工作至耗损期的残存比	能否将产品修复到规定状态				故障的概率	故障的可接受水平	有无经济效果	
32-41	2A1	明显任务性	5年	0.95	是	定时报废更换	C	Ⅰ级	0.0005	0.001	—	是
	3B1	隐蔽任务性	5年	0.99	是	定时报废更换	C	Ⅰ级	0.0003	0.001	—	是
	4A1	隐蔽经济性	5年	0.9	是	定时报废更换	C	Ⅰ级	—	—	是	是
	5A1	隐蔽经济性	5年	0.9	是	定时报废更换	C	Ⅰ级	—	—	是	是

表 5-38　某型飞机液压刹车系统预防性维修工作及其间隔期汇总表

初始约定层次：某型飞机　　分析人员：×××　　审核：×××　　第 1 页·共 1 页

约定层次：液压系统　　　　图号：32-41-01　　批准：×××　　填表日期：2009 年 10 月 10 日

产品编码	产品名称	故障模式编码	工作区域	工作通道	维修工作说明	间隔期	维修级别
32-41	液压刹车系统	1A1	起落架区域	701	目视检查前机械控制路径	C	—
		2A1	起落架区域		定时报废更换		
		3A1	起落架区域		目视检查刹车装置的反应		
		3A2	起落架区域		目视检查保险的可用性		
		3A3	起落架区域		目视检查刹车防滑装置的可用性		
		3A4	起落架区域		目视检查滑动阀门的可用性		
		3B1	起落架区域		定时报废更换		
		4A1	起落架区域		定时报废更换		
		5A1	起落架区域		定时报废更换		
		6A1	起落架区域		系统检查是否完好地启动了备用刹车		
		6A2	起落架区域				

5.3.2　案例 2：结构 RCMA

某型飞机平尾抗扭盒，所在区域编号为 330，对其 7 个外部结构项目进行 RCMA，通过逻辑决断和评级确定了相应的环境损伤和偶然损伤检查要求。

(1) 准备工作

1) 结构概况

平尾抗扭盒外部结构包括 2 处加强壁板，3 处翼展蒙皮拼接板，以及抗剪角撑的翼肋处蒙皮和抗剪角的翼肋处蒙皮。

2) 结构功能

在翼展蒙皮拼接板中，后梁连接蒙皮拼接板和前梁连接蒙皮拼接板所承受的压力较大，其余项目所承受的压力较小。

(2) 确定重要结构项目

这些结构项目均为某型飞机的重要承力部件，其功能故障有严重安全性后果，故全部确定为重要结构项目。详见表 5-39。

(3) 进行 FMEA

由于这些结构部件的功能相对单一，功能都是承受机械力载荷，故 FMEA 过程略。

(4) 应用逻辑决断图确定预防维修工作

这里仅对环境损伤和偶然损伤进行 RCMA。故应用逻辑决断图只需确定环境损伤和偶然损伤检查要求。

表 5-39　某型飞机平尾抗扭盒重要结构产品（项目）概况表

初始约定层次：某型飞机　　分析人员：×××　　审核：×××　　第1页·共1页
约定层次：平尾抗扭盒外部结构　　图号：01-100-01　　批准：×××　　填表日期：2009年10月10日

产品（项目）编码	产品（项目）名称	产品（项目）件号	产品（项目）工作单元编号	区域编号	功能说明	备注
01	加强壁板	无	206-1	330	无	该组项目为平尾主抗扭盒的外部上表面Ⅰ
02	加强壁板	无	206-2	330	无	—
03	翼展蒙皮拼接板	无	206-3	330	无	—
04	翼展蒙皮拼接板	无	206-4	330	无	—
05	翼展蒙皮拼接板	无	206-5	330	无	—
10	抗剪角撑的翼肋处蒙皮	无	206-6	330	无	—
11	抗剪角的翼肋处蒙皮	无	206-7	330	无	—

（5）重要结构项目评级

1）一般损伤级号（GDR）的确定

因环境影响类型为地面水、酸碱性灰尘类，表面防护有油漆层，故按表5-11，一般环境损伤敏感性 GDSR=2。

因系外部项目，检查时损伤的可见性好，暴露于有害环境的可能性中等，故按表5-12，一般环境损伤探测及时性 GDDR=3。

因此，一般损伤级号 GDR 为

$$GDR = GDSR + GDDR = 2 + 3 = 5$$

2）应力腐蚀级号（SCR）的确定

因材料对应力腐蚀不敏感，表面防护有油漆层，故按表5-13，应力腐蚀敏感性 SCSR=3。
因可见性好，且为简单组件，但难加工，故按表5-14，应力腐蚀探测及时性 SCDR=3。
因此，应力腐蚀级号 SCR 为

$$SCR = SCSR + SCDR = 3 + 3 = 6$$

3）环境损伤级号（EDR）的确定

EDR 为 GDR 和 SCR 中较小的一个，即 EDR=5。

4）偶然损伤级号（ADR）的确定

因所受的应力较小，故损伤后的剩余强度中等，损伤可能性中等，故按表5-15，偶然损伤敏感性 ADSR=2。

因所受应力较小，故损伤扩展的敏感性中等；又因可见性好，故按表5-16，偶然损伤探测及时性 ADDR=3。

因此，偶然损伤级号 ADR 为

$$ADR = ADSR + ADDR = 2 + 3 = 5$$

对于项目03，因所受的应力较大，故损伤后的剩余强度低，损伤可能性中等，则按表5-15有 ADSR=1。因所受的应力较大，故损伤扩展的敏感性大；又因可见性好，则按表5-16有 ADDR=2。故项目"03"的 ADR 为

$$ADR = ADSR + ADDR = 1 + 2 = 3$$

7个项目的评级结果详见表 5-40~表 5-43。

表 5-40　某型飞机平尾抗扭盒重要结构项目(SSI)一般环境损伤评级表

初始约定层次：某型飞机　　　分析人员：×××　　　审核：×××　　　第1页·共1页
约定层次：平尾抗扭盒外部结构　图号：01-100-01　　批准：×××　　　填表日期：2009 年 10 月 10 日

项目编码	项目名称	内部或外部项目		SSI的材料	环境类型			表面防护			敏感性级号GDSR	损伤可能性			检查可见性			可探测性级号GDDR	一般环境损伤级号GDR	GDR因材料的修正值	修正后的GDR
		内部	外部		严酷	中等	其他	差	中	好		大	中	小	差	中	好				
01	无		√	硬铝			√		√		2		√				√	3	5	—	5
02	无		√	硬铝			√		√		2		√				√	3	5	—	5
04	无		√	硬铝			√		√		2		√				√	3	5	—	5
10	无		√	硬铝			√		√		2		√				√	3	5	—	5
11	无		√	硬铝			√		√		2		√				√	3	5	—	5
03	无		√	硬铝			√		√		2		√				√	3	5	—	5
05	无		√	硬铝			√		√		2		√				√	3	5	—	5

表 5-41　某型飞机平尾抗扭盒重要结构项目(SSI)应力腐蚀评级表

初始约定层次：某型飞机　　　分析人员：×××　　　审核：×××　　　第1页·共1页
约定层次：平尾抗扭盒外部结构　图号：01-100-01　　批准：×××　　　填表日期：2009 年 10 月 10 日

项目编码	项目名称	内部或外部项目		SSI的材料	材料敏感性			表面防护			敏感性级号SCSR	内应力可能性			检查可见性			探测及时性级号SCDR	应力腐蚀级号SCR
		内部	外部		大	中	小	差	中	好		大	中	小	差	中	好		
01	无		√	硬铝		√			√		3		√				√	3	6
02	无		√	硬铝		√			√		3		√				√	3	6
04	无		√	硬铝		√			√		3		√				√	3	6
10	无		√	硬铝		√			√		3		√				√	3	6
11	无		√	硬铝		√			√		3		√				√	3	6
03	无		√	硬铝		√			√		3		√				√	3	6
05	无		√	硬铝		√			√		3		√				√	3	6

表 5-42 某型飞机平尾抗扭盒重要结构项目(SSI)偶然损伤评级表

初始约定层次：某型飞机　　分析人员：×××　　审核：×××　　第1页·共1页
约定层次：平尾抗扭盒外部结构　　图号：01-100-01　　批准：×××　　填表日期：2009年10月10日

项目编码	项目名称	内部或外部项目 内部	内部或外部项目 外部	SSI的材料	损伤可能性 大	损伤可能性 中	损伤可能性 小	损伤后剩余强度 差	损伤后剩余强度 中	损伤后剩余强度 好	敏感性级号 ADSR	损伤扩展 大	损伤扩展 中	损伤扩展 小	检查可见性 差	检查可见性 中	检查可见性 好	探测及时性级号 ADDR	偶然损伤级号 ADR
01	无		√	硬铝		√			√		2		√				√	3	5
02	无		√	硬铝		√			√		2		√				√	3	5
04	无		√	硬铝		√			√		2		√				√	3	5
10	无		√	硬铝		√			√		2		√				√	3	5
11	无		√	硬铝		√			√		2		√				√	3	5
03	无		√	硬铝		√			√		1	√					√	2	3
05	无		√	硬铝		√			√		1	√					√	2	3

表 5-43 某型飞机平尾抗扭盒重要结构项目(SSI)环境损伤和偶然损伤检查要求确定表

初始约定层次：某型飞机　　分析人员：×××　　审核：×××　　第1页·共1页
约定层次：平尾抗扭盒外部结构　　图号：01-100-01　　批准：×××　　填表日期：2009年10月10日

项目编码	项目名称	内部或外部项目 内部	内部或外部项目 外部	SSI的材料	一般环境损伤级号 GDR	应力腐蚀级号 SCR	环境损伤级号 EDR	偶然损伤级号 ADR	EDR和ADR中较小的级号	检查工作 编号	检查工作 种类	检查工作 说明	首次检查期	重复检查间隔期	维修级别
01	无		√	硬铝	5	6	5	5	5	01	GV		C	C	—
02	无		√	硬铝	5	6	5	5	5	01	GV		C	C	—
04	无		√	硬铝	5	6	5	5	5	02	GV		C	C	—
10	无		√	硬铝	5	6	5	5	5	02	GV		C	C	—
11	无		√	硬铝	5	6	5	5	5	02	GV		C	C	—
03	无		√	硬铝	5	6	5	3	3	03	DV		C	C	—
05	无		√	硬铝	5	6	5	3	3	04	DV		C	C	—

(6) 维修间隔期的确定

表 5-44 是该结构区的 EDR、ADR 与检查要求的对应表。按 EDR 和 ADR 中较小的一个来确定对环境损伤和偶然损伤的检查要求。

表 5-44 某型飞机平尾抗扭盒环境损伤和偶然损伤检查要求的确定

EDR/ADR	一般目视		详细目视		无损检测
	外部项目	内部项目	外部项目	内部项目	
1	—	—	2A	2A	D
2	—	—	5A	5A	D
3	C	C	C	C	D
4	2C	2C	—	2C 或 D	—
5	2C	D	—	—	—
6	2C	D,轮检 5%①	—	—	—
7	2C	D,轮检 5%①	—	—	—

注：① 承拉项目，轮流检查 5%；承压项目，轮流检查 10%。

在该结构项目中，项目编号为"03"和"05"的结构零件的 ADR 为 3，小于 EDR；故用 ADR 按表 5-44 来确定检查要求，宜以 C 检的间隔期做详细目视检查。其余项目的 EDR 和 ADR 均为 5，按表 5-44，本来可按 2C 的间隔做一般目视检查，但因统一区域内的项目 03 和 05 要以 C 检的间隔期做详细目视检查，故这些项目也以 C 检的间隔期做一般目视检查。7 个项目的检查均不分首检期和检查间隔期。

(7) 结 论

通过对某型飞机平尾抗扭盒外部结构进行 RCMA，确定了其预防性维修工作类型，详细工作要求如表 5-45 所列。

表 5-45 某型飞机平尾抗扭盒结构 RCMA 维修工作项目汇总表

初始约定层次：某型飞机　　　分析人员：×××　　　审核：×××　　　第 1 页·共 1 页
约定层次：平尾抗扭盒外部结构　图号：01-100-01　　　批准：×××　　　填表日期：2009 年 10 月 10 日

项目编码	项目名称	检查区域	检查通道	检查工作说明	首检期	检查间隔期	维修级别
01	加强壁板	334	500	一般目视检查(GV)	C	C	—
02			500				
03	翼展蒙皮拼接板		500				
04			500				
05			500				
10	抗剪角撑的翼肋处蒙皮		500	详细目视检查(DV)	C	C	
11	抗剪角的翼肋处蒙皮		500				

5.3.3 案例 3：区域 RCMA

确定某型飞机起落架区域舱段的检查要求。通过填写区域 RCMA 表格完成分析工作。

(1) 区域编号

某型飞机起落架区域舱段编号为 110。

(2) 列出要归并的重要工作项目

由 5.3.1 小节系统和设备 RCMA 案例数据，可知起落架区域的重要设备一般目视检查工作如表 5-46 所列。

表 5-46 与某型飞机起落架区域检查有关的 FSI 工作

初始约定层次：某型飞机　　分析人员：×××　　审核：×××　　第1页·共1页
约定层次：飞机中部区域　　图号：01-100-01　　批准：×××　　填表日期：2009 年 10 月 10 日

区域名称	区域编号	FSI 工作名称	维修间隔期	是否并入
起落架区域	110	目视检查前机械控制路径	C	是
		目视检查后机械控制路径		
		目视检查刹车装置的反应		
		目视检查保险的可用性		
		目视检查刹车防滑装置的可用性		
		目视检查滑动阀门的可用性		

(3) 确定区域检查要求

根据 5.2.3 小节的"4. 确定区域检查工作要求"中所述的方法，并根据该区域内的产品密度、重要性和环境条件等信息来确定检查要求，如表 5-47 所列。

表 5-47 某型飞机起落架区域检查分析表

初始约定层次：某型飞机　　分析人员：×××　　审核：×××　　第1页·共1页
约定层次：飞机中部区域　　图号：01-100-01　　批准：×××　　填表日期：2009 年 10 月 10 日

区域名称	区域号	密度级号				重要性级号				环境条件级号				综合级号	检查工作要求	检查间隔期
		1	2	3	4	1	2	3	4	1	2	3	4			
起落架区域	110		√				√					√		2	GV	C

(4) 结　论

通过对某型飞机起落架区域进行 RCMA，得出该区域的 RCMA 工作要求，如表 5-48 所列。

表 5-48 某型飞机起落架区域检查汇总大纲

初始约定层次：某型飞机　　分析人员：×××　　审核：×××　　第1页·共1页
约定层次：飞机中部区域　　图号：01-100-01　　批准：×××　　填表日期：2009 年 10 月 10 日

区域编号	区域名称	归并入的重要设备(结构)检查工作名称	检查通道	检查工作说明	间隔期	维修级别
110	起落架区域	目视检查前机械控制路径	701	对该区域进行一般目视检查，同时对并入的重要设备进行目视检查工作	C	—
		目视检查后机械控制路径				
		目视检查刹车装置的反应				
		目视检查保险的可用性				
		目视检查刹车防滑装置的可用性				
		目视检查滑动阀门的可用性				

习 题

1. 简述 RCMA 的基本原理。RCMA 是如何分类的？
2. 什么是产品的功能故障？什么是产品的潜在故障？二者有何区别和联系？
3. 请绘制三种以上故障率曲线的示意图，并简述其特点。
4. 预防性维修工作类型都包括什么？简述这些工作适合预防什么特点的故障。
5. 简述 FMEA 与 RCMA 的关系。
6. 为什么在进行重要系统（设备）的逻辑决断时，对于有安全性影响的故障系统（设备）需要回答完逻辑决断中的所有问题；而对于任务性和经济性影响的故障系统（设备），则仅需判断保养工作和另一种预防性维修工作是否是适用和有效的？
7. 简述安全寿命设计结构产品和损伤容限与耐久性设计结构产品在确定预防性维修工作要求上的差异。
8. 某重要功能产品隐蔽功能故障的间隔时间服从指数分布，其平均故障间隔时间 T_{BF} 为 2 000 小时，要求该产品平均可用度为 0.89，为防止出现有任务后果的多重故障，试计算该产品适用的维修工作间隔期。
9. 某型发动机叶片需要用孔探仪做定期检查，在发现叶片裂纹时就要拆修发动机，以防叶片折断打坏发动机。叶片从出现裂纹至发展到折断需 300 小时，孔探仪检查精度为 0.9，要求把叶片折断概率控制在 0.001，则应该多少小时做一次孔探检查？
10. 如何考虑制定非重要设备或结构产品的预防性维修工作？
11. 区域预防性维修工作可以包括重要功能产品吗？请简述其原因。
12. 简述预防性维修工作的归并原则。

第 6 章 使用与维修工作分析(O&MTA)

6.1 概 述

6.1.1 O&MTA 的目的

使用与维修工作分析(Operation and Maintenance Task Analysis,O&MTA)是要对使用保障工作要求、修复性维修工作要求、预防性维修工作要求、损坏维修工作要求进行细化分解,并准确有效地确定新研、改研和沿用的保障资源要求。从装备研制初期到设计定型,保障工作要求分解层次较多,O&MTA 是保障性分析中工作量较大的技术工作。虽然分析需要耗费大量的人力与资金,然而由分析工作得出的准确结果,可以排除因采用一般估计资源的臆测性和经验法所带来的资源的浪费和误用。因此通过 O&MTA,可以使新研装备在使用期间得到精确的保障和有效的维护,显著降低使用与保障费用。进行使用与维修工作分析的主要目的可概括如下:

① 为每项使用与维修工作任务确定保障资源要求,特别要确定新的或关键的保障资源要求;

② 为制定各种保障文件(如技术手册、操作规程、训练计划及人员清单等)和保障计划提供原始资料;

③ 为制定备选设计方案提供保障方面的资料,以减少使用保障费用、优化保障资源要求和提高战备完好性;

④ 为修理级别分析提供输入信息;

⑤ 确定运输性方面的要求。

O&MTA 关系到装备交付部队使用时,能否及时、经济、有效地建立保障系统,并以最低的费用与人力提供装备所需的保障,以及能否实现预期的装备完好性和保障性目标的重要问题。

6.1.2 O&MTA 的基本原理

O&MTA 是保障性分析的重要组成部分。它是在装备的设计与研制过程中,将装备保障的使用与维修工作区分为各种工作类型和分解为不同作业步骤而进行的详细分析,在分解得出装备保障作业要求的同时,确定保障作业中的保障资源需求。这些保障作业和保障资源要求包括工作频率、工作间隔、工作时间、需要的备件、保障设备、保障设施、技术手册、各维修级别所需的人员数量、维修工时以及技能等。

6.2 O&MTA 方法

保障性分析中的 O&MTA 方法一般包括若干相关步骤,如图 6-1 所示。

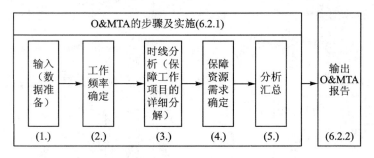

图 6-1 O&MTA 方法的实施步骤

6.2.1 O&MTA 的步骤及实施

1. 输入(数据准备)

(1) 使用保障工作项目

1) 使用保障工作项目的概念及内涵

在装备使用时,保障系统需要保证装备能够操作动用,这离不开装备的使用保障。装备的使用保障指为保证装备正确操作动用以便充分发挥其作战性能所进行的一系列工作,例如装备的使用前检查、加注燃料、补充弹药,以及装备的储存及运输等。

装备的使用保障工作项目是保障系统的使用保障功能说明。在确定这些工作项目之前,首先要明确系统级使用保障功能的分类,这些分类随装备类型的不同存在差异;然后对使用保障功能的分类进行细化,因研制阶段的不同,其细化程度也不同,最终要细化至在使用保障功能中可以体现零件级设计细节,并对每类使用保障功能进行说明。说明包括定性说明和定量参数。定量参数主要指使用保障时间要求。这些使用保障功能对应于系统级保障对象的任务剖面。

2) 使用保障工作项目生成所需的信息

(a) 装备的部署信息

装备的部署信息明确了装备会在哪里使用,同时也明确了在一个站点内部署的装备数量。通常装备的部署地点也决定了装备的使用环境。

(b) 装备的典型任务剖面信息

装备的典型任务剖面指装备在一段时间内,在装备处于非故障状态时所经历的事件及时序的描述,通常典型任务剖面包括:

a) 使用任务剖面

使用任务剖面是装备在使用任务过程中所执行的功能行为及时序描述,这些功能执行条件构成了装备使用任务要求的部分内容。任务要求通常有战时与平时之分。在剖面中不但可以描述装备在不同使用时间的不同的使用模式,而且可以描述装备在不同使用模式下所对应的特定的功能及功能执行条件。例如图6-2中是某型装备的使用任务剖面示例。从剖面中可以获取装备执行相应功能的外部条件信息。图6-2中(a)剖面可以获取装备在不同使用模式下的载弹量信息,载弹量就是装备在相应使用模式下执行其功能的外部条件。图6-2中(b)剖面是装备在不同使用模式下的能源消耗信息,所消耗的能源量就是装备在相应使用模式下执行其功能的外部条件。

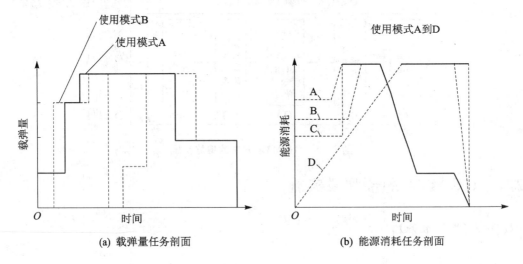

图6-2 保障对象使用任务剖面示例

b) 运输任务剖面

运输任务剖面是装备在运输任务过程中所经历的一系列事件及时序描述。在运输任务剖面中会对装备的装卸条件和运输环境条件做出规定。

c) 储存任务剖面

储存任务剖面是装备在储存任务过程中所经历的一系列事件及时序描述。在储存任务剖面中会对装备的储存状态和储存环境条件做出规定。

d) 转场任务剖面

转场任务剖面是装备在转场任务过程中所经历的一系列事件及时序描述。在转场任务剖面中会对装备的转场规模做出规定。

装备的这些典型任务剖面会驱动执行相应保障功能,每类任务剖面都会对应相应的使用保障工作项目。

(c) 装备的使用时间要求

装备的使用时间要求是装备(组件、零件)在完成任务过程中所期望的利用率。这与装备每天工作的小时数、每月的任务循环次数、开关次数、最大功率的使用百分比等有关。装备的使用强度大小要由装备的使用需求来决定。在装备的典型使用任务剖面中规定了装备的任务周期、重复执行特定的使用任务剖面的次数以及执行任务的装备数量。

(d) 装备的使用环境

装备的使用环境指装备在任务剖面中所处的外部环境,这里的环境包括工作环境、运输环境和储存环境,例如温度、冲击和振动、噪声、潮湿、寒带或热带、山区或平原、空运、陆地运输和船运。装备在使用期间内可能遭遇到的环境和持续时间会影响到保障系统的功能。

(e) 保障对象的效能要求

装备的效能要求包括：任务持续性、使用可用性和战备完好性等。

3) 使用保障工作项目的生成

使用保障活动的目标是要构建或维持装备发挥其正常功能的外部条件。这些外部条件指保障对象按照设计要求正常运行所需的外部条件，如油、液、弹、气以及环境条件。构建或维持这些条件的要求构成了使用保障要求的部分内容，这些条件在装备的寿命周期剖面中都有详细说明，故可根据剖面中装备执行设计功能的外部条件来生成相应的使用保障要求，进而根据使用保障要求生成使用保障工作项目。

保障系统的使用保障要求分为定性要求和定量要求。定性要求是针对每类顶层使用保障功能的描述性说明来明确功能行为的发出实体和接受实体，行为的发出实体和接受实体会随装备与保障系统设计过程的细化逐渐细化，同时还要明确功能行为要"干什么"。定量要求指使用保障功能的周期和频度。例如投弹是飞机的一项功能，关于投弹速度、高度和数量的要求在剖面中都有全面的定义，若飞机要执行这项功能，则其外部条件就是飞机飞行时需要携带的弹，而在飞机保障对象自身的构型中并不包括弹，这就需要在飞机执行任务前为其装弹，由此就产生了装弹使用保障要求，它包括装弹数量、装弹频率和装弹时间等信息，然后根据这些信息生成使用保障要求。

例如，对于飞机装备而言，使用保障工作项目通常包括：

(a) 飞行前检查

在放飞前按照当日的飞行任务对飞机的准备情况进行最后检查。机务人员和飞行人员都要进行飞行前检查。根据实际情况，飞行前检查可以结合直接机务准备进行。

(b) 飞行后检查

飞行后检查指当日飞行结束后所进行的检查。目的是判明飞机的技术状况，查出飞机发生的故障和存在的缺陷。这是机务准备的各种检查中最基本的检查。根据实际情况，飞行后检查可以结合预先机务准备进行。

(c) 预先机务准备

预先机务准备指在结束一天的任务之后，为执行新任务而将飞机恢复到完好状态所进行的机务准备工作。准备要全面可靠，以便在紧急情况下不经过直接机务准备即能起飞执行任务。预先机务准备的主要内容包括：

① 进行飞行后检查；

② 排除故障、缺陷；

③ 添加燃料、滑油、特种液体，灌充气体；

④ 进行擦洗、润滑等保养工作；

⑤ 根据飞行任务进行某些附加设备的准备工作。

对于做过预先机务准备的飞机，如果停放超过三天，则在飞行前需再次进行预先机务准备。

(d) 直接机务准备

直接机务准备指在预先机务准备的基础上，根据具体的飞行任务，在飞行前的一段时间内实施的准备工作。其主要内容包括：

① 进行飞行前检查；

② 补足燃料、滑油、特种液体和气体；
③ 根据飞行任务安装附加设备；
④ 根据飞行任务装载货物；
⑤ 再次出动准备。

(e) 再次出动机务准备

再次出动机务准备指为了保证飞机连续出动，在着陆后及再次出动前的短暂时间内所实施的准备工作。再次出动机务准备的主要内容包括：

① 进行再次出动前检查，排除故障；
② 补足燃料、滑油、特种液体和气体；
③ 根据下次飞行任务安装(拆卸)附加设备；
④ 根据下次飞行任务装载货物。

(2) 维修保障工作项目

1) 维修保障工作项目的概念及内涵

维修保障工作项目是围绕各个层次保障对象的故障进行定义的。在发生装备故障时，保障系统需要为发生故障的装备提供保障，以保持和恢复装备完好的技术状态。维修保障工作项目通常分为修复性维修工作项目和预防性维修工作项目。

(a) 修复性维修保障工作项目

修复性维修工作指装备的机件因故障而进行的修理工作，是一种非计划性的维修工作。根据 FMEA 结果可确定需要进行的修复性维修工作任务，一般包括：故障定位、故障隔离、分解、更换零部件、再组装、调校及检测等维修作业。修复性维修可以在装备上进行原位维修，也可以将故障件拆卸下来进行离位维修，还可以采用换件修理，若故障件可修复，则可将拆卸下来的故障件修复后充当备件。此外还有一种特殊的修复性维修工作，即针对损坏模式的修复性维修工作，它主要指在特定的时间和条件下，采用简易和应急的修复方法，修理特殊的损伤部位。

(b) 预防性维修保障工作项目

预防性维修工作指在故障发生之前预先对装备所进行的维修活动，是一种计划性维修工作。预防性维修工作类型通常包括保养、操作人员监控、使用检查、功能监测、定时拆修、定时报废和上述工作类型的综合。预防性维修工作是为预防某一潜在故障或发现隐蔽功能故障而进行的工作。在制定维修方案时，可结合维修级别的划分和部队实际执行维修作业时的不同工作类型而综合成各种维修和保养工作。

2) 维修保障工作项目生成所需的信息

修复性维修保障工作项目生成所需的信息主要来自于 FMEA(DMEA) 的输出结果，预防性维修保障工作项目生成所需的信息主要来自于 RCMA 的输出结果。

3) 维修保障工作项目的生成

维修保障功能指预防或修复保障对象的故障。故障是随机的，对于基本作战单元，对平均故障发生次数的预测需要以保障对象的故障率、使用时间和外场装备部署数量为信息。根据这些信息生成维修保障要求。维修保障要求分为定性要求和定量要求。定性要求是由前所述的对顶层维修保障功能的描述性说明。定量要求主要指维修保障功能的频率和时间要求。

修复性维修保障工作项目生成的依据是保障对象的故障（损坏）模式。这里的故障模式指保障对象各个层次的故障模式。修复性维修保障功能在装备研制的早期可划分为系统修复性维修保障和分系统修复性维修保障。系统修复性维修保障可以向下展开为原位维修功能和换件维修功能。

2. 工作频率确定

（1）使用保障工作频度确定

与某类使用任务活动对应的使用保障活动的发生通常是可预知的，如飞机空空任务出动前的准备活动需进行充电检查、加油、加挂空空弹等工作，这些工作在每次空空任务前都需要进行。故认为某类装备使用保障活动的频度 f_{oi} 和与之相应的装备使用任务活动的频度 f_{mi} 相同，即

$$f_{oi} = f_{mi} \tag{6-1}$$

（2）维修保障工作频度确定

对于不同类型维修保障工作的频度，其确定方法不同。

1）修复性维修保障工作频度的确定

确定一个修复性维修保障工作频度的目的是为决定相关保障资源数量需求提供分析输入信息，即：

① 多久需要一次备件？
② 多久进行一次维修测试或多久需要一台保障设备？
③ 多久需要一次维修人员？
④ 多久需记录一次数据？
⑤ 多久需要一次维修？

一旦这些问题被解答，就能够计算出装备不能工作的时间和确定后勤资源的数量需求。

维修频数直观上受保障对象固有可靠性的影响；但经验表明，除了固有可靠性因素外，还受到其他因素的影响。主要影响因素如下：

① 固有可靠性　包括基于项目的物理结构和项目所受到的由外部应力导致的故障。通过可靠性预计可以得到相应的故障率。

② 共因失效　指由故障导致的故障。也就是说，一个产品的故障可能会导致其他产品出现故障。在电气设备中，回路保护装置可以合并，从而减少相关失效发生的可能性。故障模式及影响分析（FMEA）是反映共因失效的最好信息资源。

③ 制造缺陷、老化及磨损　当一个产品下了生产线以后，通常存在微小的缺陷，直到产品运行一段时间后，产品的故障率才会稳定下来。电气设备通常符合这种情况。这种早期故障要通过一定的预先使用来去除。当设备运行足够时间后再交付用户，可能会很少发生故障。这种情况下，设备故障率会比可靠性预计得出的故障率高，这也会影响设备初期投入使用时的维护频率。当设备运行一段时期以后，结构件开始磨损失效，一些结构件（例如机械联动装置、齿轮）比其他部件更快地磨损失效，这时故障率也会增加。

④ 误操作导致的故障　指由于人员操作错误发生过应力而导致的设备故障。不同的操作模式（不同的操作人员或同一操作人员）会导致不同的预料不到的过应力，这些过应力积累到一定程度，设备便会经常发生故障。希望能通过在设计过程中适当考虑人为因素，来使这种

故障发生最少或消除。

⑤ 维修导致的故障　在维修活动中因人为错误而损坏设备,这可能是由于没有按照正确的维修程序、不正确地运用工具和测试、丢失或遗漏部件等因素导致,这些情况一般发生在维修后重新装配设备,或在战斗中被迫以替换件代替备件;在修部件的相邻或相近的构件易导致损坏,这可能由于不正确的维修环境(不正确的照明,不合适的温度,高噪声水平)、人员疲劳、训练不充分、设备的环境敏感性较高、维修时的不可达以及缺乏有效保障等因素导致。当同时进行修复性维修和预防性维修时,也可能导致此类情况。例如,当用一个精细调节器做校准预防性维修工作时,一个螺丝刀的不当使用会导致其损坏。

⑥ 意外导致设备损坏　另一个导致设备损坏的原因可能是撞击、跌落、挤压、投掷等意外情况。在运输状况下,这些情况最可能发生。在装备设计时应考虑运输对设备故障的影响。应分析评估预期运输方式可能导致的设备故障,并修正设备的故障率。

修复性维修保障活动的频度 f_{CMS} 与保障对象的使用要求、故障率、故障模式频数比和误拆率等因素有关,通常可按式(4-1)进行计算,若不能有效获取式(4-1)中的输入项,则可用下式近似计算,即

$$f_{\text{CMS}} = A_{\text{OR}} \sum_{k=1}^{N_{\text{QP}}} \theta_k \sum_{l=1}^{N_{\text{FM}k}} \alpha_{kl} \lambda_k \tag{6-2}$$

式中:A_{OR}——装备在单位日历时间内的工作时间,单位是小时,如飞机基本作战单元中每架飞机的年度飞行时间要求是 600 小时;

N_{QP}——被分析的维修保障活动中所包含的保障对象数;

θ_k——被分析的第 k 个保障对象的运行比;

$N_{\text{FM}k}$——被分析的第 k 个保障对象的故障模式数;

α_{kl}——被分析的第 k 个保障对象的第 l 种故障模式频数比;

λ_k——被分析的第 k 个保障对象的故障率。

2) 预防性维修保障工作频度的确定

预防性维修保障活动的频度 f_{PMS} 可由预防性维修工作的周期直接确定。预防性维修工作的周期通常有三种表述方式:以日历时间为单位的表述方式,以装备工作时间为单位的表述方式,以装备使用次数为单位的表述方式,即

$$f_{\text{PMS}} = \max\{[A_{\text{OR}J}/\min(T_{\text{PMD}J})], J = 1,2,3\} \tag{6-3}$$

式中:$A_{\text{OR}J}$——第 J 种维修间隔期单位使用要求;

$T_{\text{PMD}J}$——以第 J 种维修周期为单位的预防性维修工作的间隔期。

这里需要注意的是,年度使用要求的单位要与预防性维修工作的间隔期单位保持一致。如果该预防性工作项目既在较小间隔期的项目中出现,又在较大间隔期的项目中出现,则由于预防性维修间隔期的取值通常是最小预防性维修间隔期的整数倍,这时并不会重复执行这些工作项目,通常将维修间隔期短的工作项目与维修间隔期长的工作项目合并,故取维修间隔期的最小值进行计算。对于在不同间隔期单位中出现的具有相同工作内容的项目,由于在执行预防性维修工作后,通常将已经累积的间隔清零,同时出于经济性的考虑,会合并执行不同间隔期单位且发生在相距较近时间内的工作项目,故不取其累加值而取频数最大值来确定预防性维修保障活动的频度。

3) 损坏维修保障工作频度的确定

损坏维修工作的频率与装备遭受偶然损伤的概率有关,如果损坏源是敌对威胁,则损坏维修保障工作频度与战斗任务发生频率和损坏概率等因素有关,如 $f_{\text{DMS}i}$ 的计算为

$$f_{\text{DMS}i} = f_{\text{bm}i} P_{\text{dm}i} \tag{6-4}$$

式中:$f_{\text{bm}i}$——第 i 类战斗任务发生频率;

$P_{\text{dm}i}$——保障对象在战斗任务 i 中损伤的概率。

3. 时线分析(保障工作项目的详细分解)

装备的保障工作步骤较多,有时一个步骤需要多个操作人员协同配合并行完成,其经历时间的长短将直接影响装备的状态与可用时间,为了尽可能地安排工作并且并行地执行以减少工作项目的完成时间,需要在对保障工作项目进行分解的过程中运用时线分析技术。时线分析主要适用于以下活动:

① 在一个时间段内需两个或两个以上人员同时连续地作业;
② 在一个时间段内要完成不同性质的工作;
③ 要求操作人员密切协作来减少完成作业的时间。

进行时线分析的步骤如下。

(1) 按工作项目要求提出备选的工作步骤

完成某个工作项目可能同时有多个满足要求的工作步骤集合,每个工作步骤集合都是按照工作项目的要求来分解的。工作步骤的分解受工作对象、工作方法和工作环境等因素影响。如飞机再次出动准备工作是由悬挂方案和再次出动前飞机的状态决定的。在这一段时间内要安装、拆卸或更换外部的吊舱、副油箱及其他装载物,补充燃油、滑油、液压油和其他液体及氧气、氮气和其他气体等,并进行飞行前重点项目的保养与检查。飞机的悬挂和准备前的状态不同,其准备工作项目的内容就不同。每一个工作项目都应进行时线分析。

(2) 按备选工作步骤提出操作人员的数量及其专业

操作人员的数量及其专业受到工作项目的约束,不同的工作项目,其所需要的操作人员的数量与等级是不同的,工作量的大小决定了操作人员的数量,工作的难度决定了操作人员的技术水平。如再次出动准备方案中的作业项目和操作人员的数量及其专业,应在研制飞机时确定。除了检查接收飞机、清理现场、清点工具和最后检查外,其他作业应根据悬挂物的悬挂方案和再次出动准备前的飞机状态来确定。

(3) 按逻辑顺序排列各项作业

为了保证在尽可能短的时间内完成工作,需要按照工作步骤之间的逻辑关系来排列这些步骤的时序关系。首先应确定每项作业所需的专业人员和作业(工序)时间,然后找出关键时线,即必须按逻辑顺序进行的最长时线。这一时线确定了工作的总作业时间,其他一些作业可根据其间的相互关系,与主要时线并行进行,并按作业顺序画出时线分析表。要求表中不能有空闲时间,操作人员的空闲时间也要尽可能少;可以同时进行的作业要同时进行,除必须由专业人员完成的作业外,其他作业要开展各专业人员间的互助,在作业顺序的排列上要确保作业安全。

时线图如图 6-3 所示。图 6-3 中规定了进行相关保障工作的人员配备和相关作业顺序以及执行时间。绘制保障工作时线图是为了便于分析人员描述所实施保障作业的工作顺序,

时线图应按装备相应保障作业的时序及业务逻辑关系绘制。图6-3中各要素的说明如下：

① 序号　装备保障作业的顺序标识。

② 工作项目　装备保障作业的项目名称。

③ 时间　预计完成装备保障作业项目所需的时间。

④ 时线标度　标记装备保障作业开始及结束时间的标度。

⑤ 人力人员说明　执行装备保障工作的保障人员工种及数量说明。

⑥ 时线线段　表示装备保障作业开始及结束时间的线段，时线线段上面的数字和字母表示人员标识，其中数字表示专业，英文字母表示人员的技术等级；时线线段右侧括号中的内容表示预计的相应作业的开始时间及结束时间。

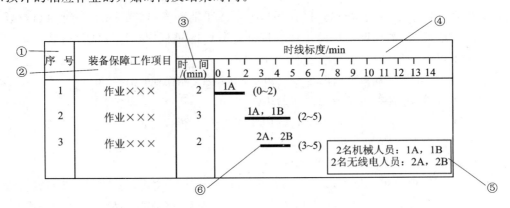

图6-3　某型飞机再次出动准备方案时线图

要想缩短装备的保障工作时间，除了进行时线分析外，关键还在于设计。可以对设计提出如下三方面的要求：

1）减少保障工作项目的作业项目和内容

在设计装备时，要尽可能减少作业项目和每项工作的工序，例如，如果可能，则不需要拆装、更换悬挂装置及其附件，不需要通电检查功能，不用外部电源和冷却源（改用自保障）。

2）缩短各项作业时间

如设计时可采取如下缩短作业时间的措施：采用压力加油，提高加油速度；采用快接、快卸的电、液、气接口；各种充、填、加、挂作业都不需使用梯子，人在地面即可作业等。

3）各项作业可同时进行

要考虑各项作业在装备上的分布情况，以使挂卸悬挂物、加燃油、补氧和通电检查能够同时进行。

4. 保障资源需求确定

在细化保障工作步骤之后，会得出每个步骤的资源需求，其详细说明的程度应该足以建立一个全面的保障资源功能清单，其中包括完成该工作步骤所需的备件、保障设备和保障设施等保障资源，以及与技术手册编写有关的内容。

（1）备件需求确定

在维修过程中，可能会需要更换已发生故障、损坏或可能发生故障的产品，这时会需要备件，在确定备件需求时，要同时明确该部件的重要程度、生产商、零件号以及在该步骤中的需求数量等信息。

(2) 保障设备需求确定

在维修过程中,可能由于检测、搬运、定位、校准等工作而需要特定种类的保障设备和工具,分析人员应根据以下顺序来决定测试与保障设备的种类:

① 决定测试与保障设备是否具备必要且明确的需求,是否能够通过经济地更改设计来避免这种需求。

② 假如有了需求,则要判明设备所使用的环境要求。如设备是在室内还是室外使用?设备转移到其他地点的频率是多少?假如需要搬运设备,则搬运的工具是什么?搬到什么地方?

③ 对于测试设备来说,应明确要测试的参数。如测试的精度和误差是多少?测试的可追踪性要求是否明确?能否在同一测试点用另一个测试设备来完成测试?测试设备是否需要送到更高的维修级别进行校准?例如,如果有10个不同的测试设备被分配到中继级,那么最好用另外一个精度较高的测试设备来校准它们,而不是送到基地级去校准。分析人员应该在最后确定设备清单之前考虑好这些细节。

④ 决定是否有货架设备能够完成规定的测试功能,而不需重新设计保障设备,因为保障设备的新研费用往往更高。假如现有设备不能满足要求,且也不能在现有设备的基础上进行改进,则再申请开发和研制新的保障设备。

⑤ 设备品种确定后,应确定设备数量。当涉及一个特殊维修设施的测试与保障设备时,设备使用率和使用时间对于决定设备的数量特别重要。如果不注意设备实际的使用率和相应的维修计划,则可能会分配过多的测试设备,从而导致不必要的浪费。最终的目标是要提高设备总的使用时间,要考虑有足够的设备维护时间,同时有足够的设备来完成任务。

每个保障设备功能如何实现的信息也要尽可能详细地给出,如功能的详细描述和推荐的技术手段等。如果需要新研设备的话,则还要用格式化的设计描述方式给出详细设计说明;如果使用货架产品的话,则要详细描述获取该设备的途径。在任何情况下,一旦通过分析确定了一个设备需求,则应及时获得设备以便于进行评价和测试。

(3) 保障设施需求确定

分析人员应该决定工作项目完成的地点和需要的设施,包括空间要求、重要设备需求、设备展开、存储空间、电力和照明、通信、水、气、环境控制等。如果需要一个净室来进行精密维修和校准,那么这种需求应该尽早提出来。分析人员、系统设计人员和人素工程人员应相互合作,制订一个设施构建计划,给出完整的产品布置情况。设施的类型、简要的描述、设施计划参考也应同步给出。

(4) 技术手册编写需求确定

为了便于操作人员操作,避免不必要的人员安全危害和设备危害,应给出操作或维修手册编制的注意事项,并尽可能详细地给出任何专业提示、注意事项、安全和警告事项,以及其他要传递给维修人员的信息。

5. 分析汇总

在O&MTA的最后需要对前面分析得出的保障资源的品种及功能进行归并,通常可采用归并矩阵来辅助完成归并工作。归并矩阵是将保障对象和保障工作项目与保障设备及工具的功能建立联系,以表格的形式把各种功能要素与保障对象联系在一起,这些功能要素通常反映了保障设备及工具在保障工作项目中最基本的作用。在功能矩阵的基础上,对同类型保障对象(如电子类保障对象、机械类保障对象、机电类保障对象)的保障设备功能要素进行合并,为设计高度综合化、小型化、集成化的保障设备及工具提供素材,如表6-1所列。

表6-1 保障设备(工具)功能归并矩阵

保障对象名称	工作项目名称	保障设备(工具)功能								保障资源名称
		A	B	C	…	X	Y	Z	AA	AB	

6.2.2 输出 O&MTA 报告

1. O&MTA 报告要求

O&MTA 工作的输出主要是提供 O&MTA 报告及相关资料。O&MTA 报告一般应包括以下主要内容。

(1) 概　述

内容包括实施 O&MTA 的目的、产品的寿命周期阶段定义、分析任务的来源等基本情况;实施 O&MTA 的前提条件和基本假设的有关说明;O&MTA 分析流程的概要说明;分析中使用的数据来源说明;其他有关解释和说明等。

(2) 工作频率计算过程说明

工作频率计算过程说明应包括各类保障工作频率计算方法的说明,明确模型的输入和输出;清晰罗列前提条件和假设条件;统一计算单位。

(3) 时线分析说明

应对进行时线分析的保障工作项目及时线构成要素进行说明;对有逻辑约束关系的工作项目的时线进行说明,以明确其逻辑关系,为后续迭代分析打下基础。

(4) 保障资源需求说明

应对 O&MTA 中涉及的保障资源的种类及其功能要求进行说明,对货架产品保障资源及新研保障资源进行分类,对保障资源类似功能的归并说明其归并依据。

(5) 结论与建议

在 O&MTA 结论中应总结概括对于每个重要可修产品的维修要求,其中包括维修要求的简要描述、维修过程的定义、维修深度、维修环境、与操作安全和维修安全相关的信息以及其他的附加信息。此外,还包括使用保障及维修保障过程中所需要的人力人员、保障设备、工具、技术资料、备件、保障设施和运输包装等保障资源信息,以及对于新研保障资源的功能说明及研制依据说明。

2. O&MTA 表格

O&MTA 表格一般包括时线分析表、资源需求分析表和汇总分析表。

(1) 时线分析表

时线分析表中记录了各保障工作项目的时线分析明细及人力人员的使用情况,如表6-2

所列。

表 6-2 时线分析表

| 初始约定层次： | | | 分析人员： | | 审核： | | 第 页·共 页 | | | |
| 约定层次： | | | | | 批准： | | 填表日期： | | | |

机件项目名称/件号 ①	维修工作编号 ②	维修工作名称 ③	维修工作频率 ④	维修级别 ⑤	分析控制号 ⑥	维修工作要求说明 ⑦			
作业序号 ⑧		作业名称 ⑨	维修作业经历时间/min ⑩ 2 4 6 8 10 12 14 16 18 20 22 24 26 28 30 32 34 36 38…		经历时间/min ⑪	维修工时/min ⑫			
						初级	中级	高级	共计

表 6-2 中各栏目的填写说明如下：

第①列"机件项目名称/件号" 保障对象的名称。

第②列"维修工作编号" 给每个保障工作分配一个数据编号。如可连续编制 01～99 的号码，这里的每个维修工作可对应于保障对象的约定层次。例如，若在 FMEA，DMEA 和 RCMA 中已记录了维修工作编号，则此处的编号就要与之保持一致。

第③列"维修工作名称" 必须在这列中填入维修要求术语。通常维修要求术语包括：

ⓐ 调节/校正；

ⓑ 校准；

ⓒ 功能测试；

ⓓ 检查；

ⓔ 大修；

ⓕ 拆除；

ⓖ 原件更换；

ⓗ 备件更换；

ⓘ 修理；

ⓙ 维护；

ⓚ 故障诊断。

维修工作名称通常与第⑦列的"维修工作要求说明"对应，但它是维修工作要求说明的简要描述。

第④列"维修工作频率" 填入维修工作在单位时间内发生的次数，单位时间可以是日历时间的周、月、年。

第⑤列"维修级别" 填写将要完成的维修工作的维修级别信息，可以是基层级、中继级、基地级或承制厂。

第⑥列"分析控制号" 控制号序列是用数据表示的硬件系统的物理分解结构层次数,并可对从最高层重要维修项目至最低层可维修单元进行追踪。分析控制号分配的示例如表6-3所列。

表6-3 分析控制号分配示例表

装备项目	分析控制号
系统 XYZ	A0000
单元 A(在系统 XYZ 内)	A1000
组件 2(在单元 A 内)	A1200
子组件 C(在组件 2 内)	A12C0

应对每一个重要维修工作项目赋予一个分析控制号。维修工作项目应与保障资源需求与分析控制号相对应,并且要容易生成从较低层次工作项目到较高层次工作项目的信息表格。如若表6-3中组件2被修改或者组件2中的一个技术状态被更改,或者制造商产品序列号被更改,但是适用于该工作项目的保障过程没有改变,则分析控制号仍然保持相同。

第⑦列"维修工作要求说明" 必须包含表格第③列中确定的维修工作名称术语,并围绕该关键词进行展开,增加技术性的描述和说明。进行维修的要求必须明确定义。若在FMEA、DMEA或RCMA记录中已经有关于维修工作要求的说明信息,则这里可继承填写。

第⑧列"作业序号" 为每一个保障作业分配一个六位数的阿拉伯数字号。在分析时若可唯一确定此保障作业序列,则第一位数字为"0"。若不能唯一确定此保障作业序列,则第一位可用 X 表示。第2~4位表示任务完成序列(例如 0 001 00,0 002 00,0 003 00)。如果有子任务,则可通过第5~6位确定子任务(如 0002 01,0002 02)。

第⑨列"作业名称" 保障作业名称应使用简明的技术术语来表示,其细化的粒度应该以能够建立一个全面的保障资源清单为准。在一个维修作业中,应能够明确所使用的一个备件、一个保障设备或一些相关装备保障资源。

第⑩列"维修作业经历时间/min" 必须对每个保障作业的经历时间线进行分析。如果一个保障作业由两个或更多人员完成,则每个人员都应建立一个时间线(例如,人员1,人员2)。如果任务范围超过表格中所规定的时间周期长度,则时间线可转至下一行零点处继续开始,表示一个新的循环。在有些时间范围较大(可用小时作单位)的情况下,时线分析的优点就是可以清晰地表示大量并行作业之间的时间关系。通过时线分析可以进一步确定人力需求,并可在时线分析的基础上优化安排,目的是使作业经历时间和维修工时达到最小,并尽可能使用技术等级低的人员。

第⑪列"经历时间/min" 输入维修作业经历时间(即在第⑩列中用时线所表述的时间长度)的数字值。这个数值是从任务开始到任务完成的时间,而并不是表示不同任务阶段的所有时间总和。

第⑫列"维修工时/min" 输入每个维修作业的三级技术水平的维修时间要求值。这三级技术水平定义如下:

ⓐ 初级技术水平。一个初级技术水平是假定某工作人员具有下列特点:年龄为18~21岁,在训练之前没有正规的工作经验,教育水平为高中毕业。在一定量的专业训练之后,这

些人员可以执行例行检查,完成功能检测任务,使用简单的手工工具,能够读懂明确的提示,但无需做出解释和决策。这一类的工作人员经常要协助更高级的技术人员进行工作,其工作需要在监督下进行。

ⓑ 中级技术水平。这类人员受过更多的专业教育,有大约两年大学教育经历或在技术机构从事过两年某专业科目的工作。另外,他们经过了一些特殊训练,并且有 2~5 年的相关型号故障处理方面的经验。这一层次的人员可以执行比较复杂的任务,能够使用多种测试设备,能够做一些与维修有关的决策和部署。

ⓒ 管理或高级技术水平。这些人员受过 2~4 年的正规高等教育或者在技术机构从事 2~4 年某专业科目的工作,或者拥有 10 年以上相关工作经验。他们被分配来管理和训练中级和初级技术水平人员,能够讲解维修程序,完成复杂任务,能够做出影响维修策略的重要决策。在操作和应用复杂、精密的设备方面,具有丰富经验。

在分析每个保障作业时,应对保障作业的复杂性具有充分的估计,在充分理解保障工作要求的前提下,应考虑人的感官和直觉能力、运动技能、灵活协调性、人的体型和肌肉力量等因素。同时要注意除考虑上述人体因素外,还要对执行保障作业时所需要的技能水平做出充分估计,为每个保障作业分配一个适当的技能水平,同时填入每个技术等级的维修工时信息。

在填写人员技术水平时,要充分考虑部队现有装备维修人员的技能水平,这对确定训练要求十分有益,同时也有助于部队在实际使用和维护装备时可考虑对现有人员的培训和训练,利于有针对性地制定训练要求和训练计划。

(2) 资源需求分析表

资源需求分析表记录了各保障工作项目对资源需求的说明,如表 6-4 所列。

表 6-4 资源需求分析表

初始约定层次:　　　　分析人员:　　　　审核:　　　　第　页·共　页
约定层次:　　　　　　　　　　　　　批准:　　　　填表日期:

机件项目名称/件号 ①	维修工作编号 ②	维修工作名称 ③	维修工作要求说明 ④	维修工作频数 ⑤	维修级别 ⑥	分析控制号 ⑦
作业序号 ⑧	备件/消耗品			测试和保障设备		设施需求描述 ⑮	特殊的技术数据说明 ⑯

作业序号 ⑧	数量 ⑨	备件(消耗品)名称/编号 ⑩	更换率 ⑪	数量 ⑫	设备名称/设备编号 ⑬	使用时间/min ⑭	设施需求描述 ⑮	特殊的技术数据说明 ⑯

表 6-4 中各栏目的填写说明如下:

第①~⑧列　与表 6-2 中同名列的填写内容相同。

第⑨~⑪列"备件/消耗品"　这些列中填入保障作业中需更换的零件信息或消耗品信息,这些更换作业既可以是所有预防性维修保障作业,也可以是修复性维修保障作业。更换的零件既可以是可修件,也可以是消耗件。第⑨列给出完成任务所用到的备件/消耗品的数量。第⑩列通过一定的命名规则来定义备件的名称及编号,命名规则应在产品的设计规范中定义。第⑪列基于故障率、可达性、耐久性即预防性维修频率,综合给出预计的更换率,组件的更换率说明了各个组件的需求率,它是决定平均维修间隔时间(T_{BR})的基础数据源,也是确定备件需求量的基础。

第⑫~⑭列"测试和保障设备" 输入所有为完成第⑧列填入的保障作业所需的工具、测试和保障设备。第⑫列记录了某个保障作业所需的设备或工具数量。第⑬列通过一定的命名规则来定义设备或工具的名称及编号。第⑭列用于填入重要设备及工具的使用时间信息。

第⑮列"设施需求描述" 详见6.2.1小节的"4.保障资源需求确定"中的内容。

第⑯列"特殊的技术数据说明" 包括新的人员专业提示、安全和警告事项,以及其他要告知维修人员的信息。

(3) 汇总分析表

汇总分析表记录了各保障工作项目总的完成时间和工时信息,以及对于资源种类的标识信息,如表6-5所列。

表6-5 汇总分析表

初始约定层次:　　　分析人员:　　　审核:　　　第　页·共　页
约定层次:　　　　　　　　批准:　　　　填表日期:

机件项目名称/件号 ①	分析控制号 ②	维修工作要求说明 ③	维修工作频率 ④

作业序号 ⑤	维修工作名称 ⑥	维修级别 ⑦	保障工作时间/min ⑧	人员技能等级 ⑨	维修工时/min ⑩	备件(消耗品)名称/编号 ⑪	测试和保障设备信息 ⑫	保障设施信息 ⑬	备注信息 ⑭

保障工作汇总分析表总结概括了对于每个重要保障对象的维修需求,包括项目名称的定义、项目的简要描述、预测到的定量时间信息和保障资源需求信息。汇总表是对前述时线分析表和资源需求分析表的概括。

表6-5中各栏目的填写说明如下:

第①~⑦列 与表6-2中同名列的填写内容相同。

第⑧列"保障工作时间/min" 填写表6-2中的"经历时间",该时间通过时线分析得到。

第⑨,⑩列"人员技能等级"和"维修工时/min" 这些信息来自于表6-2的"维修工时"信息。其中"维修工时"填写表6-2中"维修工时"的"共计"信息。

第⑪~⑬列 与表6-4的第⑩、第⑬和第⑮的填写内容相同。

第⑭列"备注信息" 填入前面各列未涉及的对维修工作项目及资源需求情况的补充说明信息。

6.2.3 O&MTA 的要点

O&MTA 的要点可以概括如下。

(1) 注意区分 O&MTA 在不同设计阶段执行的特点

O&MTA 的数据格式并不是一成不变的,可因不同的型号或不同功能的保障对象而不同,需要时可根据装备寿命周期阶段设计数据进行裁减。在装备研制阶段的初期,系统的设计更多地关注于保障对象和保障系统的功能层次组成。在装备研制阶段的中后期,随着系统层次的不断细化,分析过程中产生了大量的详细设计信息,这时通常采用表格的形式来记录、分析信息。但同时要注意随着设计的细化,为了更好地辅助设计人员在相关较短时间内做出大量的决策,需及时有效迭代执行O&MTA,以更新相关信息,为后续供应和获取作战时所配置的保障资源以及相关的保障工作项目的执行提供基本信息。

(2) OTA与MTA要放在不同的设计部门来执行

OTA的分析对象与MTA的分析对象在保障对象的层次上存在差异,OTA更多的是针对系统级的保障对象,而MTA随着设计的细化会具体针对LRU或更低层次的保障对象,故OTA的分析工作在执行过程中应放在装备的总体设计部门来执行,而MTA的分析工作应放在与各功能系统对应的专业设计部门来执行。同时应注意做好O&MTA的计划工作。

(3) 重视新的或关键的保障资源需求

在进行使用与维修工作任务分析时,要注意确定出新的或关键的保障资源需求,以及与这些资源有关的危险物资、有害废料及对环境影响的要求。新的保障资源指需要专门为新研装备开发研制的资源。关键保障资源并非新研资源,它是由于进度要求、费用限制或物资短缺的缘故而需要的专门管理资源,例如与其他装备共用的设施和贵重保障设备等。一方面,在满足装备任务需求的前提下,应尽可能减少新的或关键的保障资源需求。另一方面,新的或关键的保障资源需要进行专门投资或专门协调管理,这些都需要花费人力、物力和时间,并且要做好它们与设计方案和保障方案的权衡。当首次确定一种新的或关键的保障资源需求时,必须进行验证。通过验证来决定要么修改设计或取消这个需求;要么预先规划,从一开始就设法满足这种需求。

(4) 在O&MTA基础上进一步具体化以得出人员和训练要求

通过使用与维修工作任务分析,可以得出保障新装备的总的人员要求(人员数量、技术专业及技术等级)和人员的训练要求。利用上述分析的结论制定人员能力表,该表列出使用和维修新装备或进行每项使用与维修工作所需人员数量与技术等级的最低要求,包括需要掌握的技能和熟练程度,需操作和维修的测试仪器和保障设备,甚至是组织某项维修工作的能力等。以此为依据确定出培训要求,包括训练课程、训练教材、训练器材、最佳的培训方式(学历学习、在职学习或两者结合)及训练进度计划。

(5) 注意优化保障资源要求

通过使用与维修工作任务分析,应确定出新研装备保障性可以得到优化的方面,或为了满足最低保障性指标而必须更改设计的范围。其目的是影响设计而达到最佳的保障性,这也是保障性分析工作的主要目标之一。通常考虑两个方面的问题:一是利用使用与维修工作任务分析结果,确定出在时间、资源和对安全与环境的危害方面不能满足保障性要求的使用与维修工作,从而得出哪些工作可以简化或需要优化的结论,以减少使用与保障费用;优化保障资源,以减少使用危险物资、产生有害废料和排放污染物对环境造成影响等的概率,或提高战备完好性;同时也可以将分析工作集中于能够改进设计或改进保障性的使用与维修工作上去。二是分析每一种保障资源的类型,以确定是否有重复的保障资源要求。例如,如果能使用一种测试设备完成全部所需的测试功能,就不应有两种不同的测试设备;如果新装备中用了多种不同尺寸的紧固件,则需要一系列拆卸工具,但如果所有紧固件都标准化,则仅需少量的工具就可拆卸，因此也就优化和简化了保障资源要求。

（6）在 O&MTA 基础上做好装备的初始供应

初始供应是保障装备在早期部署期间（时间由合同确定，通常为 1～2 年）所需的备件、消耗品、工具与保障设备等供应品的初始储备的过程。通过使用与维修工作任务分析可以确定初始供应项目，形成初始供应清单，提供保障新装备初期使用与维修的物资与设备。特别应该指出，如果不进行这项分析工作，那么初始备件供应将存在很大的无序和盲目，将会造成停机、待件或形成浪费。

6.3 O&MTA 的应用案例

6.3.1 案例 1：某型飞机使用工作分析

1. 检查路线设计

总体应绘制如图 6-4 所示的检查路线，图中①～⑨分别为检查点示意，并需在相应手册中规定检查点的检查项目。机务人员可按照此检查路线检查飞机外观、系统和结构。有关检查路线的设计，可以结合"区域安全检查分析"一起进行，反复迭代。

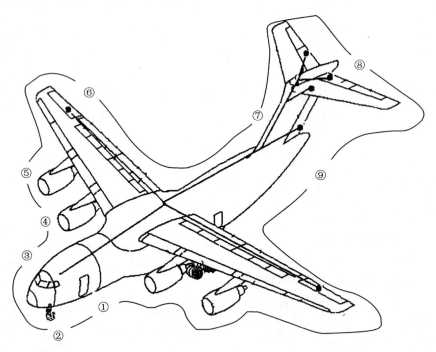

图 6-4 检查路线示意图

2. 使用任务项目分析

按主基地、前进基地和简易机场分别对飞行前、飞行后、直接机务准备、预先机务准备和再次出动准备的使用任务项目进行分析，并结合各系统使用任务分析的结果，整理出相应的使用任务项目。

3. 时线分析

大部分复杂的使用任务都需要多个操作人员协同配合和并行完成,其经历时间的长短将直接影响某型飞机的准备状态与可用时间,因此需要进行时线分析,如图 6-5 所示。

序号	作业项目	时间/min	时线标度/min 0 1 2 3 4 5 6 7 8 9 10 11 12 13 14 15 16 17 18 19 20 21
1	检查飞机	3.5	1A
2	接地面电源和冷却源	2	2D(电冷)
3	飞机加燃油	7	1C
4	飞机充冷气	2	2D
5	座舱通电和目视检查	6.5	1B(通电,目检)
6	飞机充氧气	2	1D
7	检查轮胎压力并充足气	2	1D
8	检查发动机滑油量并加足滑油	2	1A
9	分离地面电源和冷却源	1	2A, 2B
10	取地面保险销	3	1C, 2C, 2D
11	清点工具、清理现场	1.5	1B, 1C, 1D, 2B, 2C, 2D
12	最后检查	2	1A, 2A

图 6-5 再次出动准备方案示意图

4. 资源汇总

使用任务分析的目的就是要确定某型飞机的保障资源要求。在对某型飞机的每一项使用任务进行分析之后,需要对分析过程中得到的资源需求进行汇总。

资源的汇总应注意与工作任务的完成顺序(流程)相结合。

6.3.2 案例 2：某型船舶操纵系统维修工作分析

确定某型船舶操纵系统维修工作流程和相关资源需求,分析所需的输入数据来源于其 FMEA 数据,从中选取液压系统泄露故障修复性维修工作项目进行分析。该液压系统由活塞、伺服泵、伺服阀、开关、左舷泵、应急泵组成,其功能原理图如图 6-6 所示。维修工作项目如图 6-7 所示。

(1) 填写时线分析表

将框图 6-7 中"0700 伺服阀不能关闭,移除并维修"依据维修框图 6-7 中描述的维修步骤填写时线分析表,如表 6-6 所列。

(2) 填写资源需求分析表

根据时线分析记录进行资源需求分析,资源需求分析表如表 6-7 所列。

(3) 填写汇总分析表

根据表 6-6 和表 6-7 填写汇总分析表,如表 6-8 所列。

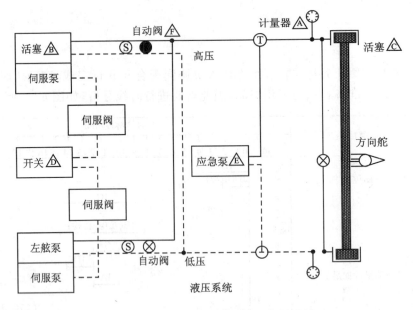

图 6-6　某型船舶操纵系统工作原理图

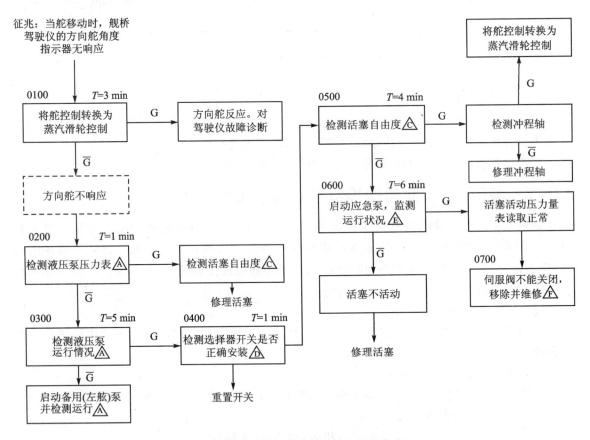

图 6-7　船舶操纵系统维修工作项目框图

第6章 使用与维修工作分析（O&MTA）

表6-6 某型船舶操纵系统维修工作时线分析表

初始约定层次：某型船舶
约定层次：船舶转向系统
机件项目名称/件号：伺服阀/A12345
维修工作编号：×××
维修工作名称：修理
分析人员：×××
维修工作频率：0.000 486次/小时
维修级别：中继级
分析控制号：A10000
审核：×××
批准：×××
维修工作要求说明：液压分系统右侧自动阀的故障必须修理，以恢复船舶驾驶系统的全部工作能力，修理应在船上进行
第1页·共1页
填表日期：2006年10月10日

作业序号	作业名称	维修作业经历时间/min	经历时间/min	维修工时/min 初级	维修工时/min 中级	维修工时/min 高级	共计
070100	驱动阀门2关闭右侧泵的压力	①	2	—	2	—	2
070200	使应急手泵工作	① ② ③	26	26	—	—	26
070300	拆下1/2″外管	① ②	10	10	10	—	20
070400	拆下3/4″外管	① ②	4	4	4	—	8
070500	从分系统上拆下自动阀组件	① ②	2	2	2	—	4
070600	管上安装凸缘，停止手泵工作	①	7	—	7	—	7
070700	将阀门组件送往中继级维修车间	① ②	13	13	13	—	26
070800	分解阀门组件，并拆下阀杆和下阀门P/N16742-1	①	18	—	18	—	18
070900	将阀门送住机械车间	②	8	8	—	—	8
071000	加工阀杆、柱塞弹簧组件		12	—	—	12	12
071100	清洗阀门、柱塞弹簧组件	①	19	—	19	—	19
071200	安装由阀门、阀杆、柱塞、弹簧、衬垫和密封圈组成的阀门组件	①	17	—	17	—	17
071300	检测自动阀组件	① ②	12	12	12	—	24
071400	将阀门组件送往分系统，安装准备	① ②	13	13	13	—	26
071500	停止左侧泵工作，驱动阀13并启动手泵	① ②	5	5	5	—	10
071600	接上3/4″外管	① ②	8	5	8	—	16
071700	接上1/2″外管	① ②	5	5	5	—	10
071800	停止手泵工作，驱动阀12，启动右侧泵	①	4	—	4	—	4

表 6-7　某型船舶操纵系统维修资源需求分析表

初始约定层次：某型船舶　　　　　　　分析人员：×××　　审核：×××　　　　　　　　　　第 1 页·共 1 页
约定层次：船舶转向系统　　　　　　　　　　　　　　　　　批准：×××　　　　　　　　　　填表日期：2006 年 10 月 10 日
机件项目名称/件号：伺服阀/A12345　　维修工作编号：02　　维修工作名称：修理　　维修工作要求说明：液压分系统右侧自动阀的故障必须修理，以恢复船舶驾驶系统的全部工作能力。修理应在船上进行　　维修级别：中继级　　维修工作频率：0.000 486 次/小时　　分析架制号：A10000

工作序号	备件(消耗品) 名称/编号	数量	更换率	测试与保障 设备名称/设备编号	数量	使用时间/min	设施需求描述	特殊的技术数据说明
070100	—	—	—	—	—	—	—	液压分系统维修方法(MP3201)
070200	—	—	—	—	—	—	—	手动泵操作规程
070300	—	—	—	1/2″扳手/600120—2	1 个	10	—	液压分系统维修方法(MP3201)
070400	—	—	—	3/4″扳手/645809—1	1 个	4	—	液压分系统维修方法(MP3201)
070500	—	—	—	搬送小车/S101—4	1 辆	2	—	液压分系统维修方法(MP3201)
070600	—	—	—	1/2″法兰/AA123	1 个	7	—	液压分系统维修方法(MP3201)
070700	阀门组件/GM10113—6	1 个	0.000 486	搬送小车/S101—4	1 辆	13	中继级维修车间	液压分系统维修方法(MP3201)
070800	—	—	—	1/4″扳手/632111—1	1 个	18	中继级维修车间	液压分系统维修方法(MP3201)

第6章 使用与维修工作分析（O&MTA）

续表 6-7

机件项目名称/件号：伺服阀/A12345	维修工作编号：02	维修工作名称：修理	维修工作要求说明：液压分系统右侧自动阀的故障必须修理，以恢复船舶驾驶系统的全部工作能力，修理应在船上进行	维修工作频率：0.000 486 次/小时	维修级别：中继级	分析控制号：A10000
		备件/消耗品		测试与保障/设备		
工作序号	备件（消耗品）名称/编号	数量	更换率	设备名称/设备编号	数量	使用时间/min	设施需求描述	特殊的技术数据说明
070900	—	—	—	起子/732102	1个	8	中继维修车间	液压分系统维修方法（MP3201）
071000	—	—	—	研磨机/BA101(SΦGCₐ)	1台	12	机加工车间（有清洁设施）	研磨机操作规程（OP3104）
071100	溶剂/SA123	1 L	0.000 486	抛光机/C3101(PMN)	1台	12	—	抛光机操作规程（OP3107）
071200	衬垫/AN11B-1	1个	0.000 486	—	—	—	中继维修车间	—
071300	O型环/AN9001-2	2个	0.000 486	—	—	—	中继维修车间	—
071400	—	—	—	气压测试台/HI-162	1台	12	中继维修车间	—
071500	—	—	—	搬送小车/S101-4	1辆	13	—	液压分系统维修方法（MP3201）
071600	—	—	—	1/2″扳手/600120-2	1个	8	—	液压分系统维修方法（MP3201）
071700	—	—	—	3/4″扳手/645809-1	1个	5	—	液压分系统维修方法（MP3201）
071800	3/4″衬垫/AN912	1个	0.000 486	3/4″扳手/645809-1	1个	4	—	液压分系统维修方法（MP3201）

表6-8 某型船舶操纵系统维修工作汇总分析表

初始约定层次：某型船舶　　　　分析人员：×××　　　　审核：×××　　　　第1页·共1页
约定层次：船舶转向系统　　　　分析控制号：A10000　　批准：×××　　　　填表日期：2006年10月10日
机件项目名称/件号：伺服阀/A12345　　　　　　　　　　　　　　　　　　　　维修工作频率：0.000 486 次/小时

作业序号	维修工作类型	维修级别	保障工作时间/min	人员技能等级	维修工时/min	备件(消耗品)名称/编号	测试和保障设备信息	保障设施信息	维修工作要求说明	备注信息
070100	修理	中继级	2	中级	2	—	—	—	液压分系统右侧自动阀的故障必须修理；恢复船舶驾驶系统的全部工作能力，修理应在船上进行	—
070200	修理	中继级	26	初级	26	—	—	—		—
070300	修理	中继级	10	初级、中级	20	—	1/2″扳手/600120-2	—		—
070400	修理	中继级	4	初级、中级	8	—	3/4″扳手/645809-1	—		—
070500	修理	中继级	2	初级、中级	4	—	搬运小车/S101-4	—		—
070600	修理	中继级	7	中级	7	阀门组件/GM10113-6	1/2″法兰/AA123 3/4″法兰/AB142	—		—
070700	修理	中继级	13	初级、中级	26	—	搬运小车/S101-4	—		—
070800	修理	中继级	18	中级	18	—	1/4″扳手/632111-1	—		—
070900	修理	中继级	8	初级	8	—	起子/732102	—		—
071000	修理	中继级	12	高级	12	—	研磨机/BA101(SΦGCa) 抛光机/C32101(PMN)	机加工车间(有清洁设施)		—
071100	修理	中继级	19	中级	19	溶剂/SA123	—	—		—

第6章 使用与维修工作分析(O&MTA)

续表 6-8

机件项目名称/件号：伺服阀/A12345　　分析控制号：A10000　　维修工作要求说明：液压分系统右侧自动阀的故障必须修理，以恢复舱驾驶系统的全部工作能力，修理应在船上进行　　维修工作频率：0.000 486 次/小时

作业序号	维修工作类型	维修级别	保障工作时间/min	人员技能等级	维修工时/min	备件(消耗品)名称/编号	测试和保障设备信息	保障设施信息	备注信息
071200	修理	中继级	17	中级	17	衬垫/AN11B—1 O型环/AN9001—2	—	—	—
071300	修理	中继级	12	初级、中级	24	—	气压测试台/HI—162	—	—
071400	修理	中继级	13	初级、中级	26	—	搬送小车/S101—4	—	—
071500	修理	中继级	5	初级、中级	10	—	—	—	—
071600	修理	中继级	8	初级、中级	16	—	1/2″扳手/600120—2	—	—
071700	修理	中继级	5	初级、中级	10	—	3/4″扳手/645809—1	—	—
071800	修理	中继级	4	初级、中级	4	3/4″衬垫/AN912	3/4″扳手/645809—1	—	—
共 计			184		257				

(4) 结 论

通过对某型船舶操纵系统液压故障修复性维修工作进行 O&MTA，得到了该修复性工作的维修过程信息，保障工作时间为 123 min，维修工时为 257 min，并得到了气压测试台、搬运车、研磨机、抛光机、扳手等设备工具信息，为后续制订相应的训练计划、编制技术手册以及采购相关保障资源提供了原始分析数据。

6.3.3 案例 3：某型信号发生仪维修工作分析

对某型试验测试系统中的弱电测试设备进行 O&MTA 分析，选取其中的某型信号发生仪进行分析。确定该信号发生仪的维修工作流程和相关资源需求，分析所需的输入数据来源于其 FMEA 数据，从中选取无方波信号输出故障的修复性维修工作项目进行分析。维修工作项目如图 6-8 所示。

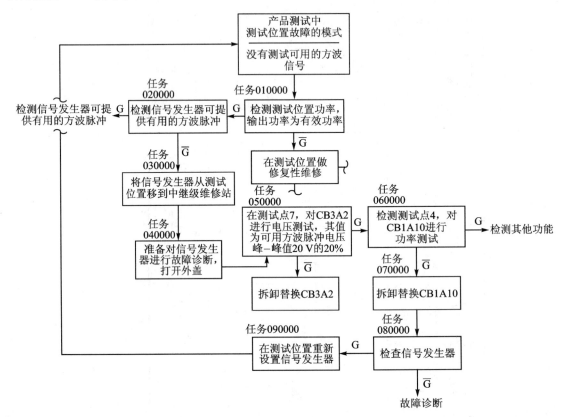

图 6-8 某型信号发生仪维修工作分析框图

(1) 填写时线分析表

依据维修工作分析框图 6-8 中描述的维修步骤填写时线分析表，如表 6-9 所列。

(2) 填写资源需求分析表

资源需求分析表如表 6-10 所列。

(3) 填写汇总分析表

汇总分析表如表 6-11 所列。

第6章 使用与维修工作分析(O&MTA)

表6-9 某型信号发生仪维修工作时线分析表

初始约定层次：某型试验测试系统				
约定层次：弱电测试系统				
机件项目名称/件号：信号发生仪/A12345	维修工作编号：01/02	维修工作名称：故障诊断并修理	分析人员：××× 审核：××× 批准：×××	第1页·共1页
维修工作频数：0.010 5	维修级别：基层级、中继级	分析控制号：A2000	维修工作要求说明：产品×（系列号：25610）做最后生产试验时，系统试验站不能产生方波信号以检测性能。要求对故障进行诊断，并在试验站进行修理	填表日期：2008年7月10日

作业序号	作业名称	维修作业经历时间/min (2 4 6 8 10 12 14 16 18 20 22 24 26 28 30 32 34 36 38)	经历时间/min	维修工时/min 初级	中级	高级	共计
010000	检测试验站电源系统的可用性	①	4	4			4
020000	检测方波脉冲信号的可用性	① ②	10	10			10
030000	将信号发生器从试验站拆下，并移送中继级维修站点		22	22			22
040000	准备好信号发生器进行故障诊断	③ 第2周期	6	6			6
050000	供电：在测试点7，对CB3A2进行电压测试，其电压峰—峰值为20(1±0.2)V	③ ④	12	12		12	12
060000	检测方波脉冲可用性：检测测试点4，对CB1A10进行功率测试	③ ④	14	14		14	14
070000	拆卸并更换CB1A10	③ 第3周期	16	16			16
080000	检测信号发生器	④	8	8			8
090000	在试验站上重装信号发生器	②	20		20		20

表 6-10 某型信号发生仪保障资源需求分析表

初始约定层次：某型试验测试系统								第 1 页・共 1 页
约定层次：弱电测试系统								填表日期：2008 年 7 月 10 日
机件项目名称/件号：信号发生仪/A12345		维修工作编号：01/02	维修工作名称：故障诊断并修理	维修工作要求说明：产品×（系列号：25610）做最后生产试验时，系统试验站不能产生方波信号以检测性能。要求对故障进行诊断，并在试验站进行修理		维修工作频数：0.010 5	维修级别：基层级、中继级	分析控制号：A2000
分析人员：×××				审核：×××				
				批准：×××				

作业序号	备件/消耗品		更换率	测试和保障设备			设施需求描述	特殊的技术数据说明
	备件（消耗品）名称/编号	数量		设备名称/设备编号	数量	使用时间/min		
010000	—	—	—	交流-直流两用电压表/SK932101	1 个	4	基层级维修（站点）	检测前仪表板，其电压为 AC 115(1±0.1) V
020000	—	—	—	信号发生器/FM1291006-2	1 台	10	—	检测前仪表板方波脉冲
030000	—	—	—	螺丝刀/732102，推车/24A102	1 个，1 辆	22，22	中继级维修厂	运输到中继级维修厂
040000	—	—	—	螺丝刀/732100，专用绳索/GM1023	1 个，1 套	6，56	—	旁通电压断开开关
050000	—	—	—	电源/F102116-1，交流-直流两用电表/SK932101	1 个，1 个	12，12	—	在测试位置 7 对 CB3A2 测量可用的电压峰-峰值为 20(1±0.2) V
060000	—	—	—	信号发生器/TM10034-10	1 台	14	—	检测测试位置 4 对 CB1A10 进行功率检测
070000	CB1A10/GM10113-6	1 个	0.010 5	电烙铁/A1047，螺丝刀/710000	1 个，1 个	16，16	—	电路板不能修理抛弃
080000	—	—	—	信号发生器/FM1291006-2	1 台	8	—	参见任务 020000
090000	—	—	—	螺丝起子/732102，推车/24A102	1 个，1 辆	20，20	—	在测试位置重新设置信号发生器，参见程序手册 TM-30

表6-11 某型信号发生仪维修工作汇总分析表

初始约定层次：某型试验测试系统
约定层次：弱电测试系统
机件项目名称/件号：信号发生仪/A12345
分析人员：×××
分析控制号：A2000
审核：×××
批准：×××
第1页·共1页
填表日期：2008年7月10日
维修工作频率：0.0105次/小时

作业序号	维修工作类型	维修级别	保障工作时间/min	人员技能等级	维修工时/min	备件(消耗品)名称/编号	测试和保障设备信息	保障设施信息	备注信息	维修工作要求说明：产品×(系列号:25610)做最后生产试验时,系统试验站不能产生方波信号以检测性能。要求对故障进行诊断,并在试验站进行修理
010000	故障诊断	—	4	初级	4	—	交流-直流两用电压表/SK932101	基层级维修(站点)	—	
020000	故障诊断	—	10	初级	10	—	信号发生器/FM1291006-2	—	—	
030000	修理	—	22	初级	22	—	螺丝刀/732102,推车/24A102	—	—	
040000	故障诊断	—	6	初级	6	—	螺丝刀/732100,专用绳索/GM1023	—	—	
050000	故障诊断	—	12	初级、高级	24	—	电源/F102116-1 交流-直流两用表/SK932101	中继级维修厂	—	
060000	故障诊断	—	14	初级、高级	28	—	信号发生器/TM10034-10	—	—	
070000	修理	—	16	初级	16	CB1A10/GM10113-6	电烙铁/A1047,螺丝刀/710000	—	—	
080000	故障诊断	—	8	初级	8	—	信号发生器/FM1291006-2	—	—	
090000	修理	—	20	中级	20	—	螺丝起子/732102,推车/24A102	—	—	
共计			112		138					

(4) 结 论

通过对某型信号发生仪无方波信号输出故障的修复性维修工作项目进行 O&MTA，得到了该修复性工作的维修过程信息，维修时间为 112 min，维修工时为 138 min，并得到了交流-直流两用电压表、信号发生器、推车、电烙铁、螺丝刀等设备工具信息，为后续制订相应的训练计划、编制技术手册以及采购相关保障资源提供了原始分析数据。

习 题

1. 简述 O&MTA 工作的目的。
2. 装备的典型任务剖面都有哪些？这些任务剖面的作用是什么？
3. 请绘制自行车的使用保障工作分析框图。
4. 简述使用保障工作、修复性、预防性及损坏维修保障工作频率的确定方法。
5. 试分析相邻层次保障工作的频率是否相同，并简述其原因。
6. 请以你熟悉的设备（产品）的使用保障工作或维修保障工作为分析对象，绘制相应的时线分析图。
7. 简述 O&MTA 中保障设备功能要求确定的原则。

第 7 章 修理级别分析(LORA)

7.1 概 述

修理级别分析(Level of Repair Analysis，LORA)是一种权衡分析技术，指在装备的寿命周期(尤其是在研制阶段)内，对预计有故障的产品(一般指设备、组件和零件)进行非经济性或经济性的分析，以确定可行的修理或报废的修理级别的过程。

7.1.1 LORA 的目的和作用

修理级别分析的结果用于影响装备设计和保障系统设计，进而为建立使用维修制度提供决策支持信息。修理级别分析是装备保障性分析的一个重要内容，是装备维修规划的重要工具之一。它不仅直接确定了装备各组成部分的修理或报废地点，而且还为确定修理装备产品的各修理级别机构需配备的保障设备、备件储存、人员与技术水平及训练等要求提供信息。在装备研制阶段，修理级别分析主要用于制定各种有效的、经济的备选维修方案，并影响装备设计。如在设计装备的修理约定层次时，将产品设计成可修复件或不修复件(弃件)，应将不修复件设计得简单且造价低廉，而将可修复件设计得便于故障检测、隔离、拆换与修理。在使用阶段，修理级别分析主要用于完善和修正现有的维修保障制度，提出改进建议，以降低装备的使用与保障费用。

7.1.2 LORA 的相关概念

1. 修理级别

修理级别指装备使用部门进行维修工作的组织机构层次标定。通常多采用三级维修机构，即基层级、中继级和基地级(工厂级)。各级维修机构都规定需要完成的工作任务并配备与该级别维修工作相适应的工具、维修设备、测试设备、设施及训练有素的维修与管理人员。

(1) 基层级

基层级指由装备的使用操作人员和装备所属分队的保障人员进行维修的机构。在这一修理级别中只限定完成较短时间的简单维修工作，如装备的保养、检查、测试及更换较简单的部件等。它配备有限的保障设备，由操作人员和少量维修人员实施维修。这一级别通常还承担战场上一定范围内的维修工作。

(2) 中继级

中继级比基层级有较高的维修能力(有数量较多和能力较强的人员及保障设备)，承担基层级所不能完成的维修工作。

(3) 基地级(修理工厂)

基地级指具有更高修理能力的维修机构,承担装备大修和大部件的修理、备件制造和中继级所不能完成的维修工作。

军兵种修理级别有所不同,但划分修理级别的基本原则是相似的。军队修理级别的制定要考虑装备特点、平时和战时使用与保障要求、部队的编制和体制等诸多方面的因素。如果部队需要高机动性,则要求维修机构特别是基层级和中继级不能有庞大的人力和物力编配,因而也限制了其可执行维修工作的范围。一般在装备特性和使用要求没有重大改变时,在一个时期内既定的修理级别是不变动的。

对于某一具体型号的新装备而言,应该采用几级维修则要做仔细研究。通常在论证阶段的初始维修方案中,要对修理级别要求有所规定,这是将新研装备与现役装备做对比分析而拟定的,在以后的研制过程中再具体细化每一级别的维修工作。修理级别的层次设置问题非常复杂,它与装备维修任务、部队编制及装备维修原则等密切相关。

2. 离位维修与换件修理

修理级别分析主要是对拆下的故障件送往哪个级别的维修机构进行修理做出决策,其前提条件是离位维修和换件维修。

离位维修指将装备的故障件拆卸下来进行维修,是相对原位维修而言的。原位维修指对那些不便拆卸的故障部位或结构件(如飞机与舰船的壳体、发动机主体等)在装备原来的位置上进行维修。

与离位维修相关的是换件修理,是将故障件拆卸下来换上备件,使装备恢复其规定技术状态的一种修理方法。与之相对应的是原件修复,指直接修复故障件,使装备恢复到规定的技术状态。随着现代设计与工艺技术的发展,装备普遍采用了单元体和模块化设计,而且其零部件、组件及单元体的互换性迅速提高,这给装备的离位维修与换件修理创造了条件。能拆卸和隔离的更换件层次越低,越可以大大降低备件费用,提高修理的经济性。而且离位维修与换件修理能够满足靠前、及时、快速修理的要求和降低对外场维修人员技能的要求。

3. 装备修理约定层次

修理级别分析是以修理级别与装备维修约定层次的划分为基础的,因此在进行修理级别分析之前,首先要确定装备的修理约定层次。

一般情况下,机组以上不做整机修理或报废,因此不作为修理级别分析的层次。另外,像电子元件或有的机械零件是不修复零件,所以也不需做精确的修理级别分析。在装备修理工作中,主要对单元、组件和零件进行修理,因此,这些结构层次就成为装备的修理约定层次。

通常,装备修理约定层次的划分基本上与修理级别的划分一致,如为了便于换件修理,多数将装备修理约定层次设计成三级:外场可更换单元(LRU)、车间可更换单元(SRU)和车间可更换子单元(SSRU),并分别在基层级、中继级和基地级更换。但是,修理约定层次的划分还要考虑装备的复杂程度,在有些情况下,修理约定层次可能多于修理级别,为了提高经济性,这时可在修理约定层次的基础上划出更多的修理级别。例如,由于燃气涡轮发动机的结构复杂、装配精度高,美空军将其分为四级:发动机部件(EM)、发动机子部件(SEM)、发动机子-子部件(SSEM)和发动机子-子-子部件(SSSEM),同时它们将中继级分为不同修理能力的 2 个级别,再加上基地级,则达到与修理约定层次相应的 4 个修理级别。

4. 备选维修方案

在初始维修方案中首先提出修理级别的划分,然后根据修理级别与装备修理约定层次进行修理级别分析,从而得出各种备选维修方案,最后从中选择费用低而又可行的维修方案。

在介绍备选维修方案之前,先说明与之有关的修理级别编码。修理级别编码是根据军兵种修理级别的修理能力来确定的。由于各类装备的修理约定层次不同,因此,其修理级别编码也可不同。对于三级维修作业体制,按照基层级、中继级和基地级进行编码。由于基地级承担装备大(翻)修任务,对所有的修理约定层次都能修理,故它对应的修理级别编码为 D,是最高级别。基层级对应的修理级别编码为 O,如果基层级只做拆换不做修理,则不设编码。中继级对应的修理级别编码为 I,如果军区、集团军、师(旅)的中继级维修机构的修理能力与任务有所不同,而且装备的修理约定层次多于三级,则可以将中继级编码分别设为 I_1,I_2 和 I_3。如果某个修理约定层次的产品在某个修理级别不做修理,而是报废更换,则编码为 X。

下面以电子装备为例说明备选维修方案。通常,电子装备的修理约定层次划分为 LRA,SRA 和 SSRA 三级,分配到三类修理级别编码(I,D,X),如图 7-1 所示。

从图 7-1 可见,对于每个外场可更换件(LRA),都有 3 种费用计算;对于每个车间可更换件(SRA),与 LRA 的编码组合都有 5 种;同样,每个车间可更换分组件(SSRA)都有 7 种。图中表示了所有的组合方案,即所谓的备选维修方案(共有 10 种)。在分配装备修理约定层次时,必须考虑各级维修机构的修理能力,不能将分组件分配到比它所在组件的维修机构级别还低的机构去修理;不同修理约定层次的报废工作,将在不同级别的维修机构中进行。一般修理级别编码中的报废是根据设计而设置的。由于报废比修理所要求的保障资源少得多,故对故障率极高的较低修理约定层次采取报废决策,可以简化维修并降低保障费用。

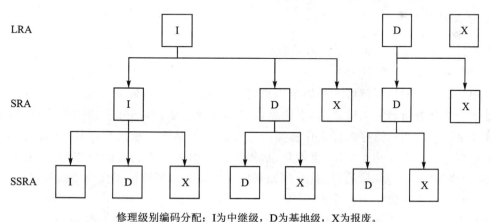

修理级别编码分配:I 为中继级,D 为基地级,X 为报废。

图 7-1 电子设备的备选维修方案

7.2 LORA 方法

在装备的研制过程中,要通过修理级别分析,将其所应进行的维修工作确定出合理的修理级别。分析的详细程度和时机应与装备的研制进度和合同要求相适应。图 7-2 给出了进行修理级别分析的流程图。对每一种待分析的产品,首先应进行非经济性分析,以确定合理的修理级别。若不可能确定,则需进行经济性分析,选择合理可行的修理级别(基层级、中继级、基地级分别以 O,I,D 表示)[①]或报废(以 X 表示)[①]。

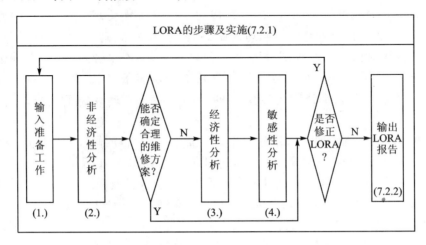

图 7-2 修理级别分析流程图

7.2.1 LORA 的步骤及实施

1. 输入准备工作

在执行 LORA 前,需要以下输入信息。

(1) 维修工作

修理级别是一种执行维修工作的组织机构,设置什么机构首先要考虑其维修工作,而维修工作是由一系列分析研究来确定的,不论维修工作如何复杂,都不外乎预防性维修、修复性维修和战损维修等。执行这些维修工作所需的人员和设备必须互相匹配,同时又要与部队承担的作战和训练维修工作相互协调,也就是说,不仅要考虑人力和物力的可能性,还要考虑环境和条件(如修理时间限制等)的可能性,例如基层分队只能承担维修工作量小而简单的工作。

(2) 部队编制体制

维修机构是隶属于整个部队组织机构的,它存在着指挥系统与服务范围等问题,因此修理级别的设置要考虑部队的编制与体制。从管理上说,维修机构要便于整个部队实施管理。它不仅考虑人员数量、设备能力和设施要求等规模大小应适合于所属部队的指挥与管理(包括平时和战时的支援和调遣等),还应与各级维修机构的管理在业务上能够分工协作,保证各项维

---

① 此种表示方法在本章内通用。

修工作顺利进行。所以维修机构通常是部队编制序列的重要组成部分,并服从部队编制要求,如人员限制等。此外,维修机构还要与其他业务工作机构(如物资供应、运输以及人员训练等机构)协作,这些都涉及部队的管理体制。

(3) 维修原则

将装备的组件和零件设计成不可修复的、可修复的或部分可修复的,不仅影响装备设计,而且还影响保障问题,同时与修理级别有关。如果要求全部可修复的组件较多,则必然需要很大的保障工作量,同时对保障设备及人员水平的要求也较高,在大多数情况下需要设立基地级维修机构才能完成这样的任务,反之则只需较低的修理级别,当然还要考虑备件费用问题。装备维修与修理级别分析之间的关系如图 7-3 所示。

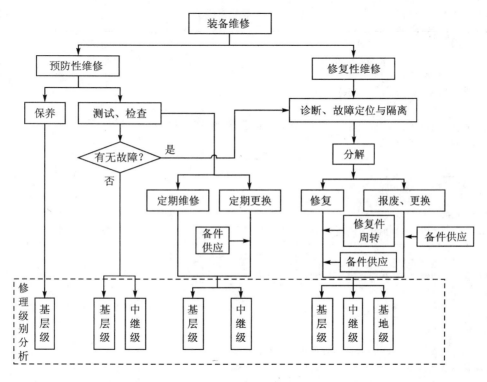

图 7-3 装备维修与修理级别分析的关系

由图 7-3 可知,预防性维修与修复性维修都有修理级别分析的要求,也就是说,都需要用修理级别分析的方法决定该项维修工作该由哪一级执行。不过,有些预防性维修工作比较简单,不需要复杂的分析,可以直接确定其修理级别,如保养和简单的测试与检查都是在基层级进行的。对于复杂的维修工作,如复杂装备的更换(包括更换部件中的零件)和修复,可能需要进行拆卸、分解、零部件诊断、更换与修复、组装、测试等工作,则必须通过修理级别分析才能得到合理的修理或报废的选择。

2. 非经济性分析

(1) 非经济性影响因素

在实际分析过程中,有些非经济性因素(一般从超过费用影响方面的限制因素和现有的类似装备的修理级别分析考虑)将影响或限制装备修理的修理级别。主要包括:部署的机动性要求、现行保障体制的限制、安全性要求、特殊的运输性要求、修理的技术可行性、保密限制、人员与技术水平等。通过对这些因素的分析,可直接确定装备中待分析产品应在哪一级别进行维修或报废。因此在进行修理级别分析时,应首先分析是否存在优先考虑的非经济性因素。

进行非经济性分析时,对待分析产品清单中的任一产品都应回答表7-1中的问题,答案应为"是"或"否",并确定修理或报废决策受限制的修理级别及受限制的原因。当回答所有问题后,分析人员将把为"是"的回答及其原因组合起来,然后根据为"是"的回答来确定初步的分配方案。不是所有的问题都完全适用于被分析的产品,应通过剪裁来满足被分析产品的需要。必须指出,当在故障件或同一件上的某些故障部位做修理或报废决策时,不能仅以非经济性分析为依据,还需分析、评价其报废或修理的费用,使决策更为合理。

表 7 - 1 非经济性分析

非经济性因素	是	否	影响或限制的修理级别				限制修理级别的原因
			O	I	D	X	
安全性: 产品在特定的修理级别上修理存在危险因素(如高电压、辐射、温度、化学或有毒气体、爆炸等)吗?							
保密: 产品在任何特定的级别修理存在保密因素吗?							
现行的维修方案: 存在影响产品在该级别修理的规范或规定吗?							
任务成功性: 如果产品在特定的修理级别做修理或报废,对任务成功性会产生不利影响吗?							
装卸、运输和运输性: 将装备从用户处送往维修机构进行修理时存在任何可能有影响的装卸与运输因素(如重量、尺寸、体积、特殊装卸要求、易损性)吗?							
测量与诊断设备: a. 所需的特殊工具或测试、测量设备限制于某一特定的修理级别进行修理吗? b. 所需保障设备的有效性、机动性、尺寸或重量限制了修理级别吗?							
人力与人员: a. 在某一特定的修理级别有足够数量的修理技术人员吗? b. 在某一级别修理或报废时对现有的工作负荷会造成影响吗?							

续表 7-1

非经济性因素	是	否	影响或限制的修理级别				限制修理级别的原因
			O	I	D	X	
设施： a. 对产品修理的特殊设施要求限制了其修理级别吗？ b. 对产品修理的特殊程序（磁微粒检查、X 射线检查等）限制了其修理级别吗？							
包装和储存： a. 产品的尺寸、重量或体积对储存有限制要求吗？ b. 存在特殊的计算机硬件、软件包装要求吗？							
其他因素：							

(2) 修理级别分析决策

在初步确定待分析产品的修理级别时，可采用图 7-4 给出的简化的修理级别分析决策树进行分析。

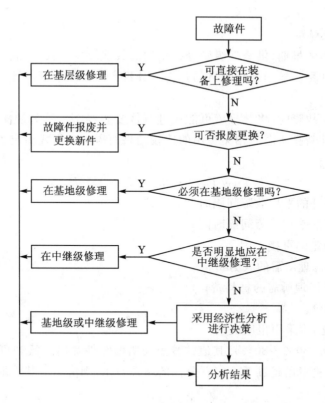

图 7-4 简化的修理级别分析决策树

一般情况下，将装备设计成尽量适合基层级维修是最为理想的设计。但是基层级维修受到部队编制和作战要求（修复时间、机动性、安全等）等诸多方面的约束，不可能将工作量大的维修工作都设置在基层级进行，而必须移动到中继级修理机构和基地级修理机构进行。

分析决策树有四个决策点,首先从基层级分析开始:

① 在装备上进行修理不需将故障件从装备上拆卸下来,是一些简单的维修工作,利用随车(机)工具由使用人员(或辅以维修人员)执行。这类工作所需时间短,技术水平要求不高,多属于保养维护和较小的故障排除工作,其工作范围和深度取决于作战使用要求赋予基层级的维修任务和条件。

② 报废更换指在故障发生地点将故障件报废而更换新件。它取决于报废更新与修理的费用权衡。这种更换性的修理工作一般在基层级进行。

③ 必须在基地级修理指故障件复杂程度较高,或需要较高的修理技术水平,并需要较复杂的机具设备的一种修理级别决策。如果在装备设计时存在着上述修理要求(在工作类型确定时,可以确定这些要求),就可以采用基地级修理决策,同时也应建立设计准则,尽可能减少基地级修理的要求。

④ 如果机件修理所需人员的技术水平要求和保障设备都是通用的,即使是专用的也不十分复杂,那么这种机件的维修工作设在中继级进行就属于明显的决策。

如果某待分析产品在中继级和基地级修理之间很难辨识出何者优先,则可采用经济性分析模型作出决策。应该指出,对于同类产品,由于故障部位和性质不同,可能有不同的修理级别决策。例如,根据统计分析,坦克减震器的修理有5%在基层级,15%在中继级,45%在基地级,还有30%报废。

(3) 报废与修理模型

在装备研制过程的早期,供修理级别分析使用的数据较少,因此只能进行一定的非经济性分析和简单的费用计算。早期分析的目的是将待分析产品按照报废设计还是修理设计加以区分,以明确设计原则。

当一个产品发生故障时,将其报废可能比进行修复更经济。这种决策要根据维修一个产品的费用与购置一件新品所需的相关费用的比较结果而得出。下式给出了这种决策的基本原理,即

$$(T_{BF2}/T_{BF1}) \cdot N < (L+M)/P \tag{7-1}$$

式中:T_{BF2}——修复件的平均故障间隔时间;

T_{BF1}——新件的平均故障间隔时间;

N——预计确定的可接受因子;

L——修复件修理所需的人力费;

M——修复件修理所需的材料费;

P——新件单价。

若式(7-1)成立,则采用报废决策。

N是一个百分数(50%~80%),其值的减小表明修复件费用降低到可接受的水平。也就是说,如果产品的修复费用超过了一定百分比的新件费用,则决定对其采取报废处理。

3. 经济性分析

当通过非经济性分析不能确定待分析产品的修理级别时,应进行经济性分析。经济性分析的目的在于定量计算产品在所有可行修理级别上的修理费用,然后比较各个修理级别上的修理费用,以选择费用最低的修理级别作为待分析产品(故障件)的最佳修理级别。

(1) 费用类别

在进行经济性分析时,要考虑在装备试用期内与修理级别决策有关的费用,即仅计算那些直接影响修理级别决策的费用。分析时通常考虑以下一些费用。

1) 备件费用

备件费用指待分析产品进行修理时所需的初始备件费用、备件周转费用和备件管理费用之和。备件管理费用一般用备件管理费用占备件采购费用的百分比计算。

2) 维修人力费用

维修人力费用包括与维修活动有关的人员的人力费用。它等于修理待分析产品所消耗的工时(人·小时)与维修人员的小时工资的乘积。

3) 材料费用

修理待分析产品所消耗的材料费用,通常用材料费用占待分析产品采购费用的百分比计算。

4) 保障设备费用

保障设备费用包括通用和专用保障设备的采购费用和保障设备本身的保障费用两部分。保障设备本身的保障费用可以通过保障费用因子来计算。保障费用因子指保障设备的保障费用占保障设备采购费用的百分比。对于通用保障设备来说,则用保障设备占用率来计算。

5) 运输与包装费用

运输与包装费用指待分析产品在不同修理场所和供应场所之间进行包装与运送等所需的费用。

6) 训练费用

训练费用指训练修理人员所消耗的费用。

7) 设施费用

设施费用指对产品维修时所用设施的相关费用,通常采用设施占用率来计算。

8) 资料费用

资料费用指对产品修理时所需文件的费用,通常按页数计算。

修理级别分析需要大量的数据资料,如每一规定的维修工作类型所需的人力和器材量、待分析产品的故障数和寿命期望值、装备上同类产品的数目、预计的修理费用(保障设备、技术文件、训练和备件等费用)、新品价格、运输和储存费用、修理所需日历时间等。因此,在论证阶段和方案阶段初期进行修理级别的经济性分析可能是不适宜的,除非将涉及的不确定性因素和风险定量化。当有合适的资料可用时,在工程研制期间进行修理级别分析最为有效。但是,如果在工程研制阶段的后期再进行修理级别分析,则得出的结果可能太迟而不能影响设计。所以,应根据占有数据的充分程度和可用性,尽早进行修理级别分析。

(2) 经济性分析模型

在进行修理级别的经济性分析时,需要分析各种与修理有关的费用,建立各级修理费用的分解结构,费用分解结构参见本书第9章中维修费用分解结构部分。LORA中的经济性分析模型的建立以相关的维修费用分解结构为依据,根据费用分解结构中的费用项目来确定相关的输入信息,以进行费用比较计算。

4. 敏感性分析

分析人员通过改变直接影响维修费用的关键输入,在指定范围内对这些输入变量进行调整,来进行敏感性分析,通过分析因改变输入所导致的输出的变化,来确定费用的变化范围,找到不同修理级别对输入参数的敏感性。费用变化范围大意味着根据此输入条件来决策修理级别具有较高的风险,同时,通过敏感性分析也为在一定费用约束下确定较优修理级别提供了寻优途径。

7.2.2 输出 LORA 报告

1. LORA 报告要求

(1) 概　述

LORA 报告中应包括实施 LORA 的目的及分析任务的来源等基本情况,实施 LORA 的前提条件和基本假设的有关说明,LORA 分析流程的概要说明,分析中使用的数据来源说明,以及其他有关解释和说明等。

(2) 产品说明

产品说明中包括装备的硬件分解结构、重要产品清单以及产品的修理约定层次的定义。

(3) 非经济性分析说明

该说明中包括对进行产品 LORA 的非经济性因素进行说明,并填写相应的非经济性因素分析表。

(4) 经济性分析说明

该说明要对所选取的费用计算模型进行说明,明确模型的输入、输出及适用条件,并详细描述计算过程。

(5) 敏感性分析说明

该说明应描述敏感性分析过程,包括要调整的输入参数及其变化范围和输出参数的变化范围。同时,对可能存在的决策风险进行说明。

(6) 结论与建议

结论中应包括产品 LORA 汇总说明,对不满足设计约束的产品要给出修理约定层次的修改建议。

2. LORA 表格

(1) 非经济性分析表

非经济性分析表如表 7-2 所列。

表 7-2 非经济性分析表

初始约定层次：		分析人员：			审核：			第 页·共 页	
约定层次：					批准：			填表日期：	

产品名称 ①	非经济性因素 ②	是 ③	否 ④	影响或限制的修理级别				限制修理级别的原因说明 ⑨
				O ⑤	I ⑥	D ⑦	X ⑧	

非经济性分析表中记录了影响产品修理级别的非经济性影响因素，通过非经济性分析可确定产品的修理级别及修理策略。表 7-2 各栏目的填写说明如下：

第①列"产品名称" 填写 LORA 对象的名称。

第②列"非经济性因素" 主要从部署的机动性要求、现行保障体制的限制、安全性要求、特殊的运输性要求、修理的技术可行性、保密限制、人员与技术水平等方面来考虑确定。

第③、④列 填写"是"或"否"，表明对应于该项非经济性因素是否可以确定产品的修理级别。

第⑤～⑦列 在相应位置填写"√"，以表明该产品的修理级别。

第⑧列 若此项填写"√"，则表明该项产品报废。

第⑨列"限制修理级别的原因说明" 对影响该项产品修理级别的非经济性因素进行补充说明。

(2) LORA 汇总表

LORA 汇总表如表 7-3 所列。

表 7-3 LORA 汇总表

初始约定层次：			分析人员：			审核：			第 页·共 页	
约定层次：						批准：			填表日期：	

基层级可更换单元编码 ①	产品名称 ②	拆/换			修理			报废		
		O ③	I ④	D ⑤	O ⑥	I ⑦	D ⑧	O ⑨	I ⑩	D ⑪

LORA 汇总表中记录了产品修理级别的汇总情况。表 7-3 各栏目的填写说明如下：

第①列"基层级可更换单元编码" 填写基层级可更换单元编码，编码根据项目要求统一制定。

第②列"产品名称" 填写被分析产品的名称。

第③～⑤列"拆/换" 在此栏下方的相应表格中填写"√"，以表明产品拆/换的修理级别。

第⑥～⑧列"修理" 在此栏下方的相应表格中填写"√"，以表明产品修理的级别。

第⑨～⑪列"报废" 在此栏下方的表格中填写"√"，以表明产品报废的级别。

7.2.3 LORA 的要点

(1) 注意在不同寿命周期阶段迭代执行 LORA

在寿命周期不同阶段随着装备设计数据粒度的细化，LORA 要在寿命周期阶段不断迭代执行。

(2) 灵活裁减非经济性因素

非经济性因素的建立要考虑型号类型和使用的军兵种。不同的型号类型和不同军兵种的非经济性因素会有差异,分析人员要灵活掌握。

(3) 灵活建立经济性分析模型

在寿命周期的不同阶段,经济性分析模型会有差异,要根据型号特点和寿命周期阶段灵活建立经济性分析模型。

(4) 注意经济性分析模型与寿命周期费用分析(LCCA)相一致

经济性分析中的费用要素要与 LCCA 中的 CBS 维修费用项目相一致,要求分析数据在两个工作项目之间共享。

(5) 重视灵敏度分析

灵敏度分析可以帮助进一步理解不同输入条件和修理级别之间的关系,进一步看清它们之间的相互影响。

7.3 LORA 的应用案例

7.3.1 案例 1:某型飞机无线电高度表的 LORA

确定某型飞机无线电高度表的修理级别,主要采用非经济性分析方法来确定。某型飞机的无线电高度表主要由主机、接收天线、发射天线及高频发射电缆、高频接收电缆和低频电缆组成。它主要用来产生雷达发射波,通过高频发射电缆将发射波传送至发射天线,地面回波由接收天线接收后经高频接收电缆传送至高度表,高度表再根据发射波和接收波的数据计算出飞机距地面的高度。低频电缆主要用于供电、传输数据信息和控制信息。

(1) 填写非经济性分析表

某型飞机无线电高度表 LORA 非经济性分析表如表 7-4 所列。表格中的非经济性因素来自表 7-1。表中仅对高度表中各组件的修复性维修工作执行级别进行了分析。对于更换维修工作,由维修方案规定在外场进行更换,此处不再赘述。

表 7-4 某型飞机无线电高度表 LORA 非经济性分析表

初始约定层次:某型飞机　　　分析人员:×××　　　审核:×××　　　第 1 页·共 1 页
约定层次:航电系统高度表　　　　　　　　　　　　　批准:×××　　　填表日期:2009 年 12 月 10 日

产品名称	非经济性因素	是	否	影响或限制的修理级别				限制修理级别的原因说明
				O	I	D	X	
主机	保障设备	√			√			规划测试设备为综合测试设备,故置于中继级
接收天线	保障设备	√			√			规划测试设备为综合测试设备,故置于中继级
发射天线	保障设备	√			√			规划测试设备为综合测试设备,故置于中继级

续表 7-4

产品名称	非经济性因素	是	否	影响或限制的修理级别				限制修理级别的原因说明
				O	I	D	X	
高频发射电缆	人力与人员	√					√	外场维修人员可完成相关维修工作
高频接收电缆	人力与人员	√					√	外场维修人员可完成相关维修工作
低频电缆	人力与人员	√					√	外场维修人员可完成相关维修工作

(2) 填写 LORA 汇总表

某型飞机无线电高度表 LORA 汇总表如表 7-5 所列。

表 7-5 某型飞机无线电高度表 LORA 汇总表

初始约定层次：某型飞机　　　　分析：×××　　　审核：×××　　　第 1 页·共 1 页
约定层次：航电系统高度表　　　　　　　　　　　　批准：×××　　　填表日期：2009 年 12 月 10 日

基层级可更换单元编码	产品名称	拆/换			修 理			报 废		
		O	I	D	O	I	D	O	I	D
LRU1	主机	√				√				
LRU2	接收天线	√				√				
LRU3	发射天线	√				√				
LRU4	高频发射电缆	√							√	
LRU5	高频接收电缆	√							√	
LRU6	低频电缆	√							√	

(3) 结　论

通过对某型飞机无线电高度表进行 LORA，确定了主机、接收天线、发射天线及高频发射电缆、高频接收电缆和低频电缆等 LRU 的修理及报废工作执行地点的修理级别，为某型飞机保障方案的制定提供了原始分析依据。

7.3.2　案例 2：某型舰减速设备的 LORA

案例 2 利用经济性分析确定某型舰减速设备的修理级别。

设已知参数为：单价 $D=1$ 万元，单舰配置数 $N_p=4$ 个，该型舰总数 $N=20$ 艘，装备的编配大队数 $N_z=5$ 个，预期寿命 $T=20$ 年，每月工作小时数 $T_o=50$ 小时，平均故障间隔时间 $T_{BF}=20$ 小时。中继级修理模型和基地级修理模型的输入信息如表 7-6 所列。

(1) 修理级别决策

依据该型舰减速设备产品的分解结构，通过 LORA 决策树进行分析，得到的结果是：60% 故障件在基层级维修，5% 故障件报废，10% 故障件在基地级维修，10% 故障件在中继级维修，还有 15% 故障件需要进一步分析决策。中继级不储存备件。

表 7-6 某型舰减速设备修理级别分析输入信息表

中继级修理			基地级修理		
费用参数	符号	参数值	费用参数	符号	参数值
每个大队的保障设备费用	C_z	10 万/大队	保障设备费用	C_{se}	1 万元
保障设备费用因子	R	1%	保障设备维修费用	C_{sem}	0
每个大队的训练费用	C_t	3 万/大队	训练费	C_{tng}	3 000 元
资料费用	C_{td}	10 万元	资料费	C_{td}	1 万元
修理周转时间	T_r	8 天	修理周转时间	T_r	2 月
人力费用率	R_g	2.5 元/小时	人力费用率	R_{gd}	10 元/小时
存储备件费用	R_b	15 元/个	安全库存期	T_{an}	1 月
每次平均修理时间	$\overline{M}_{CT}$	4 小时	每次平均修理时间	$\overline{M}_{CT}$	4 小时
			备件包装、装卸、储存、运输费用	C_p	15 元/个

(2) 经济性分析

先计算减速装置组件的月修理次数 N_r,即

$$N_r = (N \times T_o / T_{BF}) \times N_p \times 15\% = (20 \times 50 \div 20) \times 4 \times 0.15 \text{ 次/月} = 30 \text{ 次/月}$$

下面分别计算中继级修理费用 C_I 和基地级修理费用 C_D,即

$$C_I = C_{se} + C_{sem} + C_{td} + C_{tng} + C_s + C_l \tag{7-2}$$

$$C_D = C_{se} + C_{sem} + C_{td} + C_{tng} + C_{ss} + C_{ps} + C_{rp} + C_l \tag{7-3}$$

式中:C_D——基地级总费用;

C_I——中继级总费用;

C_{ss}——安全库存费用;

C_s——备件的发运和储存费用;

C_{rp}——修理供应费用。

将表 7-6 中的数据代入式(7-2)和式(7-3)中,计算结果如下。

1) 中继级修理费用计算

$$C_{se} = C_z \times N_z = 50 \text{ 万元},\quad C_{sem} = C_{se} \times R \times T = 10 \text{ 万元},\quad C_{td} = 10 \text{ 万元}$$

$$C_{tng} = C_t \times N_z = 15 \text{ 万元},\quad C_s = R_b \times T \times 12 \times N_r = 10.8 \text{ 万元}$$

$$C_l = N_r \times T \times 12 \times R_g \times \overline{M}_{CT} = 7.2 \text{ 万元}$$

2) 基地级修理费用计算

$$C_{se} = 1 \text{ 万元},\quad C_{sem} = 0,\quad C_{td} = 1 \text{ 万元},\quad C_{ss} = N_r \times T_{an} \times D = 30 \text{ 万元}$$

$$C_{ps} = N_r \times T \times 12 \times C_p = 10.8 \text{ 万元},\quad C_{rp} = N_r \times T_r \times D = 60 \text{ 万元}$$

$$C_l = N_r \times T \times 12 \times R_{gd} \times \overline{M}_{CT} = 28.8 \text{ 万元}$$

3) 计算两种方案的总费用

$$C_I = C_{se} + C_{sem} + C_{td} + C_{tng} + C_s + C_l = 103 \text{ 万元}$$

$$C_D = C_{se} + C_{sem} + C_{td} + C_{tng} + C_{ss} + C_{ps} + C_{rp} + C_l = 131.9 \text{ 万元}$$

显然 $C_D > C_I$,所以这些故障件应在中继级完成修理。

(3) 进行敏感性分析

若使这些故障件的故障率下降,使其可靠性提高 1 倍,即平均故障间隔时间从 20 小时提高到 40 小时,则再将数据代入原式可计算得到 $C_I = 94$ 万元 $> C_D = 67.1$ 万元,结果表明修理可在基地级进行,而且各级费用明显降低。

(4) 结　论

通过经济性分析确定了某型舰减速设备的修理级别;同时对输入数据进行了敏感性分析,结果表明通过提高产品的可靠性水平,可以将维修工作归入基地级执行。

7.3.3　案例 3:某型军用飞机控制组件的 LORA

对某型军用飞机的控制组件进行修理级别分析,已知参数如表 7-7 所列。

表 7-7　某型军用飞机控制组件参数

产品名称	飞机控制组件	产品名称	飞机控制组件
单价(D)	5 000 元	装备的空军飞行中队数(N_z)	20 个
飞机总数(N)	500 架	预计每月飞行小时数(T_o)	20 小时/月
预期寿命(T)	10 年	平均故障间隔时间(T_{BF})	10 小时
每架飞机中的控制组件数(N_p)	2 个		

中继级修理和基地级修理的 LORA 经济性分析模型输入信息如表 7-8 所列。

表 7-8　中继级修理和基地级修理的 LORA 经济性分析模型输入信息

中继级修理			基地级修理		
费用参数	符　号	参数值	费用参数	符　号	参数值
每个中队的保障设备费用	C_z	100 000 元/中队	保障设备费用	C_{se}	50 000 元
每年保障设备维修费用占保障设备费用的百分比	R	1%	保障设备维修费用	C_{sem}	0
每个中队的训练费用	C_t	30 000 元/中队	训练费用	C_{tng}	5 000 元
资料费用	C_{td}	100 000 元	资料费	C_{td}	0
修理周转时间	T_r	8 天	修理周转时间	T_r	2 月(60 天)
人力费用率	R_g	5 元/小时	人力费用率	R_{gd}	12 元/小时
每次储存备件的费用	R_b	120 元/次	安全库存期	T_{an}	0.5 月(15 天)
每次修理的平均修理时间	$\overline{M}_{CT}$	2.5 小时	每次修理的平均修理时间	$\overline{M}_{CT}$	2.5 小时
			备件的包装、装卸、储存和运输费用	C_p	150 元

首先利用修理级别分析决策树来考虑非经济性因素,进行修理级别决策,然后进行经济性分析。

(1) 修理级别分析决策树

首先利用修理级别分析决策树进行决策,决策结果为:60% 的故障件在基层级修理,5%

的故障件报废,10%的故障件必须在基地级修理,10%的故障件显然在中继级修理,15%的故障件需用修理级别经济性分析模型进一步决策。

(2) 经济性分析

由于15%的故障件需用修理级别经济性分析模型进行决策,因此可以计算飞机控制组件中的月修理次数(N_r)为

$$N_r = (N \times T_o / T_{BF}) \times N_p \times 15\% = (500 \times 20 \div 10) \times 2 \times 0.15 \text{ 次/月} = 300 \text{ 次/月}$$

下面用修理级别经济性分析模型进行计算,其中假设费用模型中仅考虑中继级修理(I)和基地级修理(D)。

将表7-7中的数据代入式(7-2)和式(7-3)计算如下。

1) 中继级修理费用计算

$$C_{se} = C_z \times N_z = 100\,000 \times 20 \text{ 元} = 200 \text{ 万元}$$

$$C_{sem} = C_{se} \times R \times T = 2\,000\,000 \times 0.01 \times 10 \text{ 元} = 20 \text{ 万元}$$

$$C_{td} = 10 \text{ 万元}$$

$$C_{tng} = C_t \times N_z = 30\,000 \times 20 \text{ 元} = 60 \text{ 万元}$$

$$C_s = R_b \times T \times 12 \times N_r = 120 \times 10 \times 12 \times 300 \text{ 元} = 432 \text{ 万元}$$

$$C_l = N_r \times T \times 12 \times R_g \times \overline{M}_{CT} = 300 \times 10 \times 12 \times 5 \times 2.5 \text{ 元} = 45 \text{ 万元}$$

2) 基地级修理费用计算

$$C_{se} = 5 \text{ 万元}$$

$$C_{sem} = 0$$

$$C_{tng} = 0.5 \text{ 万元}$$

$$C_{ss} = N_r \times T_{an} \times D = 300 \times 0.5 \times 5\,000 \text{ 元} = 75 \text{ 万元}$$

$$C_{ps} = N_r \times T \times 12 \times C_p = 300 \times 10 \times 12 \times 150 \text{ 元} = 540 \text{ 万元}$$

$$C_{rp} = N_r \times T_r \times D = 300 \times 2 \times 5\,000 \text{ 元} = 300 \text{ 万元}$$

$$C_l = N_r \times T \times 12 \times R_{gd} \times \overline{M}_{CT} = 300 \times 10 \times 12 \times 12 \times 2.5 \text{ 元} = 108 \text{ 万元}$$

3) 计算两种方案的总费用

$$C_I = C_{se} + C_{sem} + C_{td} + C_{tng} + C_s + C_l =$$
$$(200 + 20 + 10 + 60 + 432 + 45) \text{ 万元} = 767 \text{ 万元}$$

$$C_D = C_{se} + C_{sem} + C_{td} + C_{tng} + C_{ss} + C_{ps} + C_{rp} + C_l =$$
$$(5 + 0 + 0.5 + 75 + 540 + 300 + 108) \text{ 万元} = 1\,028.5 \text{ 万元}$$

因为$C_D > C_I$,所以这些故障件应在中继级完成修理。

(3) 进行敏感性分析

对此还需进一步进行敏感性分析。如果平均故障间隔时间提高1倍,即从10小时提高到20小时,那么修理级别分析结果表明修理可在基地级完成,而且每一级修理的总费用也将有明显下降,如表7-9所列。

(4) 结 论

通过经济性分析确定了某型飞机控制组件的修理级别。从案例3看出,备件包装、装卸、储存和运输费用是导致组件在中继级进行修理的决定性因素;同时对输入参数进行了敏感性分析,表明典型任务执行时间对LORA的结果有较大影响。

第 7 章 修理级别分析(LORA)

表 7-9 修理级别分析的敏感性分析

费用项		中继级修理费用/万元	基地级修理费用/万元
保障设备费用	C_{se}	200	5.0
保障设备维修费用	C_{sem}	20	0
资料费用	C_{td}	10	0
训练费用	C_{tng}	60	0.5
备件收运和储存费用	C_s	216	0
安全库存费用	C_{ss}	0	37.5
备件包装、装卸、储存、运输费用	C_{ps}	0	270.0
修理供应费用	C_{rp}	0	150
维修人力费用	C_l	22.5	54
总费用		528.5	517
决策结果		基地级修理	

习 题

1. 什么是修理级别?修理级别通常如何划分?每个修理级别的特点是什么?
2. 什么是装备的修理约定层次?装备的修理约定层次如何划分?
3. LORA 中非经济性分析的决策因素包括哪些?
4. 简述 LORA 中敏感性分析的作用。
5. 试用经济性分析方法确定某型设备的修理级别。已知参数如下:该设备单价 $D=0.5$ 万元,单装备配置数 $N_p=6$ 个,该型装备总数 $N=24$ 个,装备的编配大队数 $N_z=5$ 个,预期寿命 $T=20$ 年,每月工作小时数 $T_o=60$ 小时,平均故障间隔时间 $T_{BF}=8$ 小时。中继级修理模型和基地级修理模型的输入信息如表 7-10 所列。

表 7-10 某型设备修理级别分析输入信息表

中继级修理			基地级修理		
费用参数	符 号	参数值	费用参数	符 号	参数值
每个大队的保障设备费用	C_z	9 万元/大队	保障设备费用	C_{se}	10 万元
保障设备费用因子	R	0.9%	保障设备维修费用	C_{sem}	1 万元
每个大队的训练费用	C_t	6 万元/大队	训练费	C_{tng}	9 000 元
资料费用	C_{td}	9 万元	资料费	C_{td}	1 万元
修理周转时间	T_r	15 天	修理周转时间	T_r	3 月
人力费用率	R_g	30 元/小时	人力费用率	R_{gd}	60 元/小时
每次的存储备件费用	R_b	30 元/小时	安全库存期	T_{an}	2 月
每次的平均修理时间	$\overline{M}_{CT}$	3 小时	每次平均修理时间	$\overline{M}_{CT}$	8 小时
			备件包装、装卸、储存、运输费用	C_p	150 元

第8章 保障资源设计要求分析

保障资源是进行装备使用和维修等保障工作的物质基础。通过保障性分析来确定保障资源的品种及数量要求。可以根据使用特点将保障资源划分为消耗型资源和占用型资源。消耗型资源指在装备使用和维护过程中资源数量随时间是逐渐消耗的。通常情况下将备件、包装容器、油料和弹药等资源视为消耗型资源。占用型资源指在装备使用和维护过程中资源处于被占用状态,在相应活动执行完毕后,资源处于空闲状态。通常将保障设备与工具、人力人员、保障设施和技术资料等资源视为占用型资源。保障资源又可分为物资资源(如保障设备、设施、备件等)、人力资源(如人员与专业技术水平)和信息资源(如技术手册与计算机软件等),通过信息资源可以将物资资源和人力资源与装备有机地结合起来。装备使用与维修保障所需的资源通常是不同的,这两方面的资源一般是不通用的,但研制的基本过程是相似的。

本章将阐述保障资源要求的确定过程,以及如何在装备研制阶段的保障方案中有重点地描述保障资源。

8.1 保障人员、专业和技术水平要求

保障人员是使用与维修装备的主体,是战斗力的组成部分,当某一新型装备投入使用后,总是需要一定数量的,并且具有一定专业技术等级的人员从事装备的使用与维修工作。在新装备保障系统的研制过程中,对人员及技能水平的要求是优先考虑的因素之一。

使用与维修人员具有的技能应与装备的特点和装备的使用与维修工作的技术复杂程度一致。若使这些人员有合适的能力与知识去完成使用与维修工作,则有两方面的问题需要考虑:一是当确定了人员的专业技能要求之后,可通过人员培训来弥补需求与实际技能之间的差距;二是对装备设计施加影响,使装备尽可能地便于使用和维修(包括应用先进和适用的保障设备),使人员的工作大大简化。

8.1.1 确定人员数量、技术专业和技术等级要求

在进行新装备研制时,订购方常把人员的编制定额和兵源可能达到的文化水平作为确定人员要求的约束条件向承制方提出。因此,要根据对装备的使用与维修工作任务分析结果,并考虑部队使用与维修人员的编制定额及平时和战时任务兼顾等方面的因素来确定人员数量、技术专业和技术等级要求。

人员的数量和专业技术等级通常依据不同使用单位和维修级别按下列步骤加以确定。

(1) 确定人员专业类型及技术等级要求

根据使用与维修工作任务分析,对所得的不同性质的专业工作加以归类,并参考在类似装备上服役人员的专业分工,可以提出使用人员的专业(如驾驶员、轮机员、车长和炮手等)和维修人员的专业(如机械修理工、光学工、电工和仪表工等),并确定其相应的技能水平要求。其中对使用操作人员的技能水平与要求的确定还应进行人机工程分析,以便人机和谐。

(2) 确定使用与维修人员的数量

确定使用操作人员的数量相对来讲较为容易,因为使用装备的工作是作为主要职能分配给使用人员的,如某种新研坦克,根据职能分配需要 3(或 4)名乘员,战斗机需要 1 名驾驶员等。但是,对于一套导弹武器系统或一艘军舰,可能需要几十或上百人,这时就需通过使用工作任务分析,得到每项工作所需的人员数量,然后才可得到使用每一装备所需的总人员数量。

维修人员数量的确定比较复杂,有时维修人员并没有与特定装备存在一一对应的关系,因而在确定保障这种装备所需的维修人员数量时,就需做必要的分析工作。根据装备的特点和维修任务的不同,对维修人员数量的预计可以有很多方法,下面介绍一种较通用的对平时维修人员数量预计的方法。通常,第一步利用 FMEA 及 RCMA 确定出修复性维修工作项目及预防性维修工作项目。第二步预测每项保障工作项目所需的年度工时数,其中需确定维修工作的频度和完成每项维修工作所需的工时数。第三步根据全年可用于维修的工作时间求得所需维修人员的总数。预测装备维修人员总数的公式为

$$M = \frac{NM_H}{T_N(1-y)} \quad (8-1)$$

式中:M——维修人员总数;

T_N——(全年日历天数－非维修工作天数)×每日工作时间,也称年时基数;

N——年度需维修装备总数;

y——维修人员出勤率;

M_H——每年每台装备维修工作工时数(每台装备维修工时定额),且有

$$M_H = \sum T_{Fi} T_{Tij} N_j$$

式中:T_{Fi}——i 项维修工作任务的年工作频度;

T_{Fij}——j 类部件(组件)i 项维修工作任务的每次维修工作时间;

N_j——装备上被保障的 j 类部件(组件)的数目。

另外,也可以由使用维修工作分析汇总表来计算各个不同专业总的维修工作量,并按下式粗略估算各专业人员的数量,即

$$M_i = \frac{T_i N}{H_d D_y y_i} \quad (8-2)$$

式中:M_i——第 i 类专业人员数;

T_i——维修单台装备第 i 类专业年度工作量;

N——年度需维修装备总数;

H_d——每人每天工作时间;

D_y——年有效工作日;

y_i——第 i 类专业人员出勤率。

上述分析结果还应与相似装备的部队编制人员专业进行对比后做相应调整,以初步确定各专业人员的数量,并通过选拔与专业培训及研制试验与使用试验来加以修正。表 8-1 列出了人员数量与技术等级要求汇总报告格式的一种示例,用来描述人员及专业技术要求。图 8-1 为制定使用与维修人员要求流程图。

表 8-1 人员数量与技术等级要求汇总报告示例

标题级别	内容说明
第一部分 使用人员及基层级、中继级维修人员数量与技术等级信息	—
第一节 前言	简述报告目的
第二节 装备概述	对装备的详细描述,包括其目的、使用特点、维修及使用原理
第三节 维修和使用工作	简述实施使用和维修工作项目、使用时间预计以及使用保障设备等
第四节 技术专业说明	详细描述实施使用和维修所需的技术专业,包括完整的工作目录、所需使用的保障设备、工作时间与频度、年度工时要求以及工作熟练程度
第五节 初始人员配备估计	对新研装备系统初始人员配备的建议,包括人员配备说明、编制一览表及其他适用的资料
第六节 特殊问题	详述影响人员计划拟定的问题或相关因素
第二部分 基地级保障人员要求的数量与技术等级信息	此部分内容与第一部分第四节至第六节的内容类似,所不同的是此处是对基地级人员的要求

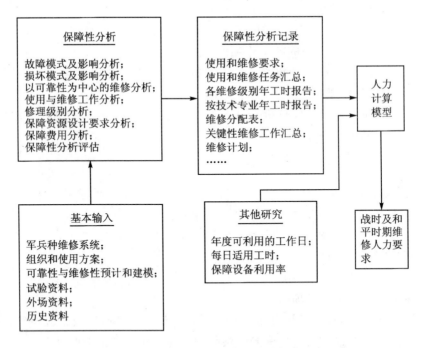

图 8-1 制定使用与维修人员要求流程图

需要特别注意的是,在确定使用与维修人员数量及技术等级要求时,要控制对使用与维修人员数量和技能的过高要求。由于编制等各方面原因,人员不可能无限膨胀,技能也受到兵员服役年限和受训时间的限制。因此,当人员数量和技术等级要求与实际可提供的人员有较大差距时,应通过改进装备设计、提高装备的可靠性与维修性水平、研制使用简便的保障设备和改进训练手段以提高训练效果等手段对装备设计和相关保障问题施加影响,使装备便于操作和维修,从而减少维修工作量及降低对维修人员数量和技术等级的要求。这是装备发展和对使用维修工作要求的一种趋势,即当装备越复杂时,越应努力减少对使用与维修人员的技能要求。

战时,为适应战场修理机构的机动性要求,可考虑战损修复专业技术的特点,在战斗中配备不同工种专业人员作为机动维修小组。机动小组平时参加正常维修作业,但定期接受战场修理技术训练,做到平战结合。战场修理人员数量与专业的确定要从 DMEA 中获取必要的信息。现以坦克战场修理为例加以说明。通常,战场修理按机动维修小组每昼夜可修复损伤的车辆数量作为预计的根据。维修人员数目(M)的估算式为

$$M = \sum N\alpha\beta_i d_i / n_i \quad (8-3)$$

式中:N——装备总数;
α——参战率;
β_i——第 i 类损坏模式战损比率;
d_i——第 i 类损坏模式维修工时;
n_i——每天每个维修人员可工作时间。

式(8-3)中所需数据可用战损评估或模拟试验以及从 DMEA 分析资料中获得。

在装备论证时就应该明确人力的大体要求;在方案阶段就应对人员要求进行初步估算,初步估计值是在分析其基准比较系统的基础上得出的;在工程研制阶段,随着设计的深入与完成,可有大量数据来进行详细的使用与维修工作分析,从而在此基础上可以得出更为准确、具体的人力估计值。

8.1.2 人员来源与补充

在多数情况下,新装备的部署是以替换原有装备的方式进行的,因此所能提供的人员和技术等级只能从现有部队人力资源中获得。新装备与原有装备总是存在较大差异,可能需要某些特殊的工种和保障分队,这就需要通过培训或内部的人员调剂来解决,必要时需要调整编制以满足新装备的需要。因此,在研制过程中尽早提出人员要求是非常重要的,这是保证装备配发部队以后能够快速形成战斗力的主要途径。

8.2 供应保障要求的确定

装备的使用和维修需要大量的供应品,这里的供应品包括备件和消耗品。备件用于装备维修时更换有故障(或失效)的零部件。消耗品是维修所消耗掉的材料,如垫圈、开口销、焊料、焊条、涂料和胶布等。根据资料统计,在寿命周期中维修所需的备件费用约占整个维修费用的 60%～70%。可见供应保障规则是综合保障工程中影响费用和战备完好性的重要专业工作。

供应保障是确定装备使用和维修所需供应品的数量和品种,并研究它们的筹措、分配、供应、储运、调拨以及装备停产后的供应品供应等问题的管理与技术活动。供应保障的目标是使装备使用与维修中所需的供应品能够得到及时和充分的供应,并使供应品的库存费用降至最低。为此,供应保障主要解决两个方面的问题:一是确定装备供应品的需求量;二是确定装备

供应品的库存量。确定装备供应品需求量的关键是能够准确掌握装备的故障率,而决定库存量大小的关键则取决于对装备供应品库存的合理控制。

从备件提供的时间上来区分,可以分为初始备件和后续备件,即装备初期使用中应提供的备件和装备后续正常使用与维修中所需的备件。此外还应考虑停产后的备件供应与战时供应问题。

8.2.1 供应保障工作的主要内容

初始供应工作的重点是确定初始备件的需求量,规划装备在使用阶段初期的备件供应工作。后续供应工作的重点是对备件库存量的控制,保证装备的正常使用和维修有充足的备件。初始供应的大部分工作主要在装备研制阶段由研制部门(承制方)完成。初始供应工作应在研制阶段早期就进行规划。初始备件供应期间完成的工作对后续供应工作有重要影响,因此,在初始供应规划过程中还应考虑与后续阶段备件供应工作的协调。此外,在工程研制阶段还应考虑装备停产后的供应保障以及战时供应保障等问题。

图 8-2 为大型复杂装备备件供应规划过程示意图,图中虚线部分为保障性工作。其中应特别重视通过现场供应和保障评价提出的纠正措施。

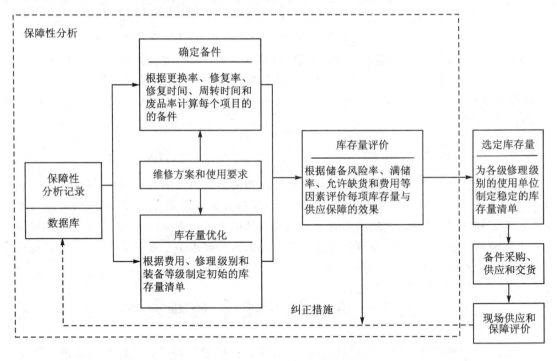

图 8-2 备件供应规划过程

1. 初始供应工作

初始供应工作是整个供应工作的基础,因为它所确定的供应内容和原则经批准后将形成库存管理文件和编码要求,该工作一旦实施若要更改是比较困难的。初始供应工作由承制方会同使用方共同规划实施,主要内容有:

① 确定各修理级别所需备件的数量和各种清单,如零件供应清单、散装品供应清单及修

复件供应清单等。清单中应包括备件的名称、数量和库存量等。

② 拟定新研装备及其保障设备、搬运设备及训练器材所需备件的订购要求,包括检验、生产管理、质量保证措施及交付要求。

③ 制定与使用和维修备件有关的库存管理的初始方案,包括备件的采购、验收、分发、储运及剩余物资处理等。

④ 拟定装备停产后的备件供应计划。

初始备件供应计划一般保证 1~2 年的初始保证期使用,因为主要备件从订购到收到的生产周期一般为 1~2 年。如果初期库存量不足,则不仅影响使用,还会将战斗力的形成时间推延,这是十分不利的。另外,在这个时期要通过现场使用评价来积累经验,以估算后续备件的订购。

2. 后续供应工作

后续供应工作一般由使用方负责规划实施。各军兵种按初期供应拟定的清单及管理要求,结合初期的实际使用情况进行备件供应数据的收集和分析并做出评价,以便及时修订备件需求,调整库存和供应网点,改进供应方法,实施和修订装备停产后的备件供应计划。

3. 战时供应工作

战时装备的损伤率很高,除了自然损坏外还包括战损。战损维修所需备件的供应十分复杂,它有时间要求紧迫、备件需求波动极大、难以事先预计、补给困难以及组织协调复杂等特点。因此为了降低战时供应品保障的负担,需要对战时供应品的储备做专门的研究。

为了保证战争期间有符合质量要求的供应品,应拟定战备供应品储备和供应计划,根据作战任务和供应范围,通常实行统一规划、分级储备的原则,即战略储备、战役储备和战术储备。这种储备应在装备部署后立即开始筹措,因为它是一种较长时间的储备。储存数量和期限应根据作战任务、环境特点和储存的经济合理性进行综合权衡来加以确定。

战役和战术储备通常依据预计任务、装备数量、使用强度、战损估算、环境条件和运输能力、地方支援的可能性以及修理的方法(一般以快速修理和换件为主)等来制定储备供应品基数。由于是较长时期的储存,且在库存管理上要求保证库存供应品的质量,使其不改变原有的使用价值,因此应采用合理的封存和包装,并适时检查更新。当在实践中发现储备不合乎需要时,应及时修订储备量和分布地域。

8.2.2 确定备件品种和数量

确定维修中所需备件的种类和数量是进行有效修复工作的必要条件。由于影响备件需求的因素很多,如装备的使用方法、维修能力、环境条件以及装备质量和寿命周期的变动等,因此,还没有一种准确确定备件需求和库存的方法。通常可利用过去的经验和类似装备的需求,来规划今后给定一段时间内所需备件的预计数。例如,通过 O&MTA 和有关试验和消耗统计资料,并考虑其故障率,列出装备维修所需的每一备件清单;通过计算和分析判断及比较类似装备备件需求的经验数据,制定出最佳的备件供应清单。计算中需要的基本数据主要有平均故障间隔时间、每年的使用小时数、任务持续时间、一台装备上含有同类零件的数量、更换率、备件修复率和废品率等。

1. 初始备件量的计算

初始备件量的理论计算多采用泊松分布,通常假定备件需求数服从泊松分布,计算初始备件数的计算式为

$$P = \sum_{n=0}^{n=s} \left[\frac{(\lambda_i N_i t)^n e^{-\lambda N_i t}}{n!} \right] \quad (8-4)$$

式中：P——需要时能够获得备件的概率；

S——初始备件数；

λ_i——第 i 类零件的故障率；

N_i——一台装备上第 i 类零件的数量,即单车(机)安装数；

t——初始保证期或预防缺货的间隔时间。

式(8-4)的计算比较麻烦,也可采用由式(8-4)推导出的经验公式计算,即

$$S = \lambda_i N_i t + \sqrt{\lambda_i N_i K t} \quad (8-5)$$

式中：K——备件保障水平,$K=U_P$,U_P 为标准正态分布相应概率为 P 的上侧分位点。

对于某一零件,不同修理原则所对应的 t 的取值有所不同。

除了上面介绍的泊松分布外,初始备件量的理论计算值 Q 也可利用下式估算,即

$$Q_i = \frac{N N_i T}{T_{BRi}} \quad (8-6)$$

式中：Q_i——装备上第 i 类零部件在 T 时间内所需备件数；

N——装备总数；

N_i——一台装备上的第 i 类零部件数,即单车(机)安装数；

T——使用时间,即初始备件的保证期限,一般为 1~2 年；

T_{BRi}——第 i 类零部件的平均维修更换间隔时间,且有

$$T_{BRi} = \left(\frac{1}{T_{BRpti}} + \frac{1}{T_{BRcti}} \right)^{-1}$$

式中：T_{BRpti}——第 i 类零部件预防维修更换间隔时间；

T_{BRcti}——第 i 类零部件修复性维修更换间隔时间。

初始备件的实际需求量应根据对理论计算值加以修正后得到,需考虑的因素有使用强度和环境、使用和维修人员技术等级、零部件质量以及管理水平等；在资料不足时,该实际需求量可利用类似装备的零部件估计,也可按部队的年实际消耗分析来得出。

2. 后续备件量的计算

后续备件供应一般以年为单位进行计算,所以也可称为年度备件需求数。确定年度备件需求数的主要依据有年度计划任务量、定额资料和历史统计资料等。

年度计划任务量指在计划期内需要完成的装备维修及其有关的各项任务的数量。

定额资料指在一定条件下,规定备件消耗方面应当遵守和达到的标准量资料,如备件消耗定额、备件储备定额和维修费用定额等。备件消耗定额指在一定条件下,完成一台装备维修或单位产品所规定的消耗备件的标准数量。备件消耗定额的计算公式为

$$Q_f = N_i P_f \tag{8-7}$$

式中：Q_f——备件消耗定额；

P_f——备件更换率。

年度备件需求数的计算公式为

$$R = W Q_f \tag{8-8}$$

式中：R——某种备件的年度计划需求量；

W——年度计划任务量。

实际上这种计算方法是建立在统计基础上的。影响需求量精确与否的主要因素是消耗定额标准的准确程度和年度计划任务量的计算。这种方法往往使计算出的需求数偏高，造成供应品积压。

年度备件供应数可用下式来计算，即

$$Q_i = \frac{N N_i T_{OP}(1-\mu)}{T_{BRi}} \tag{8-9}$$

式中：T_{OP}——年度使用小时(或次数)；

μ——修复后可继续使用的百分数。

式(8-9)对式(8-6)只是做一下修正，将式(8-6)中的 T 变为年度使用小时或次数 T_{OP}。对于可修复件和不可修复件应分别计算。可修复件修复后将归入周转备件继续使用，其需求量(Q_i)的计算公式为式(8-9)。

对于不可修复件的需求量，可令式(8-9)中的 $\mu=0$ 来求出。

对于装备所需的备件，应制定专门的供应清单，说明其名称、规格、种类、数量以及特殊要求等，这是供应保障的一个重要文件。

8.2.3 备件库存控制

备件储存指在装备使用中，为保证其工作正常进行，备件已经取得而尚未正式投入使用，并存储在仓库的过程。储存的数量即库存量，有时简称库存。对库存量大小进行控制的技术叫库存控制技术。库存控制的目的是满足装备使用与维修工作的要求和以最低的费用在合适的地点保存恰当数量的备件。

1. 库存控制过程

库存控制包括订货、进货、保管和供应四个过程。这个过程从理论上讲十分简单，但它受诸多因素影响，如装备备件需求的波动，备件供货的时间间隔，备件生产周期，仓储环境、地理位置和运输条件，以及备件储存寿命和备件的价格等，因此确定合理库存成为极其复杂的问题。

装备备件储存分为平时周转储存和战备储存。战备储存根据作战任务进行统一规划、分级储存，其中包括战略、战役和战术储存。

平时周转储存可利用各种库存模型辅以必要的修正系数或经验系数加以计算，并在使用过程中加以完善来确定其库存量，目标是满足使用费用最低的要求，既不积压资金，又要保证需求。模型中要根据供需情况做必要的假设和简化，只要假设和简化是合理的，按模型确定的库存量就是有参考价值的。

衡量备件库存量合理与否的主要指标是储备定额。对平时周转储存来说，按其形态可分为经常储备定额和保险储备定额。经常储备定额指在两次进货的间隔期内，为了保证正常供应的需要而规定的储备标准数量。保险储备定额是为了保证供应过程中发生意外情况时，能够不间断供应而规定的标准数量。对各级维修机构的备件储备期限要分别做出规定。保险储备定额可以用附加储备天数计算，或根据不同备件的实际情况加以修正。图8-3所示为供货、发放、订购及运送保持一定备件储备的备件理论库存循环过程。

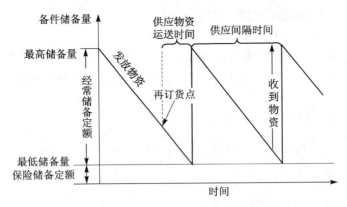

图8-3 理论的库存循环过程

图8-3只是理论上的库存循环，实际上备件需求量并非总是保持不变的，有时供货可能高于额定的储备标准，有时需求大于储备而使储备出现短缺。因而供货周期也应随之改变，如图8-4所示。

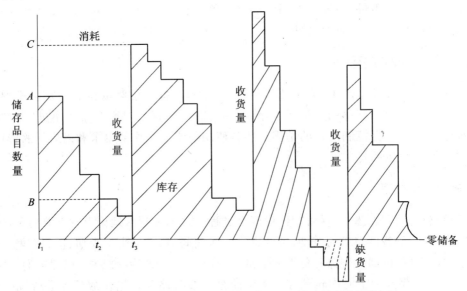

t_1—库存水平A；t_2—库存水平减少到再订货点B；t_3—到货且储备增加到水平C

图8-4 实际库存循环过程示意图

2. 经济订购批量法

库存要占用一大笔资金，因此在考虑库存时（特别是平时），总是以库存费用最低来决定库存订货的批量,这就是经济订购批量法。经济订购批量法是以某种供应品一次进货数量(批量)作为确定该种器材储备定额的方法。

经济订购批量法理论广泛运用于各种库存模型,以确定最经济的订购批量(EOQ)。比较常用的库存模型有:

① 按备件供货时间划分的库存模型。它包括不允许缺货和瞬时进货,不允许缺货和边进货边消耗,以及允许缺货和瞬时进货等几种模型。

② 随机型库存模型。这是通过备件需求量的不同概率分布(如二项分布、正态分布或泊松分布)来确定库存量的模型。

③ 供应期库存模型。这种模型所考虑的主要问题不仅是备件需求,更多的是根据备件生产周期、供货周期、订货发货的制约以及运输限制来制定模型。

经济订购批量法的目的是在降低库存总费用的同时,保障用户获得充足的备件。订购费一般随一个时期内的订购次数而变化。订购次数增加,备件的订购费用增加,库存管理费用减少;订购次数减少,订购费用降低,但库存管理费用增加。这两项费用之和的最低点就是理想的经济订购批量,如图 8-5 所示。图中的库存总费用(C)可利用下面简化的公式表示,即

$$C = C_a + C_b = \frac{QC_2}{2} + \frac{RC_1}{Q} \tag{8-10}$$

式中:C_a——库存管理费;

C_b——订货费;

C_1——每份订单(或每次)的订购费;

C_2——每个零件的库存管理费;

R——备件的年需求量;

Q——订购批量。

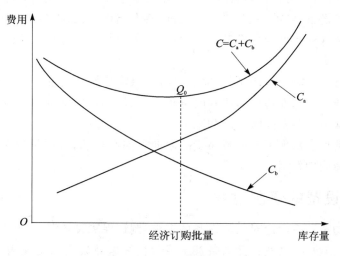

图 8-5 经济订购批量原理图

若认为 R 为常数,则 C 为 Q 的函数,对式(8-10)求极值,可得出经济订购批量(Q_0)的计算公式为

$$Q_0 = \sqrt{\frac{2RC_1}{C_2}} \tag{8-11}$$

每年的订货次数 n 可由下式确定为

$$n = \frac{R}{Q_0} = \sqrt{\frac{RC_2}{2C_1}} \qquad (8-12)$$

库存控制与军兵种供应体制有着极为重要的关系,其中供货范围(详细名称和目录、调拨或自行采购)、直接供货或中转供货、供货网点远近和运输条件以及管理要求等均对库存量影响较大。因此,在综合保障工程中除了提出供应的内容与数量外,还要在部署装备之后做好供应保障的评价工作,并加以修订和调整。

8.3 保障设备研制要求的确定

在使用与维修中所需的任何设备可称为保障设备。保障设备的研制是保障资源研制中重要而复杂的工作,这主要是因为现代化装备的保障设备,特别是测试设备日益复杂,价格越来越高;同时,保障设备本身的维修、备件供应、测试和人员训练要求也很复杂。

8.3.1 保障设备的分类

保障设备包括使用与维修所用的拆卸和安装设备、工具、测试设备(包括自动测试设备)和诊断设备、工艺装置、切削加工和焊接设备,等等。

保障设备既可以是只有一种特殊用途的专用设备,也可以是具有多种用途的通用设备。可根据保障设备的用途将其分为测试设备或维修设备,或根据其复杂程度及费用来进行分类。保障设备最常用的分类方法是根据该设备为通用设备还是专用设备来分类。

(1) 通用保障设备

通常可广泛使用,且对各种装备或多项使用与维修工作都具有普遍性功能的保障设备均可归类为通用保障设备,包括手工工具、压气机、液力起重机、示波器和电压表等。

通用保障设备常列入可选择设备清单中,在装备研制中通过 O&MTA 确定或选择。

(2) 专用保障设备

专为某一装备(或部件)所研制的、完成其特定保障功能的设备,归类为专用保障设备。例如专为监测装备的某一部件功能而研制的电子监测设备,不能用做其他用途。专用保障设备一般要随其需要保障的装备同时研制和采购。

专用保障设备目前出现了越来越昂贵的趋向。如有可能,应尽量避免使用专用保障设备以降低装备的寿命周期费用。

8.3.2 保障设备的研制过程

在装备研制的早期应确定对保障设备的需求,制订保障设备研制计划,特别是某些保障设备的研制周期长、花费大,某些保障设备甚至成为权衡保障方案的主要因素,所以保障设备的研制计划要尽早安排。

1. 确定保障设备需求

在研制装备的早期,利用保障性分析中的使用与维修工作分析来确定保障设备需求,并根据装备研制进度对保障设备做出初步规划。

在方案阶段应尽早确定预期的保障设备需求,以便对保障设备提出资金计划。若缺乏足够的资金,则将对保障设备研制计划的实施带来不利影响。

保障设备需求的确定过程开始于方案阶段,并且随着装备设计的成熟而逐步详细和具体。具体的保障设备的设计要求要在工程研制阶段才逐步确定下来。在装备的整个研制过程中,保障性分析的其他工作需要保障设备需求方面的资料,因而在方案阶段所建立的保障设备基线不能随意变动。

在保障方案确定后,根据每一修理级别应完成的维修工作可以确定保障设备的具体要求,并据此评定各修理级别的维修能力。当分析每项维修工作时,要得出保障该项工作的保障设备的类型和数量方面的数据,利用这些数据可确定在每一修理级别上所需保障设备的总需求量。基层级所需的保障设备应少于中继级,否则需要重新分配维修任务。在费用权衡方面,当需要配备价格十分高昂的保障设备时,应慎重研究,必要时可考虑修改保障方案,甚至修改装备设计。

在每一修理级别上的保障设备总需求量受到该级别上使用该项保障设备的活动数、时间和活动频率等影响,可用下式计算,即

$$N_u = \frac{N_E \sum_{i=1}^{N} f_{ui} t_{ui}}{T_u N_{AU}} \tag{8-13}$$

式中:N_E——装备数量;

f_{ui}——第 i 种使用该设备的保障活动频率;

t_{ui}——第 i 种使用该设备的保障活动占用该设备的时间;

T_u——该类保障设备在单位日历时间内能够工作的时间;

N_{AU}——同时使用该类设备的保障活动数;

N——使用该设备的保障活动种类数。

保障设备在保障性分析中涉及很多方面,具有很多接口。一方面,它的需求主要取决于使用与维修工作,并与装备设计相协调和匹配;另一方面,它又与备件供应、技术资料、人员训练以及软件保障(测试软件)有密切关系。因此,对保障设备需求所做的任何更改必须提供给其他分析人员,以修正有关的保障要求。

在研制(包括采购)保障设备前,要制订出完整的研制计划,说明应进行的工作,明确与相关专业的接口,并做好费用和进度的安排。保障设备研制计划的实施保证了所确定的保障设备要求的落实。

2. 保障设备设计准则及主要研制工作

通常尽量采用部队现有的或通用的保障设备,只有当现有的保障设备不能满足新研装备的使用与维修工作的要求时,才需设计和制造新的保障设备。

(1) 保障设备的设计应考虑的问题

应考虑的问题包括:

① 保障设备应与主装备相协调。例如装备可达性设计的限制,往往引起对拆装工具种类和尺寸的额外要求。

② 通过保障性分析,在影响装备设计的同时,精简保障设备的种类和数量。

③ 保障设备本身的可靠性与维修性等设计特性、抗振动与冲击的要求、所需能源与动力、限制的环境条件、安装因素以及本身使用与维修所需的保障要求等。

(2) 保障设备研制的主要工作

主要工作包括：

① 确定保障设备的种类与功能要求，如随车（机）工具、自动测试设备等。

② 编制初始保障设备清单，其中包括标准和专用的保障设备。

③ 进行保障设备的综合权衡，其中应考虑各修理级别的工作、保障设备利用率、保障设备本身的保障要求及费用因素等，以形成选定的保障设备清单。

④ 明确是研制还是外购保障设备，并对承制方或供应方提出保障设备要求。

⑤ 进行保障设备的设计与研制。

⑥ 编制保障设备的技术手册，其中应说明设备的工作原理、结构简图、使用与维修方法、测试技术条件以及保障要求等。

⑦ 提出保障设备的保障设施要求，如动力、空间、环境和专门的基础建设等。

⑧ 保障设备的验收与现场使用评估。

⑨ 保障设备交付部队的计划。

保障设备的试验与评价工作是装备试验与评价总计划的组成部分，其目的在于检查保障设备的有效性和研制计划的进展情况。某些装备的保障设备非常复杂，在装备研制过程中除了对保障设备进行单独试验与评价外，还要与装备同时进行试验，验证其适用程度和有效性。

图 8-6 提供了保障设备研制的主要过程。

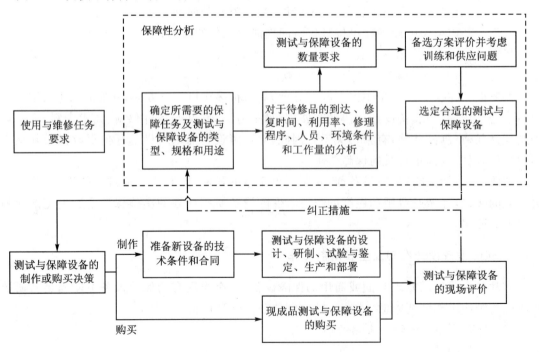

图 8-6 保障设备研制的主要过程

8.3.3 保障设备的保障

保障设备的种类繁多,保障设备的复杂程度也大不相同。对于简单的保障设备,如通用工具,一般仅需采购一定的备件和消耗品,并在供应文件、保障设备的维修手册中加以反映即可。但对于某些复杂的保障设备,如维修工程车、复杂测试设备等,其研制周期长、研制费用高,保障工作比较复杂,因此,应尽早确定其要求并开始研制工作。

复杂保障设备的保障与主装备的保障类似。由于保障设备的研制一般由转承包商负责,所以主承包商应向转承包商提出要求,有时转承包商也受订购方的直接控制。

对保障设备的保障主要应考虑如下几方面的问题。

(1) 保障设备的供应

通常对保障设备也要求提出所需的供应技术文件。供应技术文件包括保障设备所需备件和配件的品种与数量及供货方式等。保障设备的备件供应工作一定要与所制订的保障设备研制计划相协调,以保证供应技术文件能够正确反映出保障设备的需求。对于复杂的保障设备,还应考虑其可修复件的修理与供应等问题。

(2) 保障设备的技术手册

当使用和维修复杂的保障设备时需要技术手册,对保障设备技术手册的编制应规定详细的要求。在工程研制阶段要验证保障设备技术手册与保障设备的配套程度,使之不至于因某些变更而互相矛盾。

(3) 训　练

对于复杂的保障设备,需制定操作和维修这些保障设备的训练要求,包括训练内容、训练所需器材和训练计划。训练计划的进度要与保障设备的研制进度相协调。通常保障设备的训练计划包含于装备的训练计划之中。

(4) 设　施

许多保障设备有其特定的动力、空间、空调及保障所必须考虑的环境要求,因此,制订保障设备研制计划时要与保障设施计划相协调。由于保障设施的完成有时需要较长时间,因此,专用保障设备的设施需求要在研制过程中尽早确定。

8.4 技术资料编制要求的确定

技术资料指将装备保障活动说明转化为执行保障工作所需的工程图样、技术规范、技术手册、技术报告和计算机软件文档等。它来源于各种工程与技术信息和保障性分析记录。就交付给使用方的技术资料来看,其范围也很广泛,包括装备使用和维修中所需的各种技术资料。技术资料的目的是为装备使用和维修人员正确使用和维修装备而规定明确的程序、方法、规范和要求,并与备件供应、保障设备、人员训练、设施、包装、装卸、储存、运输、计算机资源保障以及工程设计和质量保证等互相协调统一,以便装备发挥最佳效能。因此,编写技术资料是一项非常烦琐的工作,要涉及诸多专业,单靠一两个专业设计人员是无法完成的。在国外的保障性分析工作中,一般都要求建立保障性分析记录数据库,以作为编写技术资料的主要原始资料,并要求开发保障性分析记录自动数据处理系统。这样的系统可在广泛的域范围内查询和显示保障性分析记录数据库中的各种有用数据,并提供有价值的输出报告,如备件清单、专用工具清单、测试设备要求以及故障模式记录等。在这些报告中,有些报告本身就是按军用标准格式生成的、可供部队使用的技术资料,有些报告和数据则是编写文件必不可少的资料。

技术资料是装备使用与维修人员正确使用与维修装备的基本依据,因此,特别强调提交给部队的各项技术资料文本必须充分反映所部署装备的技术状态和使用与维修的具体要求,要准确无误、通俗易懂。由于装备的研制过程是不断完善的过程,所以反映装备使用和维修工作的技术资料也必须进行不断的审核与修改,并执行正式的确认和检查程序,以确保技术资料的准确性、清晰性和确定性。

8.4.1 技术资料的种类

为满足装备使用维护过程对技术资料的要求,各军兵种都有各自的编制技术资料的要求,其种类、内容及格式各有不同,一般各按合同要求或综合保障总计划要求而定。通常有下列几种主要类型的技术资料。

1. 装备技术资料

这类技术资料主要用来描述装备的战术技术特性、工作原理、总体及部件的构造等,它包括装备总图、各分系统图、部件分解图册、工作原理图、技术数据、有关零部件的图纸以及这些资料的说明文件等。它是根据工程设计资料编纂而成的。

2. 使用操作资料

这是有关装备使用和测试方面的资料,一般包括操作人员正确使用和维护装备所需的全部技术文件、数据和要求。如,装备正常使用条件下和非正常使用条件下的操作程序与要求;测试方法、规程及技术数据;测试设备的使用与维护;装备预防性维修检查及保养的内容和方法;燃料、弹药、水、电、气和润滑油脂的加、挂、充、填方法和要求;故障检查的步骤,等等。表 8-2 是坦克使用手册目录(部分),可作为一种示例。

表 8-2 坦克使用手册目录(部分)

说明
第一章 战术技术性能及组成
第二章 坦克保养间隔期及范围
  第一节 出车前检查
  第二节 行驶间歇检查
  第三节 一级保养
  第四节 二级保养
  第五节 三级保养
   ⋮
   ⋮
第七章 双向稳定器
  第一节 稳定器的使用
    1 稳定器工作时的注意事项
    2 稳定器使用前的准备
    3 稳定器的接通
    4 稳定器的操作

         5　稳定器的关闭
    第二节　稳定器的维护与保养
         1　稳定器的技术保养
         2　稳定器的性能检查与调整
         3　稳定器的换油
         4　稳定器在多尘条件下使用后的维护
         5　稳定器一般故障的排除
      ⋮
      ⋮
第十五章　坦克的使用与保养
    第一节　坦克冬、夏季使用
    第二节　坦克在沿海地区使用
    第三节　坦克在水网稻田地区使用
    第四节　故障分析
    第五节　坦克油料
    第六节　冷却液
第十六章　坦克保管
    第一节　坦克保管的方法和规定
    第二节　坦克的密封和启封
    第三节　坦克密封期间的检查与保养
附录一　全车主要机件润滑表
附录二　全车弹药、油料、冷却液数量表
附录三　全车常用检查校准数据表

3. 维修操作资料

维修操作资料是装备在各修理级别上的维修操作程序和要求。基层级、中继级和基地级维修人员使用该类资料来保证装备在每一修理级别的修理工作中能够按照规范的活动正确进行。维修操作资料一般包括：故障检查的方法和步骤，各修理级别维修工作进行的时机、工作范围、技术条件、人员等级和工具及保障设备等，更换作业时拆卸与安装以及分解与组合各类机件的规程和技术要求，装备翻新或大修所需的资料、程序、工艺工程、刀具和工艺装备等保障设备要求、重复质量标准和校验规范、修后检测规程，等等。维修操作资料依使用对象详略有别，一般基地级维修对资料的要求量最大，包括与装备翻新或大修有关的非常详细的图纸资料，而基层级和中继级对维修操作资料的要求则较简略。表 8-3 是坦克修理指南的目录(部分)，该指南供基层级或中继级维修使用。

表 8-3　坦克修理指南目录(部分)

说明
第一章　坦克修理间隔期及范围
    第一节　小修检查与修理
    第二节　中修检查与修理
第二章　坦克电台修理
    第一节　电台结构
    第二节　电台的检查
    第三节　电台的故障检修

第四节　电台的调整与测试
　　第五节　修复技术条件
　　　　⋮
　　　　⋮
　附录一　主要组件、机件的重量表
　附录二　油、水加注标准
　附录三　润滑表
　附录四　脱漆与涂漆
　附录五　行动装置、传动装置轴承安装示意图

4. 装备及其零部件的各种目录与清单

该类资料是备件订货与采购和费用计算的重要依据。一般可以编写成带说明的零件分解图册或者备件和专用工具清单等形式。该类资料也可随同维修操作资料一同使用,供维修人员确定备件和配件需求。

5. 包装、装卸、储存和运输资料

该类资料包括装备及其零部件包装、装卸、储存和运输的技术要求及实施程序。如包装的等级,打包的类型,防腐措施;装卸设备和装卸要求;储存方式及要求;运输模式及实施步骤,等等。

8.4.2　技术资料的编写要求

技术资料的形式一般为手册、指南、标准、规范、清单、技术条件和工艺规程等。技术资料的形式和内容虽有所不同,但编写的基本要求大致相同。主要要求有:

① 制订好编写计划,这是决定编制工作成败的关键。装备的使用、维修、备件以及工具和保障设备等方面的要求是否协调一致均取决于计划的好坏。技术资料的编制计划要与装备设计和保障各专业的工作计划相协调,以便及时获得编写所需的资料。在资料的编写计划中,除了包括编写内容及进度要求外,还应包括资料的审核计划、资料的变更和修订计划以及资料变更文件的准备安排等。

② 技术资料要简单明了,通俗易懂,要充分考虑使用人员的接受水平和阅读能力。图像说明要清晰、简洁。对于要点及关键部位,要用分解或放大的图形或特别文字加以说明。国外对编写技术资料有明确的规定和要求,包括易读程度等级和评估易读等级水平的方法,有些做法可资借鉴。

③ 资料必须准确无误,提供的数据和说明必须与装备一致。每一操作步骤、工具和设备的使用要求,以及每一要求和技术数据都必须十分明确,互相协调统一。资料的任何错误或不准确都可能造成使用和维修操作上发生大的事故,导致对人身或财产的伤害,使得预定的任务无法完成。

④ 技术资料编写中所用的各种数据与资料是逐步完善的,要注意资料更改后的相互衔接,协调统一。为保证不出差错,要制定相应的数据更改接口与管理规定,做到万无一失。

⑤ 要严格遵守编写进度的要求,不得延迟交付时间。技术资料不仅仅要保证装备部署后的使用,还要保证各种试验和鉴定活动、生产与施工过程以及训练活动的使用。所以应尽早编写技术资料,并随着研制工作的不断开展而逐步完善,以保证不同时期的使用。

⑥ 为确保交付的技术资料准确无误,通俗易懂,必须按资料的审核计划对其进行确认和检查。只有通过规定的验证和鉴定程序的资料,方可交付使用,这是保证质量的关键。

8.4.3 技术资料的编制过程

技术资料的具体编制过程是收集保障某项装备所需的全部使用和维修工作资料,然后加以整理,使之便于理解和使用,并不断修订和完善的过程。在方案阶段初期,应提出资料的具体编制要求,并依据可能得到的工程数据和资料,在方案阶段后期开始编制初始技术资料。随着装备研制的进展,数据更加具体和明确,技术资料也不断细化,汇编出的文件即可应用于有关保障问题的各种试验和鉴定活动、保障资源研制和生产及部队作战训练使用等方面。应用技术资料的过程也是验证与审核其完整性和准确性的过程。对于文件资料中的错误要记录在案,通过修订通知加到原来的文件资料中。此外,当主装备、保障方案及各类保障资源变动时,技术资料也应根据要求及时修订。通过不断的应用,不断的检查和修订,才能最终拿出高质量的技术资料。图 8-7 为技术资料的编写流程图。

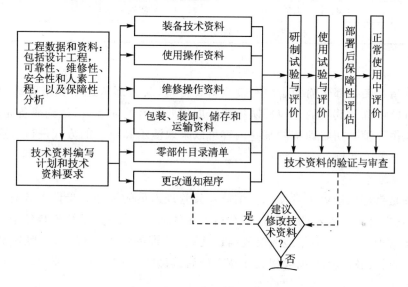

图 8-7 技术资料的编写过程

8.5 训练和训练保障要求的确定

通过 O&MTA,可以得出使用与维修某装备的人员技能要求,而部队现有人员的技术水平往往达不到上述要求,因此需要通过训练来解决这一矛盾。只有在装备研制过程中同步考虑训练和训练保障问题,才能从装备设计上做到尽量降低人员技能要求或从训练上提高人员技能水平,这样才能在装备部署后及时提供可担负使用与维修工作的合格人才,使装备迅速形成战斗力。

8.5.1 训练阶段与训练类型

人员训练工作在装备方案阶段后期和工程研制阶段开始即着手进行,其中主要工作是训练条件的准备,如拟定训练大纲和训练计划,编写教材,设计教具和训练器材。而教员的装备尤为重要,拟定参与初始训练的教员应参加工程研制阶段,特别是与综合保障工程有关的研制试验和使用试验,以便获得必要的知识,实际上这也是对初始教员的训练。训练的目的是保证在装备部署时有合格的使用与维修人员。

1. 按训练阶段划分的训练

按训练阶段的先后划分,训练可分为:初始训练和后续训练。虽然这两个阶段对人员培训的内容是相同的,但实施的方法可能不同。表8-4给出训练计划的制订与实施时机。

表 8-4 训练阶段

论证阶段	研制阶段		生产阶段	部署及使用阶段
	方案阶段	初样、正样设计定型及设计阶段		
制订初始训练计划			实施	实施
制订后续训练计划				

(1) 初始训练

初始训练指在装备部署前为了顺利接收新装备,以及为部队选拔和培养最初的使用与维修人员而进行的训练。其目的是使部队尽快掌握将要部署的装备,以达到战备完好性目标,并为后续训练提供经验。初始训练的某些内容可以采取演示和模拟的方式进行。这类训练通常由承制方协助订购方实施。

(2) 后续训练

后续训练是为部队培养正常使用与维修及其管理人员的训练。受训人员通常是上岗前接受此种训练,它也是一种不断为部队输送合格人才的训练,并一直延续于装备全寿命过程。这类训练由部队管理,并在训练基地或院校组织实施,其训练计划正规,训练要求更为严格。若装备规模很大,或装备改型中包含相关新技术的后续训练,则可按合同要求由订购方与承制方共同承担。

2. 按培训对象划分的训练

按培训对象划分,训练可分为四类:使用人员训练、维修人员训练、教员训练及管理人员训练。

(1) 使用人员训练

此类训练要使使用人员能够正确使用新装备及完成计划性的维护保养工作,并在规定范围内判断、查找和排除装备的故障。

(2) 维修人员训练

此类训练指对担负新装备维修任务人员按规定要求进行的训练。这些人员将被分配到基层级、中继级或基地级维修单位。

基层级维修单位人员应具有查找故障、拆下和更换有故障部件的能力,而中继级维修人员除掌握基层级人员的技能外,还应具有修理部件的能力。对于基地级维修人员除具有以上两级人员的技能要求外,还应具有进行大修或翻修的技能。各级维修人员还应具备配发至各级的测试设备及其他保障设备的使用能力。

(3) 教员训练

在初始训练和后续训练早期,对教员的训练是非常重要的。一名合格的教员必须具备使用与维修新装备有关的知识。担任复杂装备使用与维修训练工作的教员,应按专业分别进行培养。为教员训练制订的教学计划必须理论联系实际,知识面有足够的广度与深度,并强调实际操作的能力。通常,初始教员训练工作一般由承制方选派专人负责实施,后续训练的教员则由使用方负责。

(4) 管理人员训练

管理人员指部队各级主管使用与维修工作的干部。他们的训练要求是能胜任所分工的装备使用与维修保障工作的管理,这类训练内容包括要完成的全部工作项目,如装备使用与维修保障工作计划的制定、组织与协调、质量监督、人员训练、保障资源(特别是备件)供应、解决保障工作中的有关问题以及新技术、新工艺的采用等。

8.5.2 确定训练要求

人员必须经过训练才能担负使用与维修工作,这是确定训练要求的基本依据。因此,应利用使用与维修任务分析结果,规定各级使用与维修专业人员所必须具备的知识与能力,以作为确定各门训练课程要求的基准。通过合理的课程设置,授与他们应有的知识与技能。

(1) 确定训练大纲

训练大纲是指导训练的基本文件,包括培养目标和要求、受训人员、期限、训练的主要内容与实施训练的机构组成与要求等。初始训练的重点首先是承制方要准备好训练的必要条件,如最初的教员、教材;其次是订购方的协助与配合,如选拔合格人员接受训练,提供场地和必要保障条件等。

(2) 制订训练计划

训练计划是实施大纲的具体安排和要求,其中包括训练目的、课程设置、课程的时间安排与进度、训练所需资源、教材要求、训练的方法(理论讲授与实际作业等)以及考核方法与要求等。训练计划中的重要内容首先是课程设置与教材,它要能满足培养目标所应有的专业知识和能力要求。设置哪些课程,内容是什么,应根据培养目标(如训练基层级维修人员或中继级某项专业维修人员)和其需要从事的工作内容做详细分析。图 8-8 为训练中继级维修人员课程设置分析流程,可供参考。其次是训练方式、方法,目的是在有限的时间内让受训人员学懂、学会这些知识与技能。训练方法一般包括四种:① 讲授;② 实际演练;③ 在职训练;④ 自学。可根据具体情况,统筹安排。

在制订训练计划时,要合理确定出理论课与实际课所占学时的比例。通常,这一比例应根据培养对象将来所从事工作的专业需要而定,并考虑装备的复杂程度和被培育者的文化水平。

在方案阶段就应考虑人员的训练问题,因为战备完好性要受到在其工作岗位上使用与维修人员能力的限制。装备设计人员应充分考虑人机结合问题,使装备的操作与维修简便,给训练工作创造一个有利的条件。同时应考虑现有训练状况,目的是与现有人员技能、教学计划及训练设备兼容和协调,以便使训练费用降至最低限度。

在制订训练计划时,要重视以下三个方面的问题。

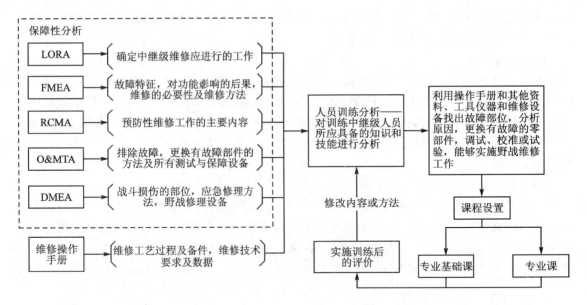

图 8-8 训练中继级维修人员课程设置的分析方法

1) 选好合格的教员

选好教员对一门课程的开设成功有很大影响,应在训练前根据教学内容和培养目标等制定好教员合格的标准,以便正确选用教员。教员合格的标准包括经验、知识水平和教学能力。

2) 保证适用的训练设施

选定合适的设施,对实现训练目标是非常有益的。设施的要求应包括教室和操作空间的大小和布置、环境要求、照明和电力、卫生设施、休息区和阅览区。训练设施应符合训练要求,并能创造一种促进学习的积极气氛。

3) 完善训练器材的保障

在选用训练器材时,应注意器材本身的保障问题。同样,也要对器材使用人员进行训练和供应消耗型的使用与维修器材,以及对训练器材进行保养维护与技术更新等。

8.5.3 研制训练器材的要求

没有适当的训练器材就不能有效地完成训练任务。因此,随着装备研制过程的进展,应同步研制训练器材。训练器材包括装备实物、教材、适用的手册、视听设备、模型教具、模拟训练教材、维修工具和测试设备等。

在初始训练阶段,训练器材一般由承制部门研制,因为承制方拥有各种源信息,如果使用部门想获得需研制训练器材的信息资料,则通常要花多倍的精力,这样会使寿命周期费用大幅增加。承制方应考虑以下几种训练器材:

① 教材与训练教具。承制方应负责编写配套教材、使用与维修说明、作业指导书及习题集等。常用的训练教具是挂图、幻灯片、实物模型、录像带和计算机仿真程序等。

② 模拟训练器材。可以设计制作多种多样的模拟训练器以供训练使用与维修人员之用,如将驾驶、射击、通信以及维修中查寻和判断故障等都可以设计制作成模拟训练器。关键是要详细分析研究模拟训练器的功能及其能替代在实际装备上进行训练的程度,并做好费用效能的充分论证。大型复杂装备的训练费用昂贵,采用模拟训练器能大大降低寿命周期费用,同时

也提高了训练效率。

③ 装备模型。模型可用装备实物制作,也可根据需要按真实装备的比例建造,用以说明装备的构造和工作原理,并可进行动态演示;也可模仿装备可能出现的故障现象,以及做排除故障方法的示范,从而起到实际装备不可能起到的作用。

8.6 计算机资源要求的确定

随着计算机辅助设计、计算机辅助工程和计算机辅助制造等技术的广泛开展,计算机在装备论证、设计、生产、保障中的重要作用日益受到重视。而随着装备的日益复杂,内嵌在装备中的计算机越来越多,其所消耗的资源和所占用的管理时间也越来越大。为此,计算机本身的保障问题,即计算机保障资源研制要求确定的问题也变得十分重要,成为保障性分析工作的重要组成部分。

8.6.1 对嵌入式计算机保障资源的要求

嵌入式计算机保障资源指使用与保障装备嵌入式计算机所需的设施、硬件、软件及人力。鉴于嵌入式计算机软件的复杂程度不断增加,用途日益广泛,软件的开发及保障问题成为嵌入式计算机资源保障的核心问题。应特别重视对软件配置控制情况的全面了解,如采用的开发工具、技术和方法,采用的软件标准及软件语言的标准化,嵌入式诊断系统的故障检测和隔离能力,维修人员在计算机硬件和软件故障之间进行区分的能力,还要特别重视在装备使用阶段对软件的更改实施管理控制。应确保软件在装备的使用试验与评价期间得到充分的测试与检验,以便在部署前纠正其中的缺陷和不足。为了控制软件的配置和环境,还应有专门或专用的保障设施供软件维护之用,对于专用的系统的软件保障工作更应限制在单独的设施内进行。软件或硬件的保障设施可按"8.7节 保障设施要求的确定"中介绍的方法考虑。通常,硬件保障的确定较易具体化,通过查阅技术资料、弄清维修工作的内容及所需的资源即可。嵌入式计算机资源保障所需的人员,如软件和硬件维护人员都要按训练计划进行严格的训练。软件的维护必须由熟练掌握编程语言的程序员来实施,而硬件的维护则要由全面了解嵌入式计算机体系结构的人员来进行。由于嵌入式计算机的软件保障问题日益重要,下面着重予以讨论。

8.6.2 计算机软件的保障工作

涉及软件的保障问题往往包含在相关硬件的讨论中,所以在提及保障要求时,经常将软件保障问题遗忘或忽视。然而,目前装备中使用软件的情况越来越广泛,而且越来越依赖软件,因此,在进行保障性分析时,要充分考虑软件保障要求的确定问题。

1. 软件设计要求

从软件保障角度讨论软件的设计要求,一般涉及软件的设计准则、可靠性、可维护性、安全性和人机工程,这是所设计软件是否易于保障的关键。

(1) 设计准则

软件的设计准则应提出与能生产出可交付使用的、在战场上可进行保障的产品有关的保障内容。这些准则包括程序的结构、算法、标准格式、标准误差标示和程序段的模块化。使用标准的方法，可使软件的后续工作易于进行。

(2) 可靠性

软件的可靠性指如果其可用，则重复使用的功能应完全一致。但由于软件本身可能存在的隐蔽缺陷以及软件各部分之间的关联效应，并不是所有软件重复使用时功能都会完全一致。所以在设计阶段要特别重视对软件的测试，彻底查明软件中的隐蔽缺陷，防止引起后续故障。

(3) 可维护性

软件是否易于维护不像硬件那样易于确定，但软件的结构和格式将对其可维护程度产生很大影响。采用标准的算法和模块化的程序设计，以及在程序中尽可能加入详尽的注解，对实施维护很有好处。另外，软件维护人员应参与软件开发的全过程，通过熟悉软件的内部结构、逻辑关系和功能设置可以方便地实施软件维护。

(4) 安全性

软件设计必须考虑由计算机系统执行的功能可能引起的危险。负责软件安全性工程的人员应参与软件设计和测试过程，以使其能够找出存在问题的范围。

(5) 人机工程

软件的人机接口如同硬件的接口一样重要。优秀的软件对人为的干预操作要求很少，且具有友好的用户界面，这样可减少人为误差。设计软件时要充分考虑用户水平、人员视觉以及控制与显示之间的位置关系等诸多因素，使得设计出的软件易于操作、界面美观、人为误差少。

2. 软件的保障要求

软件保障要求的确定与硬件有所不同，通常在软件开发的初步设计阶段要提出初步的软件保障规划。其内容包括：

① 保障环境　指保障所用的软件，以及保障设备、设施及人员。

② 保障活动　指操作说明、软件的修改、软件综合和测试、软件质量评估、配置管理、复制、纠正措施、系统和软件生成等。

③ 训练计划和供应。

④ 软件交付后发生变更的预计层次。

这些内容为制定软件的具体保障要求提供了主要信息。

与软件保障性有直接关系的综合保障要素有：维修规划、保障设备、人员、设施、训练和供应保障等。软件的维护虽不同于硬件，软件通常需要复杂的设备、专用设施以及详细的文件资料；但制订软件维护作业计划的方法与硬件基本相同，只是已交付使用的软件的维护一般是由专门的机构实施，并负责软件的配置或配置的变更和管理。在保障软件维护所需设备的种类和数量方面的计划应尽早制订，以保证当软件装备部队时能有适用的保障设备。最好使保障设备与研制时所用的设备相同，以保证维护软件时的硬件和软件环境与设计时的环境相同，这样可以提高软件维护质量。保障软件维护需要专门的人员，其数量与类型与装备寿命周期预计更换软件的次数有关。对现场使用中确认的软件隐蔽缺陷，要由程序人员来实施更换或修改。由于软件技术日新月异，新的生成软件的方法和程序层出不穷，懂得和会操作某种软件的人员由于知识更新等因素会不断减少，因而，在规划人力资源时要予以充分重视。软件维护通常要有专门或专用的设施，以便对其加以控制。软件维护设施的确认和验证一般应以与硬件相同的方式来实施。软件维护需要经过严格训练的人员。软件维护人员的训练可用与训练硬件人员相同的方法制订计划并加以实施,这是不容忽视的问题。保障软件所需的备件范围非常有限,通常包括传送和储存软件的介质,如磁带、磁盘、卡片、芯片或板卡。同时,还需要注意由于技术革新而可能给备件带来的影响。总之,要想使软件及其所构成的系统符合使用和保障要求,在软件开发过程中就要充分考虑这些问题。

8.7 保障设施要求的确定

保障设施指保障装备所需要的永久性和半永久性的构筑物及其中的设备。当确定装备保障资源要求时,保障设施是必须加以重点考虑的问题,如对设施类型、设施设计与改进、选址、空间大小、环境要求及设备等方面的考虑。

8.7.1 保障设施的类型

保障设施可以按不同的方式加以区分,按其结构与活动能力可分为永久性设施和移动性设施。

(1) 永久性设施

永久性设施主要包括维修车间、供应仓库、车(机)库、训练教室、试验场、驾驶场、露天仓库、机场、码头、火车站台、办公楼等处于固定场所的保障设施,一般指军队中有关保障的不动产。永久性设施为部队提供管理、维修、供应以及训练方面的保障,其设计及功能均要以所保障的单位和所赋予的任务为依据。

(2) 移动性设施

为了完成各种保障任务,还必须有可以移动的设施,以便于无论装备处于何处都能实施保障。移动性设施是对永久性设施的补充。一般情况下,移动性设施可包括保障装备使用与维修的各种活动装置,如各种保养与修理工程车、拖修车、抢救车、加油车、集装箱、活动房、帐篷、外场围栏、补给船及抢修船等。

保障设施若按其预定的用途,则可区分为维修设施、供应设施、训练设施和专用设施等。

1) 维修设施

维修设施指执行维修任务所需的设施。在三级维修制度中,基地级的维修设施能够对装备进行翻新、大修和组装,其设施通常是永久性的。中继级维修设施既可以是永久性的,也可以是移动性的,取决于军兵种的类型及所承担的任务。基层级配有较多的移动性维修设施,因为其一般要随部队同时机动。

2) 供应设施

供应设施指为装备提供供应保障的设施,如供应品仓库、弹药补给车和加油车等。基地级供应设施一般是永久性的。基层级供应设施,根据其所承担的任务一般是移动性的。由于移动性供应设施的容量有限,为了保障供应,对其容量的规划和充分利用尤为重要。

3) 训练设施

训练设施指用于训练装备使用与维修人员的设施,如驾驶训练场、靶场或射击场以及模拟训练场地等。其通常被设计成具有多种功用,可供多种科目训练之用。如装甲兵的乘员训练基地,既可用于训练坦克装甲车辆的驾驶员,也可训练射手、无线电手,甚至训练修理工等。

4）专用设施

由于装备的某些特殊保障要求，有时还需要一些特别的设施，即专用设施，以完成专门的保障。专用设施主要指对温度、湿度、气压、洁净度等有特殊要求的设施，如光学、微电子、敏感的精密部件或设备的维修间及存储间等。保密的、有毒或有害物的存储一般也都需要专用设施。

8.7.2 确定设施要求

由于设施的研制周期很长，所以对新设施的需求必须在装备寿命周期中尽早确定下来。在方案阶段，应分析空间和设备的需求，通过保障性分析来确定大致的设施要求。若分析判断现有设施不充分，则应制定新设施的要求。对于装备研制试验所必需的设施，如跑道及障碍物等，更应及早确定，以免影响装备总体的研制进程。

规划设施要求主要依据现有设施数据、预计的空间可用性、资金情况及预计的使用和维修方案。设施的基本设计准则是：提高现有设施利用率，充分发挥其作用，尽量减少新的设施需求。现有设施数据也包括其他军兵种设施的信息。通常某种保障设施不是专门用于保障一种装备的，因而规划设施时不仅要考虑与新研装备有关的因素，还要考虑与实施其他保障工作时有关的因素。

具体来说，确定保障某项装备所需设施的分析过程如图 8-9 所示。分析工作应在方案阶段开始，通过分析来鉴别现有设施是否适用于新研装备，是否需要改造或重新建设。由于一种设施可用于保障多种装备，所以还要评价新研装备对其他装备设施要求的影响。初步拟定新设施的要求需要经过充分验证才能确定正式的要求，以便作为执行的根据。验证可在原有设施上或模拟条件下进行，也可通过详细数据的分析予以验证，最后提出有关设施要求的详细论证资料。

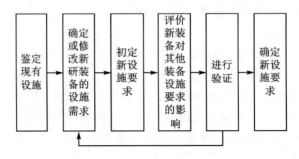

图 8-9 设施分析过程

1. 确定维修设施要求

维修保障需要什么样的设施要通过详细的 O&MTA 来确定。只有在维修任务确定之后，才有足够的资料用来确定现有设施是否适用于维修保障任务。如果适用，再根据 O&MTA 所提供的资料，预测各修理级别的设施年度工作负荷 W，以确定新研装备对现有设施的影响。W 的计算公式为

$$W = \sum_{i=1}^{N} T_{fi} T_{ti} \tag{8-14}$$

式中：N——该项设施年维修任务数量；

T_{fi}——第 i 项工作频度；

T_{ti}——第 i 项工作时间。

当现有设施的结构或工作负荷不能满足新装备的需求时，需要确定新设施的要求。

2. 确定供应设施要求

供应设施主要指仓库。确定仓库要求时要考虑与装备零部件最终包装尺寸有关的空间，而不是零部件本身外形的大小；还必须考虑成套包装，因其可能将多个零部件包装在统一的存储单元中。

确定供应设施要求与确定维修设施要求的方法类似，利用下式计算存储空间要求 V，即

$$V = \left\{ \sum_{i=1}^{N_S}(S_i \times C_i) + \sum_{j=1}^{N_M}[(M_i/Q_j) \times B_j] \right\} \times F/U \tag{8-15}$$

式中：$\sum_{i=1}^{N_S}(S_i \times C_i)$ ——单件包装备件所需总空间；

S_i——第 i 种单件包装的备件数；

C_i——第 i 种单件包装的备件容器空间；

N_S——单件包装备件的品种数；

$\sum_{j=1}^{N_M}$ ——多件包装备件所需总空间；

M_j——第 j 种多件包装的备件数；

Q_j——第 j 种多件包装备件的每一容器备件数；

B_j——第 j 种多件包装备件的每一容器空间；

N_M——多件包装备件的品种数；

F——存满率系数；

U——空间利用系数。

式(8-15)中的空间利用系数与备件外形、包装与堆垛等因素有关，一般低于 50%。计算出存储空间要求后，可进一步确定供应设施是否满足新研装备的要求，然后再决定是否需要修建新设施。

3. 确定训练设施要求

训练设施要求的确定方法与上述供应设施要求的确定方法类似。只是确定训练设施要求是根据训练计划提供的训练课程数、每门课程的频度、每门课的学员数、训练场所（教室、场地）的类型和每门课所需的利用率、每个学员平均教室占用面积、每个学员平均场地占用面积以及训练时间与进度等因素确定。一般情况下，训练进度在确定设施要求的空间大小时起着很大作用，如当各个训练科目同时进行时，其设施空间上的要求要比分步进行时所需的大得多。专用训练设施也会增加总的设施空间要求。

4. 确定特殊设施要求

在确定特殊设施要求时，现有设施利用率不是要探讨的主要因素。特殊设施的需求受多

种因素影响,这种影响在大多数情况下是由新研装备技术上的革新或新的功能部件的采用,以及任务的变化和地理气候环境等因素造成的,污染及危险物质更是不可忽视的因素。所有这些一定要在确定设施要求的过程中充分考虑。

8.7.3 设施规划与设施的设计原则

1. 设施规划

若在新装备部署使用时能够得到适用的设施,则需要编制一份详尽的规划文件。该文件应包括:说明设施要求的合理性、设施的主要任务或用途,以及被保障的装备数目、地点、面积与设施设计准则、翻建或新建设施的基本结构、通信、能源与运输、投资等。这份文件可用于制定招标书的说明。

2. 设施的设计原则

对于移动性设施,可按一般工程设计的方法和原则进行设计,此处不予详细讨论。对于永久性设施,其主要的设计原则是:

① 应建设在交通便利、开展保障工作最方便的地点,要具有安装设备和完成作业的足够面积和空间;

② 须具有确保工作所需的作业环境(如温度、湿度、洁净度、照明度等)和建筑质量,以及符合国家规定的环境保护要求;

③ 须具有安全防护装置和必要的消防设备,以备紧急或意外情况之用;

④ 设施须具有必要的水、电、暖气、照明以及必要的通信联络设备等公共设施;

⑤ 在设计过程中,要采用寿命费用估算技术和分析方法,合理确定设施的研制、投资、基建、使用和维修费用。

8.8 包装、装卸、储存、运输要求的确定

包装、装卸、储存、运输(以下简称包装储运)的目的就是计划、研究和管理为保证制造出来的装备到达部队时是可用的所必需的各种活动。某些装备的运输要求是设计的约束条件,它在达到装备的保障性目标过程中起着重要作用,因而必须予以充分重视。应该在方案阶段即着手制订装备的包装储运计划并贯穿于整个研制过程。

8.8.1 包装、装卸、储存和运输计划的制定原则和要求

包装、装卸、储存和运输计划的目标是加强对包装储运全过程的管理,确保装备具有良好的运输性,提高包装储运设备的质量,保证装备在流通过程中完好无损,同时具有良好的经济性。

1. 包装、装卸、储存和运输计划的制定原则

包装储运计划始于方案阶段并延续到生产和部署阶段,要与其他综合保障要素及可靠性、维修性、安全性和人机工程建立并保持密切关系,同时也要与技术状态管理和质量控制密切联

系。在制订包装储运计划时一般应遵循以下原则：
① 应将计划纳入装备研制、生产和使用的系统管理和综合保障总计划中去,作为其中的一个组成部分；
② 要结合装备寿命周期过程的工作计划和工程项目进行制订；
③ 计划要与其他专业工作协调一致,并符合系统安全性要求；
④ 应按有关价值工程的方法对包装储运设备的费用进行评估,以取得最佳费用效益；
⑤ 应考虑人机工程、产品储存期、产品清洁度和防污染等方面的因素。

2. 包装、装卸、储存和运输计划要求

包装储运计划是作为装备研制和实施综合保障工程的一个部分而进行制订和实施的,要随着装备研制工作的进展而不断修订完善。在计划中一般要包括：管理要求,流通和交货要求,特殊的包装、装卸和储存要求以及设计基本要求。

(1) 管理要求

为落实计划所规定的目标和任务,承制方要将计划的评审作为装备设计评审的一个组成部分加以安排和执行,并将评审结果反馈给包装储运的设计部门,作为改进设计的依据。包装储运设备要随同装备进行试验和定型,而且其研制生产进度也要与装备的研制生产进度要求相适应。

(2) 流通和交货要求

包装储运计划要符合新研装备战术技术指标要求中所规定的流通和交货方案。这些方案一般是根据装备预期的使用对象、使用地点和维修方案制定的。应及早确定流通和交货方案,尤其是在方案阶段,可对装备的设计产生影响,以确保装备具有良好的运输性。

(3) 特殊的包装、装卸和储存要求

在可能的情况下,应尽量避免提出特殊的包装、装卸和储存要求,因为这样会增加寿命周期费用。但对于某些装备,当其预期任务的特点要求其有特殊的包装储运时,则可以例外,例如不能用标准的运货卡车运输主战坦克,所有的核武器都要求有特殊的包装储运等。在确定特殊的包装、装卸和储存要求时,要进行仔细的权衡研究,并慎重考虑诸如需要空调的场所、特殊的湿度控制和特殊的防护措施等情况。

(4) 设计基本要求

在方案阶段就应开始提出与包装储运要求有关的设备设计基本要求,这项工作是以流通和交货要求以及特殊的包装、装卸和储存要求为依据的。在设计和选择包装容器、装卸设备、储存设备(设施)和确定防护方法时,至少应考虑下列因素：
① 运输部门对产品(或包装件)的尺寸、重量、重心以及堆码方法的限制；
② 采用标准的包装容器和装卸设备及简便的防护方法,尽量避免提出特殊要求；
③ 现有的包装储运条件；
④ 装备预计的使用环境、交付部队的预计方法、部队接收后进行搬运的预计要求；
⑤ 影响包装储运的环境应力。

包装储运方面的技术人员应对所提出的设计方案或所建议的设计变更进行权衡研究,以便确定费效比最佳的设计方案。通过权衡可验证或证实对特殊包装、装卸和储存的要求,并在可能的时候删去这些要求,以降低寿命周期费用。在设计包装储运设备时还要考虑包装储运设备本身的保障问题,如应有使用与维修说明以及备件供应等要求。

8.8.2 确定包装要求

包装要求是装运装备所需的各种操作规范和设备要求,如防腐包装、捆包、装运标记、成组化以及用集装箱运输。包装要求是为装运装备所做的所有准备工作。

1. 包装等级的确定

包装要提供装备储存和运输时所需的必要保护,其保护程度与要到达的目的地、将要采用的运输方式以及在目的地拟采用的储存方式有关。对采用包装容器装运的装备或设备,其设计和试验经订购方和承制方共同认可后,应确定防护包装和装箱要求。防护包装和装箱等级应根据保障工作的实际需要来规定,其具体确定过程可参阅有关的国家标准。

2. 防腐与装箱

防腐的目的是保护准备装运的产品免遭腐蚀或变质。一般来说,防腐的方法包括清洁、干燥和封包。清洁工作可通过以下方法来完成:揩干、浸泡或用清洗剂擦拭,用蒸汽去除油污,用磨料清洗及超声波处理等。清洗之后,必须经过揩拭、排水、压缩空气、红外照射或炉烤等方式使装备干燥。防腐剂的使用可通过浸泡、刷涂、填注等方式进行。防腐方法的采用应与保护装备所需的等级相一致。

产品的装箱要求一般在产品规范的有关交货装备文件中提出,包括装箱图和有关的技术文件。装箱图可表示出内装物件的状态以及在包装容器中加入的辅助装置,如干燥装置、防护密封装置、金属条带以及各种指示器等。当装箱较简单时,也可直接用文字加以说明,说明的效果应与装箱图一致。对于符合标准的包装容器,且装箱也较简单的情况,只须进行简单的说明。说明的内容包括:内装物数量、容器型号以及标志和防护要求等。另外,还应说明包装件的总重量和外形尺寸。在已包装物品外表面必须提供一些识别信息以及注意和警告事项。

3. 包装容器及备件包装设计

在确定包装要求时,应尽量选用标准的包装容器。对于需要专用包装的项目,一般也要采用能够重复使用多次的专用包装容器。确定包装容器是否需要重复使用,以及重复使用的程度,要经过详细的分析研究。对于专用的重复使用的包装容器,有时还需要制定维修、供应和技术资料的保障。

在确定装备及其部件的包装要求时,应制定备件包装设计的基本准则,其中包括:
① 每一包装容器中备件的品种和数量;
② 包装容器重复使用的程度;
③ 供包装设计使用的储存空间和装卸约束条件;
④ 易碎品及其装卸约束条件;
⑤ 通用的包装方式。

总之,在确定包装要求时,应充分考虑便于运输、装卸、储存、使用和管理。如果需要设计专用的包装容器,则应规定其设计的约束条件。

8.8.3 确定装卸要求

装卸指的是在有限范围内将货物从一地移动到另一地。它通常限于单一的区域,如在货栈之间或库区内从库存状态转移为运输状态以及从运输状态转移为库存状态。中短距离的物品移动通常利用物资装卸设备,但也可由人力完成。具体的装卸方式取决于装卸物品的质量、包装尺寸及现场条件等因素。通常人力装卸物品的最大质量约为 50 kg,同时还要受包装尺寸大小的限制。在设计物品的包装时,要从人机工程的角度出发考虑人力装卸物品的要求,以保证不超过能力极限。

装卸设备是物品装卸必不可少的工具,如铲车、货盘起重器、滚轴系统和起重机等,它们可装卸已包装或未包装的任何物品。在计划装卸设备要求时,应尽可能利用标准的装卸设备,避免开发特殊的装卸设备,否则将大大增加整个装备系统的寿命周期费用。

8.8.4 确定储存要求

装备可在临时性或永久性的设施中进行短期或长期储存。储存的方式主要有:库房、露天加覆盖物、露天不加覆盖物、特殊储存。确定储存的条件主要依据装备预期的使用与维修要求以及技术状态特性,并应与装备的包装防护等级相一致。在确定特殊的储存要求时,要充分考虑各种因素,进行仔细权衡,如需要空调的场所、需要特殊的湿度控制、维持储存场所真空度和压力水平等所需的设备以及储存中需要的隔离设施等。除此之外,还应特别注意战场条件下作战部队和直接支援部队使用的储存设备。特殊的储存要求往往会带来很多特殊的设施、装卸和运输要求,因而必须慎重考虑。

8.8.5 确定运输要求和运输方式

运输是使用汽车、火车、船舶、飞机或专用运输工具等,将产品从一个地方输送到另一个地方的过程。运输性指某项装备用牵引、自行推进或通用的运载工具通过公路、铁路、河道、空域或海洋等方式被移动的固有能力。运输性是实施经济、有效的包装储运的基础,在新研装备的规划设计中应首先予以考虑。通过确定合理的运输方式能够达到有效地移动装备的目的,并将获得较高的使用可用性和较低的寿命周期费用。

1. 确定运输要求

在确定装备的运输要求时,一方面要满足运输工具的尺寸、重量及重心的要求,如铁路输送不能超宽(平板车宽度限制)、超高(隧道或电力机车输电线的高度限制)、超长(车厢长度限制)、超重(最大载重量限制和单位面积压力限制)等,此外,还要满足运输动力学参数(如冲击加速度、振动、挠曲、表面负荷、紧固及泄露等)和运输环境参数(如温度、压力、湿度,以及射线、静电及安全等)的要求;另一方面要满足装备装卸和战场抢救时的牵引特性的要求,如要留有装卸和牵引时的挂钩和系留点等。对于有毒物品和危险品的运输(如弹药、雷管等)要做出专门规定。总之,必须将装备设计成能够达到既可以安全装卸和运输,又符合实际使用要求的目的。

2. 确定运输方式

装备的运输方式主要有铁路运输、公路运输、水路运输及航空运输。

(1) 铁路运输

铁路运输具有运量大、行驶速度快、费用低、运行一般不受气候条件限制等特点，适用于大量物品的长距离运输。但它受线路限制，并需要有短途运输工具与之配合以及周密的组织安排，这些也是必须予以考虑的因素。

(2) 公路运输

公路运输具有通用性及灵活性的特点，是最常用的运输方式。其装卸的工作量小，运行速度快，但城市内的公路运输要考虑立交桥限高约束。

(3) 水路运输

水路运输具有运量大、运价低的特点，但运输时间长、速度慢。其最大缺陷在于受航道和码头的限制，不宜接近内地的运输目的地。

(4) 航空运输

空运是速度最快、费用较高的运输方式，一般用于运距较远、时间紧迫的物品运输。

在确立装备的运输方式时，应根据任务要求和具体条件，在保证任务要求的情况下，使得费用最低。

8.9 建立保障系统和提供保障资源应注意的问题

本章前述各节已分别介绍了保障资源、研制要求的确定和研制过程，现将介绍有关保障资源提供和保障系统建立的若干问题。

8.9.1 保障资源的提供

在工程研制阶段确定了对各种保障资源的研制要求后，保障资源通过采购或设计制造逐步得以落实，并将提供给装备的使用者。为了保证将保障资源及时完好地提供给装备的使用者，在这期间必须加强对保障资源研制工作的管理。

(1) 从工程研制向生产转移的保障性问题

在装备生产中，可能会要求更改设计中未预计的缺陷和考虑不周的问题。但采取这些更改措施可能影响装备的质量、可生产性和保障性，也会导致装备的研制进度不能按期进行。在此阶段，综合保障管理人员必须采取措施来保证装备的更改在可交付的保障系统中得到反映。

在转移过程中，综合保障管理人员协助型号负责人制订转阶段计划，并提出和安排保障资源技术状态审查。保障资源技术状态审查的目的是检查保障要求与装备设计之间的一致性程度和在保障资源研制中出现的问题，如保障设备不足、备件订货延误、训练不充分、文件资料没有针对最新技术状态、设施未经验证等。在审查中应考虑诸如各项保障资源是否在一个有代表性的使用环境中得到全面评价，缺陷是否被纠正或它们能否在设计前得到纠正，等等。

在转移过程中除了进行审查外，作为综合保障管理人员还应做到：

① 为各项保障资源的研制及时取到资金；

② 编制硬件和软件规范及资料说明；

③ 继续进行有效的保障性分析；
④ 解决初始备件、技术资料和保障设备实现中存在的问题；
⑤ 协助建立各项保障资源可用程度以及与装备协调一致的跟踪管理制度；
⑥ 将保障要求纳入装备技术状态信息中进行管理，评价装备更改对保障资源的影响。

(2) 部署中的保障资源提供

当装备由生产单位转移给使用单位时，使用单位面临着装备是否能得到充足保障的问题。在部署阶段，每一保障资源必须就位。要尽早做出部署计划，部署计划是综合保障总计划的组成部分，在方案阶段即应开始考虑，在工程研制结束时，应编制出详细的部署计划。这一计划必须不断加以完善以反映设计的更改。

在部署期间，对保障资源的交付应考虑以下若干问题：
① 在部署之前应验证装备的保障性，以保证保障资源能为装备提供充足的保障；
② 继续进行保障性分析，特别是分析现场保障条件对新装备保障的影响，以确定对保障资源研制要求的更改；
③ 以计划和预算的形式来研究部署时所需的专项资金要求，如建筑、训练、运输和需要承制方保障的问题；
④ 保障资源适用性的信息反馈工作。

8.9.2 保障系统的建立

装备保障系统是装备使用与维修所需各类保障资源的有机组合，是为达到既定目标（如使用可用度）使所需资源相互关联、相互协调而组成的一个系统。

当装备交付部队使用时，根据制定的保障方案和计划，建立经济有效的保障系统，进而形成部队的各种保障制度。

1. 建立保障系统应注意的问题

保障系统包括装备所需人力、物力、信息等各种资源以及对这些资源的管理。因为只有通过合理的管理，才能将分散的各种资源组成具有一定使用与维修功能的系统。通常，保障系统要具备使用保障、维修保障、备件供应和训练保障等功能。各类功能都要依靠一套管理机构才能组织实施。保障系统的建立应注意考虑以下问题：

① 应尽量利用原有的保障管理体制。一般来说，当装备性能和结构改变不大或没有特殊的保障资源需求时，部队原有的管理体制应该是可用的。在新老装备并存的部队中，局部的体制改变将引起很多不便。事实上，这一点在装备论证和方案阶段研究保障方案时，已经注意到尽量考虑现行保障方案。

② 注意新技术对管理体制的影响。新技术在装备中的应用往往会增加一些新的保障资源要求，有时会对维修管理体制产生影响，如在前面修理级别讨论中是否取消中继级维修就是一例，取消中继级相应要改变这一级别的管理机构；又如坦克上增加了拦截导弹设计，则可能需要增加维修导弹系统的人员和设备，或对现有的人员提出更高的技能要求，增加维修负担。

③ 保障体制应与装备使用部队的有关体制相互适应。当装备保障规划中涉及装备使用部门的有关体制问题时，必须明确它们之间的关系，以便做到相互协调地运行，在建立新研装备的保障系统时尤其应注意其关系。例如新研装备需要使用一种新油料，虽然这种新油料已

经研制成功并投产,但还要涉及装备使用部门现行油料供应体制和国家油料生产能力与供应分配系统的协调问题。如果缺少这方面的考虑,将可能导致保障系统虽已建立,但由于这项新油料短缺或供应渠道不畅而影响装备的正常使用。

④ 人员保障与训练机构应相互协调。人员训练需要一整套训练机构做保证,新装备所需的各类保障人员的训练不仅需要及早准备教员、教材和教具,还要考虑现有的训练体制能否满足其要求。后续训练有初级、中级和高级之分以及技术与指挥之分,这些都是针对现有装备规划实施的,而它们对新研装备的使用与维修能否适应也是要研究解决的问题。

⑤ 保障管理体制的建立要有一套人员机构和相应的管理职能与制度做保证,使用与维修制度是建立保障系统的最重要课题。

2. 使用与维修制度

装备使用与维修制度指装备使用与维修总体上的一整套准则和规程。它规定使用与维修的全部主要工作内容,以及这些工作运行的时机、执行的机构和必要的条件。使用与维修制度是装备使用部门最基本的制度,与其有关的供应保障、技术资料和人员要求都要与之协调配套。严格执行使用与维修制度才能保证达到规定的战备完好性目标。使用与维修制度是保障系统运行最基本的管理制度。

当装备研制进展到工程研制阶段,有了较完整的资料(如预防性维修的工作类型和较明确的修理级别等)时,就可以开始进行使用与维修制度的初始制定工作。这项工作还要通过装备的使用试验、部署后保障性分析评估与试验以及后续正常使用实践中的修改完善才能最后确定下来,并以军兵种条例的方式颁布执行。虽然这项制度在以后长期的使用中应该不断地修改与更新,但从综合保障工程的观点来说,制定出完善的使用与维修制度是它的重要成果。

现以车辆的保养与修理制度为例说明使用与维修制度的主要内容。

(1) 平时的保养与修理制度

1) 保养和修理的种类及其工作内容

车辆的技术保养有五种:出车前、行军间及一级、二级和三级保养。它们均为预防性的保养与维护。

车辆的修理有五种:小修、中修、大修、检修和特修。前三种均为预防性维修,后两种为修复性维修。

各类保养与维修都规定有明确的作业内容、技术要求和保障条件,如更换作业所用工具和测试所用技术条件等。

2) 各类保养和预防性维修的时机

此时机即指保养和维修的间隔期。车辆两次大修间隔期为 9 000~10 000 km,中修间隔期为 4 000~6 000 km,小修间隔期为 900~1 200 km。车辆发动机的大修间隔期为 500~600 h。

3) 执行保养和维修的机构

分类保养与小修由基层级、中修由中继级、大修由基地级(修理厂)分别进行。

(2) 战时修理制度

战时修理制度指战时执行车辆就地换件和应急修理制度。其中的规定有:前送修理小组人员的组成和应携带的备件器材,牵引后送不能就地修复的车辆,应急修理、战地抢救和自救的措施和原则,战场修理小组的组成和上一级的支援方式;应配备的便携修理和抢救设备器材(如工程车、牵引车)的种类和要求,以及战时修理分队随同战斗分队转移的原则等。

3. 保障系统的完善

保障系统的建立是在装备研制的后期,即保障资源明确后才开始进行的。保障资源是建立保障系统的基础,而保障系统是保障资源赖以发挥作用形成战斗力的条件。可根据对保障方案和保障资源的评价结论,结合部队的现行制度如修理级别和供应体制等初步建立保障系统,并通过使用试验和部署后的考核来验证保障系统对装备的保障能力和保障资源的满足程度。同时,所建立的保障系统也会对装备及保障资源起到反馈作用。保障系统的建立也是一个逐渐完善的过程,在装备的使用过程中,要通过不断熟悉和掌握新装备的使用特点,逐步适应新建保障系统下的使用与维修工作,积累装备使用与维修的经验和数据,调整和完善使用与维修制度,这样,才能充分发挥装备和保障系统的效能,达到装备系统的战备完好性目标要求。

习 题

1. 人力人员的研制要求通常包括哪些方面?
2. 供应保障工作应如何分类?每类供应保障工作的特点是什么?
3. 某系统包含 30 种同型部件,该部件寿命为 10 000 h,且服从指数分布,该部件的供货周期为 90 d,问当备件满足率为 95% 时,应储备多少数量的备件?
4. 备件数量的估算通常与哪些因素有关?
5. 每个备件的价格为 100 元,每个备件的供应费用为 25 元,每个备件的库存费用为 15 元,该备件的年度需求量为 200 个,试求该备件的经济定购批量。
6. 保障设备通常如何分类?如何确定保障设备的功能?
7. 共有 12 个同型装备,每个装备使用某保障资源的频率为 0.018 次/d,每次使用该保障设备的时间为 2 h,试计算当保障人员每周工作 40 h 时,应准备多少台该保障设备?
8. 简述技术资料的分类及作用。
9. 简述训练要求的确定过程。
10. 试分析计算机资源要求与其他种类资源要求的差异。
11. 简述保障设施的分类及设计原则。
12. 常见的装备运输方式有哪些?在运输中装备的包装应注意哪些问题?

第9章 保障费用分析（LSCA）

9.1 概 述

9.1.1 保障费用的定义及内涵

保障费用指在装备服役期间，装备保障工作执行时产生的与装备保障相关的费用。装备保障费用分解结构如图9-1所示，主要包括：

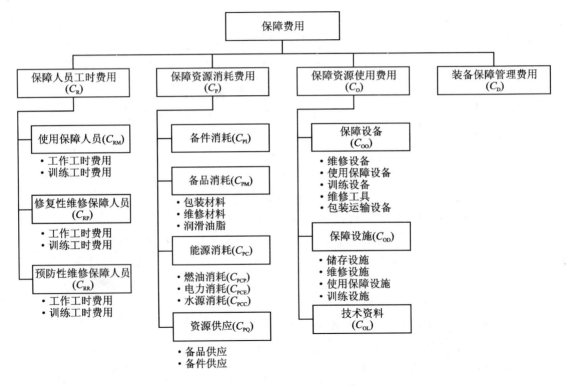

图9-1 保障费用分解结构

（1）保障人员工时费用

保障人员工时费用指在执行装备使用保障工作、修复性维修保障工作、预防性维修保障工作和训练工作时，按照每位工作人员所花费的工时汇总的费用。

（2）保障资源消耗费用

保障资源消耗费用指在装备使用保障工作、修复性维修保障工作、预防性维修保障工作和训练中，因消耗保障资源而产生的费用。

（3）保障资源使用费用

保障资源使用费用指在装备使用保障工作、修复性维修保障工作、预防性维修保障工作和训练中,因使用保障资源而产生的费用。

(4) 装备保障管理费用

装备保障管理费用指与装备保障有关的人员、设备、设施、工具、技术资料和信息管理费用。

保障费用是装备系统设计中固有的使用保障活动和维修保障活动的函数。在这些活动中,由于对保障资源的使用、消耗及管理而产生了装备保障费用,因此,对保障费用的评估要考虑使用任务、保障活动频率、平均保障活动时间要素以及保障活动发生时对保障资源的需求。装备保障费用是装备保障系统经济性的度量,是装备寿命周期费用的重要组成部分。

保障费用是在装备部署使用阶段实际发生的费用。由于装备故障存在随机性的特点,故在研制阶段对保障费用进行准确预测是比较困难的。此时开展保障费用分析需要在前期开展大量数据的收集和整理工作,收集的数据越全面越细致,预测结果就越准确。

9.1.2 保障费用分析的目的和作用

在装备研制的早期就开始分析装备保障费用,此时的工作最为有效,因为这时装备的保障方案刚开始拟定,更改的可能性较大,这时所进行的更改将对降低寿命周期费用产生决定性影响。如果等到方案阶段后期保障方案框架基本确定后再更改,虽然此时已花去的费用很少,仅占装备寿命周期费用的3%~5%,但却已把装备保障费用的95%确定下来,也就是说,装备的保障费用这时已很难更改。

保障费用分析的作用主要包括以下几方面:

① 制定保障性要求时的费用权衡。

② 为建立确定保障费用设计指标和门限值提供依据。

③ 估算备选的保障方案以及主要保障资源对费用的影响;在可承受费用的前提下,为研究和确定可行的保障方案提供决策依据。

④ 在研制阶段,有效地促进装备可靠性、维修性和保障性的改进,以保证装备寿命周期费用最佳值。

⑤ 用于部署后使用方案的决策。

⑥ 为维修方案的改进决策提供依据。

⑦ 为决策者做出中止或继续实现装备设计方案及重大保障资源研制提供依据。

在保障性分析过程中,通过保障费用分析,对装备保障方案和设计方案进行权衡分析,对备选设计方案及保障方案进行评价,可为最终确定保障方案提供决策支持。

9.1.3 保障费用参数

保障费用相关参数是度量装备保障系统满足经济性要求的尺度,这些参数要能够进行统计和计算。常用的保障费用相关参数包括:

(1) 保障费用

保障费用是装备服役各年度保障费用之和。装备服役各年度保障费用包括年度保障人员工时费用、年度保障资源消耗费用、年度保障资源使用费用和年度装备保障管理费用。

(2) 年度保障人员工时费用

该费用是装备服役各年度保障人员工时费用之和。装备服役各年度保障人员工时费用包括年度使用保障人员工时费用和年度维修保障人员工时费用。

(3) 年度保障资源消耗费用

该费用是装备服役各年度保障资源消耗费用之和。装备服役各年度保障资源消耗费用包括年度备件消耗费用、年度备品消耗费用、年度能源消耗费用和年度供应费用。

(4) 年度保障资源使用费用

该费用是装备服役各年度保障资源使用费用之和。装备服役各年度保障资源使用费用包括年度保障设备使用费用、年度保障设施使用费用和年度技术资料使用费用。

(5) 年度装备保障管理费用

该费用是装备服役各年度装备保障管理费用之和。

9.1.4 保障费用影响因素分析

1. 保障时间影响

装备保障费用的产生与装备的保障活动密切相关,保障时间是保障活动的重要属性,若保障时间长,则保障资源被使用时间长,因此相应的人员保障工时就长,相应的保障费用就较高;反之则较低。

2. 装备交付周期与报废周期影响

由于装备具有一定的生产周期,在装备列装时通常是分批部署的。部署时间的差异会导致装备报废时间的差异,在装备完全按照预定数量部署至使用方的初期部署期间,单位时间内执行使用任务的装备数量有所差异,故相应的保障活动时间也会有所差异,从而导致保障费用不同。同理,在装备最后报废期间,保障费用也会有所差异。

3. 保障资源消耗影响

在装备的保障工作中会消耗相应的保障资源,这些资源主要是物质资源和能源,这些被消耗的资源会产生相应的费用。此外,对于这些消耗的资源还要进行及时的补充。资源在运输过程中需要包装、装卸和运输,这些还会产生相应的供应费用。

4. 保障资源折旧影响

在装备的保障工作中会使用相应的保障资源,这些被使用的保障资源在装备的服役期限内会产生折旧费用,这也是影响保障费用的主要因素。

5. 保障资源仓储影响

保障资源需要一定的仓储环境,不同种类和不同数量的保障资源所占用的仓储空间和仓储条件不同,会产生相应的保障费用。

6. 保障资源更新影响

在装备服役期限内,会针对报废的占用型保障资源或数量不足的占用型保障资源在数量上进行补充,这时就会产生保障资源的更新费用。在分析保障资源更新费用时,可通过改变与保障资源数量相关的资源折旧费用来进行分析估算。

7. 保障资源管理影响

除上述影响因素外,对保障资源的管理也会产生相应的费用,本章对保障资源管理费用不再详细展开分析。

本节着重对在保障时间、装备交付周期与报废周期、保障资源消耗、保障资源折旧、保障资源仓储、保障资源更新等因素影响下的保障费用进行分析估算。

9.2 保障费用分析方法

保障费用分析是在建立费用分解结构的基础上,通过计算费用分解结构中的年度费用来绘制年度费用剖面,以找到对保障费用影响最大的因素,进而对保障方案进行改进。保障费用分析的步骤如图9-2所示。

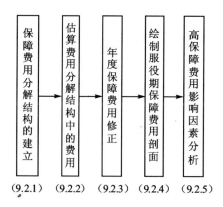

图9-2 保障费用分析步骤

9.2.1 保障费用分解结构的建立

当进行保障费用分析时,分析人员首先要建立保障费用分解结构,以显示构成保障费用的所有项目。保障费用分解结构要涵盖装备保障工作中所发生的费用类别。将保障费用分解结构按照保障费用分类层次进行划分,以便于保障费用的收集与汇总。

构建保障费用分解结构时应基于下列基本原则:

① 必须考虑所有保障费用要素。

② 保障费用要素的定义要翔实,保障费用类别必须详细精确定义,以保证设计分析人员及装备使用方和供应商等对给定的类别及所包含的信息都有统一的理解,并避免遗漏项。缺乏详尽的定义会造成评估过程中的不一致,也可能导致错误的决策。

③ 对保障费用分解结构中的费用项目要进行编码,编码应从保障费用分解结构的顶层开始,逐层向下。为了便于信息的收集与管理,保障费用分解结构的最底层费用项目都要进行编码。

④ 在保障费用分解结构的建立过程中,保障费用分解结构必须与装备的工作分解结构、费用核算程序及管理相协调,可以与其他信息源中的费用进行交叉引用,但必须有与顶层寿命

周期费用分解结构相一致的编码,且要注明引用源信息;可直接获取会计核算过的费用项目,这些费用项目可直接纳入保障费用分解结构。

⑤ 对于有转承制方的项目,必须将转承制方的费用与其他费用区分开。要通过保障费用分解结构对转承制方的工作进行细致有序的监控。

每类装备的保障费用分解结构都不尽相同。为阐明一般的保障费用分解结构的特性,图9-1给出了保障费用分解结构的示例,基本上涵盖了顶层的保障费用类别。在进行某型装备的保障费用分析时,可参照图9-1给出的保障费用分解结构,对分解结构灵活裁剪后再进行应用。

9.2.2 估算费用分解结构中的费用

保障费用分析的第二步工作就是分析与估计装备服役期限内保障费用分解结构中每一类别的年度费用。

1. 保障人员年度工时费用估算

保障人员通常按照不同专业进行划分,每类专业又划分为不同的技术等级,在进行保障人员工时费用估算时,主要根据从事与某类保障工作对应的最底层保障事件的人力资源数量、技术专业和技术等级进行计算。通常执行最底层保障事件的人员属同一个技术专业。保障人员年度工时费用计算式为

$$C_R = \sum_{k=1}^{n} \beta_k t_{sk} \sum_{p=1}^{m} N_{ekp} C_{Rekp} \quad (9-1)$$

式中:n——保障事件种类数;

m——从事该保障事件的人员技术等级数;

β_k——第 k 类保障事件的频数,单位通常是次/年;

t_{sk}——第 k 类保障事件时间;

N_{ekp}——第 k 类保障事件第 p 技术等级人员数量;

C_{Rekp}——第 k 类保障事件第 p 技术等级单位时间工资费用,单位通常是元/小时。

式(9-1)中的 t_{sk} 和 β_k 属于保障事件参数,可由 O&MTA 获得;N_{ekp} 可通过保障资源预测获得;C_{Rekp} 可通过使用方会计核算数据获得。

关于一般费用分解结构中所列的、按照保障功能划分的保障人员工时费用,可通过保障事件的分类进行汇总计算,计算方法与保障人员年度工时费用的计算方法相同,这里不再赘述。

2. 资源年度消耗费用

资源年度消耗费用根据费用消耗的特点,可从物质资源年度消耗费用、能源年度消耗费用和资源年度供应费用三个方面进行计算。

(1) 物质资源年度消耗费用

按照最底层保障事件消耗的物质资源种类,根据该类资源的消耗率、每类保障事件中该类资源的消耗数量以及该类资源的单价,可以对物质资源消耗费用进行估算。该类保障事件的频率可认为是相应某类资源的消耗率。物质资源年度消耗费用计算式为

$$C_{\text{PI}} = \sum_{k=1}^{n} \beta_k \sum_{r=1}^{m} N_{\text{PI}kr} C_{\text{PI}kr} \qquad (9-2)$$

式中：n——保障事件种类数；

m——该保障事件消耗的资源种类数；

β_k——第 k 类保障事件的频数，单位通常是次/年；

$N_{\text{PI}kr}$——第 k 类保障事件第 r 类消耗资源数量；

$C_{\text{PI}kr}$——第 k 类保障事件第 r 类消耗资源单价，单位通常是元。

式(9-2)中的 β_k 属于保障事件参数，可由 O&MTA 获得；$N_{\text{PI}kr}$ 可通过保障资源预测获得；$C_{\text{PI}kr}$ 可通过供应商数据获得。

(2) 能源年度消耗费用

按照最底层保障事件消耗的能源种类，根据该类能源的消耗率、每类保障事件中该类能源的消耗数量以及该类能源的单价，可以对能源消耗费用进行估算。该类保障事件的频率可认为是相应某类能源的消耗率。能源年度消耗费用计算式为

$$C_{\text{PC}} = \sum_{k=1}^{n} \beta_k \sum_{s=1}^{m} N_{\text{PC}ks} C_{\text{PC}ks} \qquad (9-3)$$

式中：n——保障事件种类数；

m——该保障事件消耗的能源种类数；

β_k——第 k 类保障事件的频数，单位通常是次/年；

$N_{\text{PC}ks}$——第 k 类保障事件消耗第 s 类能源数量；

$C_{\text{PC}ks}$——第 k 类保障事件第 s 类能源单价，单位通常是元。

式(9-3)中的 β_k 属于保障事件参数，可由 O&MTA 获得；$N_{\text{PC}ks}$ 可通过保障资源预测获得；$C_{\text{PC}ks}$ 可通过相关政府管理部门获得。

(3) 资源年度供应费用

对于消耗类资源要及时供应，供应过程中会产生运输费用，运输费用通常与所运输的保障资源的质量或体积以及运输里程有关。资源年度供应费用计算式为

$$C_{\text{PQ}} = \sum_{k=1}^{n} \beta_k \sum_{r=1}^{m} N_{\text{PQ}kr} M_{\text{PQ}kr} S_{\text{PQ}kr} C_{\text{PQ}kr} \qquad (9-4)$$

式中：n——保障事件种类数；

m——该保障事件消耗的资源种类数；

β_k——第 k 类保障事件的频数，单位通常是次/年；

$N_{\text{PQ}kr}$——第 k 类保障事件第 r 类消耗资源数量；

$M_{\text{PQ}kr}$——第 k 类保障事件第 r 类消耗资源的质量，当运费按体积计算时，可选用该类资源的体积参数；

$S_{\text{PQ}kr}$——第 k 类保障事件第 r 类消耗资源的运输里程；

$C_{\text{PQ}kr}$——第 k 类保障事件第 r 类消耗资源每单位质量、每单位里程的运费，单位通常是元/(吨·公里)。

式(9-4)中的 β_k 属于保障事件参数，可由保障时间分析获得；$N_{\text{PQ}kr}$ 可通过保障资源预测获得；$M_{\text{PQ}kr}$ 可通过供应商数据获得；$C_{\text{PQ}kr}$ 可通过运输服务商或使用方的会计核算数据获得。

3. 资源年度使用费用

(1) 一般占用型资源年度使用费用估算

在装备的服役期内,占用型资源在使用寿命周期内会产生折旧,占用型资源费用的计算主要取决于占用型资源数量以及资源的折旧率。通常,保障设备、工具、技术资料及大部分设施都可按一般占用型资源的费用估算方法进行计算。一般占用型资源年度使用费用计算式为

$$C_\mathrm{O} = \sum_{h=1}^{w} N_h \frac{C_{\mathrm{O}h}}{Y} \tag{9-5}$$

式中：w——占用型保障资源种类数；

N_h——第 h 类占用型资源数量；

$C_{\mathrm{O}h}$——第 h 类占用型资源单价；

Y——装备服役年限。

w 和 N_h 可通过保障资源预测获得,$C_{\mathrm{O}h}$ 可从供应商处获得。对于按照保障资源分类的占用型资源年度费用,可在计算出各类占用型资源年度费用的基础上,按照保障资源的类型再进行汇总。

(2) 仓储资源年度费用估算

在占用型资源中有一类特殊的资源,除了会产生折旧外,还会产生仓储费用,这类资源就是具有仓储功能的保障设施。该类资源仓储费用的计算与所存储的物品质量或体积以及存储条件有关。仓储费用通常以每单位质量或体积的存储费用来计算。仓储资源年度费用的计算方法按照仓储资源数量变化的特点可分为：

1) 占用型资源仓储费用

占用型资源的仓储容积基本固定不变,其仓储费用计算式为

$$C_{\mathrm{ODS}} = \sum_{h=1}^{w} N_h V_h C_{\mathrm{OD}h} \tag{9-6}$$

式中：w——占用型保障资源种类数；

N_h——第 h 类占用型资源数量；

V_h——保障资源体积；

$C_{\mathrm{OD}h}$——第 h 类占用型资源单位体积年度储存费用,单位为元/(立方米·年)。

w 和 N_h 可以通过保障资源预测获得；$C_{\mathrm{OD}h}$ 可从使用方会计核算数据得到；V_h 在研制阶段早期可通过相似保障设备来估计,在研制阶段后期可直接从保障资源设计数据获得。

2) 消耗型资源仓储费用

对于消耗型资源,其年度平均仓储容积并不能按照初始库存量来估计,其年度平均库存量与平均初始库存量、年度平均消耗量和年度平均短缺量有关。这四者的关系式为

$$N_{\mathrm{OH}} = N_{\mathrm{S}} - N_{\mathrm{D}} + N_{\mathrm{E}} \tag{9-7}$$

式中：N_{OH}——年度平均库存量；

N_{S}——平均初始库存量；

N_{D}——年度平均消耗量；

N_{E}——年度平均短缺量。

消耗型资源仓储费用计算式为

$$C_{\mathrm{CDS}} = \sum_{r=1}^{m} N_{\mathrm{OH}r} V_r C_{\mathrm{CD}r} \tag{9-8}$$

式中：r——消耗型保障资源种类数；

$N_{\mathrm{OH}r}$——第 r 类消耗型资源年度平均库存量；

V_r——第 r 类消耗型资源的体积；

$C_{\mathrm{CD}r}$——第 r 类消耗型资源单位体积年度储存费用，单位为元/(立方米·年)。

$N_{\mathrm{OH}r}$可通过保障资源预测获得；$C_{\mathrm{CD}r}$可从使用方会计核算数据得到；V_r 是保障资源体积，在研制阶段早期可通过相似保障设备来估计，在研制阶段后期可直接从保障资源设计数据获得。

在不考虑其他设施费用的情况下，这里认为设施费用主要是仓储费用，即设施费用 C_{OD} 为占用型资源仓储费用 C_{ODS} 与消耗型资源仓储费用 C_{CDS} 之和。

9.2.3 年度保障费用修正

1. 装备使用数量修正

装备完全按照预定数量部署至使用方的初期部署期间通常是 2~3 年。在这 2~3 年中，每年都会有新交付使用方的装备投入使用，这时，由于前面计算年度费用的保障活动频数是按照所有装备都交付使用后的数量计算的，故在初始交付装备的这几年，实际上并没有那么多数量的装备在使用，故费用估算会偏大，这时就要按照交付系数对费用进行修正。交付系数的计算式为

$$\begin{cases} \theta_{aI} = \dfrac{\sum_{i=1}^{I-1} N_{Yi} + N_{YI}}{N_{\mathrm{D}}}, & I = 2, \cdots, Y_{\mathrm{a}} \\ \theta_{a1} = \dfrac{N_{Y1}}{N_{\mathrm{D}}} \end{cases} \tag{9-9}$$

式中：N_{Yi}——初始交付期内第 i 年交付使用方的装备数；

N_{D}——装备部署数量；

Y_{a}——初始交付年度数。

对于从装备开始报废到装备全部报废的期间，装备数量的修正原理与装备初始交付阶段的相同，这里不再赘述。

2. 保障资源数量修正

对于报废的或经常出现短缺的占用型保障资源，在装备服役期内会对其数量进行补充。这时，在计算占用型资源折旧费用时就要考虑保障资源数量的变化，对占用型保障资源折旧费用进行修正。保障资源修正系数的计算式为

$$\theta_{\mathrm{s}} = \dfrac{N_{\mathrm{w}} - N_{\mathrm{x}} + N_{\mathrm{I}}}{N_{\mathrm{w}}} \tag{9-10}$$

式中：N_{w}——某类占用型资源数量；

N_{x}——某类占用型资源年报废数量；

N_{I}——某类占用型资源年度补充数量。

3. 学习曲线修正

在计算年度周期发生的费用时,如果需要计算同一类保障活动在各个年度发生的费用,则注意应用学习曲线。当执行周期性的保障工作项目时,所获得的学习经验通常会减小费用开销。尽管与学习相应的费用发生于寿命周期的不同时间点,但对于大量重复的同一类型保障工作,经验对费用造成的影响是不容忽视的。在这种情况下,第一年装备的保障费用比后续某年执行相同数量保障工作的费用高很多。出现这种情况的主要原因就是维修人员在后续装备保障工作中工作更熟练,维修和装配的工艺更高效,使用了更有效率的工具以及总体管理水平有所提高等。学习通常在早期保障阶段对费用节省的贡献最大,随着时间的推移,装备保障水平及维修工作趋于稳定,这种影响将逐渐变小。

学习曲线通常是建立在这样一个假设的基础上:保障工时量加倍后,费用节省可通过前一个保障费用乘以一个百分比常量来计算。比如90%的学习曲线指,第200工时的保障费用是第1工时保障费用的90%,第400工时的保障费用是第200工时保障费用的90%,依次类推。因而可以借助学习曲线来对保障费用进行修正,如图9-3所示。

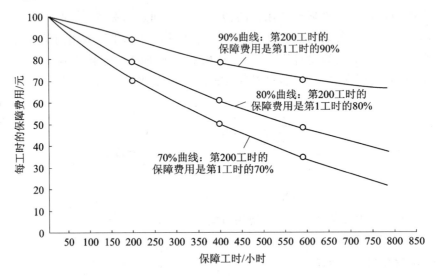

图9-3 保障工时费用学习曲线示意图

4. 现值及终值修正

分析人员首先可根据现值人民币(当前人民币价值)来预测每年的费用,因为这样做可以对不同时间的活动进行直接比较;也可根据终值人民币(服役期结束时人民币价值)来预测每年的费用。

一次性支付现值的表达式为

$$P = \frac{F}{(1+i)^n} \tag{9-11}$$

式中:P——现值;
F——一定计息期后的终值;
i——年利率;

n——计息期,单位是年。

同理,一次性支付终值的表达式为

$$F = P(1+i)^n \qquad (9-12)$$

式中变量的含义与式(9-11)中的相同。

金钱具有时间价值,分析时通常利用折算的方法将所有保障费用统一到现在或将来的某个决策时间点。

5. 通货膨胀率修正

要考虑装备服役期内每年的通货膨胀。通货膨胀是一个重要的要素。通货膨胀与保障人力费用和保障资源费用密切相关,具体如下:

① 通货膨胀因子在保障人力费用方面表现在工资的增加、生活费用的增加,如个人奖金、退休金以及保险等费用的增加。应对不同等级的保障人力(如维修工程师、维修员)设置不同的通货膨胀因子,并应在装备服役期内的每一年进行一次评估。

② 通货膨胀因子在保障资源费用方面表现在供需关系、资源处理费用以及资源的装卸和运输费用的增长。由于资源种类的不同,通货膨胀因子也不同。同样,也应该在装备寿命周期内每年对该要素进行一次评估。

9.2.4 绘制服役期保障费用剖面

在估算出保障费用分解结构中的每项费用后,接下来就要构造出能够表示整个装备服役期内的保障费用流的费用剖面,并大致确定出保障费用分解结构中每个项目的费用和占总费用的百分比。构造费用剖面时必须考虑通货膨胀的影响、重复过程或活动发生时的学习曲线以及 9.2.3 小节提到的有可能对保障费用进行修正的因素。绘制费用剖面通常按如下步骤进行。

(1) 计算保障费用分解结构中的各项目费用及汇总

按照保障费用分解结构中定义的费用类别来预测相应的费用,并将这些费用以明细及汇总的形式按年度进行汇总。所有保障工作发生的费用都应包含在一个或多个保障费用分解结构类别中,以保证保障费用分析在保障费用分解结构中具有可追踪性。

(2) 对各年度费用进行修正

在汇总出各年度的费用后,要从以下几方面对各年度的保障费用进行修正:

① 装备数量修正;

② 保障资源数量修正;

③ 学习曲线修正;

④ 使用费用终值或现值修正;

⑤ 通货膨胀率修正。

(3) 绘制保障费用剖面曲线

根据修正后的各年度的保障费用,以装备服役期时间为横轴,以保障费用为纵轴,绘制保障费用剖面,保障费用剖面示意如图 9-4 所示。

9.2.5 高保障费用影响因素分析

进行保障费用分析的目的就是要找到造成装备服役期高保障费用的关键项目,并分析其

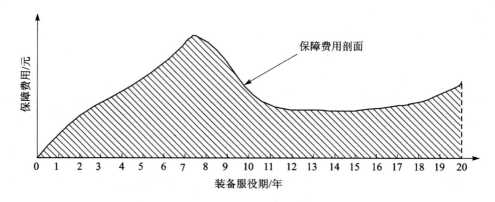

图 9-4　保障费用剖面示意图

原因,然后采取改进措施来降低保障费用。

(1) 辨别高保障费用项目

首先应先确定高保障费用项目(简称高费用项目)。通常占到总费用10%以上的项目定义为高保障费用项目。例如,总保障费用的25.3%花在"装备的预防性维修"上,11.8%花在"供应"上,还有10.7%用于"消耗品"。

应该对费用项目按其费用高低进行排序。如图9-5所示,对费用项目按从①至⑨进行了排序,进而确定要优先解决的高费用项目。高费用项目应得到分析决策人员的重视,并应对其采取降低费用开销的措施。但是也要考虑到,一旦对其采取了相应措施,则其他原来的低费用项目可能会变成高费用项目,此时应注意迭代分析。

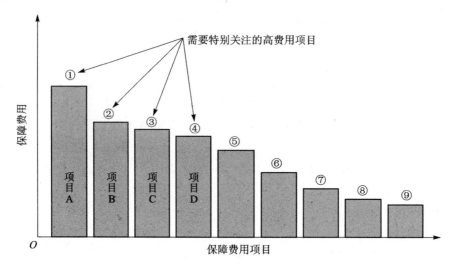

图 9-5　高保障费用项目排序示意图

(2) 分析高保障费用项目的原因

要想确定高费用的原因,首先分析人员应当回到保障费用分解结构上,重新审查这些费用的输入假设以及最初评估这些费用时建立的费用-参数关系。此时需要考虑:是否有的假设条件存在问题,是否有费用-参数关系不恰当。如果不能找到与输出相对应的输入要素,则分析人员需要将费用类别进一步细分,以便继续寻找高费用项目产生的原因。

(3) 采取改进措施

在分析得出高费用项目的原因后,可针对具体问题采取应对措施,以减少保障费用。减少保障费用的措施示例如下:

① 提高保障对象的可靠性水平;
② 提高保障对象的维修性和保障性水平,减少保障时间;
③ 减少保障资源的种类;
④ 将某类保障资源的功能与其他同类保障资源的功能合并;
⑤ 减少保障资源的数量等。

9.3 保障费用分析算例

本算例选择某新研通信设备的保障方案,开展保障费用分析,以便为选定备选方案提供数据支持。

1. 算例概述

(1) 装备部署要求

研制一种新型通信设备以替换老设备。在四个不同地区内使用,每个地区配备25台地面通信车辆(每车装1台通信设备),四个地区共配备5个固定通信站(每站也是4台通信设备),因此共需通信设备120台。

通信车在第1年交付15台,在第2年交付25台,在第3年交付40台,在第4年交付20台;固定通信站的通信设备在第1年交付5台,在第2年交付15台。型号的年度规划列装剖面如图9-6所示。

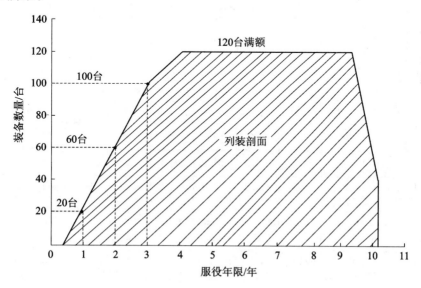

图9-6 型号的年度规划和列装剖面

（2）装备保障方案

装备保障方案内容包括：

① 车内通信设备要求每天工作 8 h，每周工作 5 d，利用率 100%；平均维修间隔时间 $T_{BM}=400$ h，每次修复平均维修工时 $\overline{M}_{ct}<60$ min。需消耗备件 2 个。

② 固定通信设备要求每天工作 16 h，每周工作 7 d，利用率 100%；平均维修间隔时间 $T_{BM}=200$ h，每次修复平均维修工时 $\overline{M}_{ct}<30$ min。需消耗备件 1 个。

③ 两种设备工作寿命均不小于 8 年。

2. 制定费用分解结构

假设车内通信设备和固定通信设备每一维修工作工时费为 100 元，车内通信设备每个备件的费用为 950 元，固定通信设备每个备件的费用为 1 900 元，则费用分解结构从工时费用和备件消耗费用两方面建立。

3. 分析估计保障费用分解结构中每类的费用

根据维修方案、装备保障期维修费用剖面和使用年限来确定装备的使用数量和使用小时，根据装备承制方指定的保障方案中参数 T_{BM} 的值和使用时间可以估算出维修活动的工作量（维修工时），根据保障方案中维修资源的消耗信息可以估算出保障资源的消耗数量，维修工作量和保障资源消耗数量的信息如表 9-1 所列。

表 9-1 年度部署数量及维修工作量信息表

费用项目		年度规划/年										合计
		1	2	3	4	5	6	7	8	9	10	
通信车数量/台		15	40	80	100	100	100	100	100	100	100	合计
通信站内通信设备数量/台		5	20	20	20	20	20	20	20	20	20	
使用小时数	通信车	31 200	83 200	166 400	208 000	208 000	208 000	208 000	208 000	208 000	208 000	1 736 800
	通信站	29 120	116 480	116 480	116 480	116 480	116 480	116 480	116 480	116 480	116 480	1 077 440
	小计	60 320	199 680	282 880	324 480	324 480	324 480	324 480	324 480	324 480	324 480	2 814 240
保障方案维修活动工作量/小时	通信车	78	208	416	520	520	520	520	520	520	520	4 342
	通信站	72.8	291.2	291.2	291.2	291.2	291.2	291.2	291.2	291.2	291.2	2 693.6
	小计	150.8	499.2	707.2	811.2	811.2	811.2	811.2	811.2	811.2	811.2	7 035.6
保障方案备件消耗数量/个	通信车	156	416	832	1 040	1 040	1 040	1 040	1 040	1 040	1 040	8 684
	通信站	145.6	582.4	582.4	582.4	582.4	582.4	582.4	582.4	582.4	582.4	5 387.2
	小计	301.6	998.4	1 414.4	1 622.4	1 622.4	1 622.4	1 622.4	1 622.4	1 622.4	1 622.4	14 071.2

费用分解结构中每类费用详细计算的结果如表 9-2 所列。

表 9-2 费用收集工作表

费用(项目)活动	费用分类符号	项目年度费用/千元										所占百分比/%
		1	2	3	4	5	6	7	8	9	10	汇总	
维修工时费	C_R	15.08	49.92	70.72	81.12	81.12	81.12	81.12	81.12	81.12	81.12	703.56	3.67
备件消耗费	C_P	424.84	1 501.76	1 896.96	2 094.56	2 094.56	2 094.56	2 094.56	2 094.56	2 094.56	2 094.56	18 485.48	96.33
评估总费用	C	439.92	1 551.68	1 967.68	2 175.68	2 175.68	2 175.68	2 175.68	2 175.68	2 175.68	2 175.68	19 189.04	100
现值总费用	P	407.33	1 330.32	1 562.01	1 599.19	1 480.73	1 371.05	1 269.49	1 175.45	1 088.38	1 007.76	12 291.71	—

4. 根据现值修正年度保障费用

年利率按 8% 计算，费用现值的修正结果如表 9-2 所列。

5. 绘制保障费用剖面

根据年度费用的计算结果绘制保障费用剖面，如图 9-7 所示。

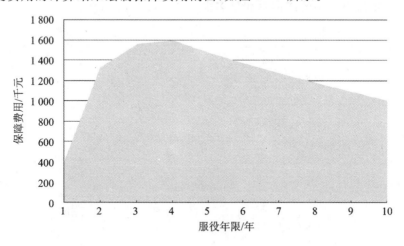

图 9-7 保障费用剖面

6. 保障费用分析

(1) 高保障费用项目

由表 9-2 可知，高保障费用项目为备件消耗费用。

(2) 高保障费用原因

高保障费用的主要原因是产品的备件价格过于高昂，且备件需求率过高，故备件消耗费用过高。

(3) 改进措施

根据保障费用分析得出的高保障费用项目原因,可采取如下改进措施:

① 降低通信车备件的需求率;

② 降低备件单价。

7. 结　论

通过对某型通信设备进行保障费用分析,建立了该装备的保障费用分解结构,计算了分解结构中的各项费用,绘制了服役期的保障费用剖面,找出了高保障费用的主导因素,并提出了降低备件需求率和备件单价的改进措施,从而为保障方案的改进提供了费用参考依据。

习　题

1. 简述寿命周期保障费用分析的目的和作用。寿命周期保障费用由哪些方面的费用项目构成?

2. 简述寿命周期各阶段对寿命周期保障费用的影响。

3. 建立费用分解结构的原则是什么?

4. 常用的费用估计模型有哪些?各类模型的特点是什么?

5. 什么是学习曲线?学习曲线对寿命周期保障费用分析的作用是什么?

6. 按照现值估计3年内每年的保障费用分别为10万元、20万元和30万元,年利率为8%,试计算第3年保障费用的终值总和是多少?

第 10 章 保障性分析评估

10.1 概 述

保障性分析评估是在装备系统寿命周期内,对所采取的各种保障措施的实施结果进行预计,为判断保障要求是否被满足提供判断依据。保障性分析评估是实现装备保障目标重要而有效的决策手段,它贯穿于装备寿命周期的全过程,以保证及时掌握装备保障性的现状和水平,发现保障性的设计缺陷,为改进装备保障性设计提供依据。

10.1.1 保障性分析评估的目的

保障性分析评估是装备试验与评价的重要组成部分,主要任务是对研制总要求和研制合同中的保障性指标进行预计。保障性分析评估的目的是预计装备系统的战备完好性参数、任务持续性参数及保障系统特性参数,具体可包括以下几方面:

① 提供保障性和有关保障系统方面的预计数据;
② 分析保障性和有关保障系统特性的影响因素;
③ 暴露保障性设计中存在的问题,以便在研制过程中得到解决,包括装备硬件、软件、保障方案、保障资源或使用原则等方面的改进;
④ 估测由于采取纠正措施而引起的战备完好性、保障系统特性和保障资源方面的变更。

10.1.2 保障性分析评估方法分类

保障性分析评估可采用解析分析方法或借助于试验产生的数据进行统计分析来完成,在装备研制阶段通常采用仿真试验的方法进行保障性分析评估。

(1) 解析评估方法

解析评估方法是在明确已知条件和假设的前提下,通过建立解析模型来计算保障性综合参数进行评估。这种评估方法适合于装备研制阶段的早期,在缺乏装备及保障系统详细构成信息的前提下通常较为有效,但评价结论往往与实际结论有一定偏差。

(2) 仿真评估方法

仿真评估方法是根据仿真试验过程中收集到的数据,对其进行统计分析,最终得出评估结果。此方法适用于装备构型及保障系统构成数据较为详细的情况,如在装备方案设计阶段后期和详细设计阶段。在装备研制阶段早期可考虑用基准系统数据代替新研装备系统数据。

10.2 保障性分析评估指标

保障性分析评估指标用于度量装备系统的战备完好性、任务持续性以及保障系统的保障能力。相关参数主要包含战备完好性参数、任务持续性参数和保障系统特性参数等。

10.2.1 战备完好性参数

各典型装备常用的战备完好性参数如表10-1所列。

表10-1 典型装备常用战备完好性参数

战备完好性参数	选取原则	适用装备类型
出动架次率	在规定的使用及维修方案下,每机每天能够执行任务的架次数	飞机
能执行任务率	至少能够执行一项规定任务的时间与其总拥有时间之比	飞机/车辆
战备完好率	要求装备投入作战时,该装备能够执行任务的概率	各种装备
储存可用度	在规定的储存条件和储存寿命内,当要求执行任务时,可用导弹数与库存导弹总数之比	导弹
在航率	处于在航状态的舰艇数与实有舰艇数之比	军舰

10.2.2 任务持续性参数

基本作战单元任务持续性指基本作战单元在规定的持续时间和规定的保障条件下,完成规定的持续任务要求的能力。通常用任务持续度、平均任务持续时间和任务持续性平均恢复时间度量。

任务持续度指基本作战单元在规定的任务持续时间内和规定的保障条件下,完成规定的任务强度要求或(和)规定的任务覆盖时间的概率。

平均任务持续时间指基本作战单元在规定的保障条件下,保持完成规定的任务要求的平均持续时间。其任务要求指规定的任务强度和(或)任务覆盖时间。

任务持续性平均恢复时间指基本作战单元任务中断后恢复至任务持续性水平的平均时间。

任务持续度、平均任务持续时间和任务持续性平均恢复时间是基本作战单元普遍适用的任务持续性参数,通常配合使用,一起作为基本作战单元的评估参数。

在选取任务持续性参数时,根据装备的特点,一般考虑的原则如表10-2所列。

表10-2 任务持续性参数选取原则

任务持续性参数	选取原则	适用装备类型
基于任务强度的任务持续度	任务效果基于任务强度考量的基本作战单元类型	巡航导弹
基于任务覆盖时间的任务持续度	任务效果基于任务覆盖时间考量的基本作战单元类型	雷达、防空导弹
基于任务强度和覆盖时间的任务持续度	任务效果基于任务强度和任务覆盖时间考量的基本作战单元类型	飞机、自行火炮、舰船
平均任务持续时间	评估保障系统满足任务持续要求,或综合权衡基本作战单元的可靠性、维修性、保障性参数	各类装备
平均任务持续性恢复时间	评估基本作战单元任务空洞时间	预警机、侦察机、防空导弹

10.2.3 保障系统特性参数

保障系统特性参数主要包括平均保障时间、保障资源满足率、保障资源利用率及保障系统规模等参数。

平均保障时间指从装备处于需要保障的状态直到装备的保障需求得到满足的平均时间。

保障资源满足率指当需要提供的资源数量大于或等于能够提供的资源数量时，能够提供的资源数量与需要提供的资源数量之比。

保障资源利用率指当配置的保障资源数量大于或等于实际需要的保障资源数量时，实际需要的保障资源数量与配置的保障资源数量之比。

保障系统规模指能满足规定的任务持续性要求的所有保障资源的质量或体积之和，通常用单架（辆）运输工具每次运输的架（辆）数来表示。

装备及其保障系统之间以及它们内部各组成部分之间存在着客观的数学关系。保障性分析评估参数可以综合运用定性分析和定量分析方法，建立一定的数学模型，在正确表述这些逻辑关系的基础上进行计算。

如果保障系统结构简单，保障对象与保障系统之间或其内部的这些数学逻辑关系并不复杂，那么所建立的数学模型往往可以采用解析方法求解。可是，在许多情况下，由于保障对象的构成，以及保障对象与保障系统之间及其内部的逻辑关系十分复杂，以致目前还没有能够在不做假设的情况下建立求解这些复杂关系的解析计算模型，有时这些复杂的逻辑关系本身就很难用经典的数学语言进行描述，因此需要借助系统仿真来解决相关问题，进行系统分析，并在此基础上进行系统评估。

10.3 保障性仿真评估

10.3.1 概述

1. 保障性仿真评估的目的

装备保障性仿真评估的目的是借助计算机模拟技术进行装备保障性综合试验，对装备的战备完好性及任务持续性进行分析，为保障方案的评价及验证提供技术手段。装备保障性仿真是一种"人工"试验手段。通过仿真能够对所构建的保障系统进行类似于实物试验的数值分析，它与实物系统试验的主要差别在于，仿真试验依据的不是装备本身及其所存在的实际环境，而是将仿真试验作为装备系统映象的系统模型以及相应的"计算机"试验环境。仿真试验使装备的战备完好性与任务持续性分析能够在相对极短的时间内在计算机上得到实现。

通过装备保障性仿真，可依据仿真运行结果对装备保障性影响因素进行分析，为装备系统相关参数的评估及验证提供技术手段。参数主要包括战备完好性参数、任务持续性参数以及保障系统特性参数。通过对这些参数进行评估，找出装备保障性设计的薄弱环节，进而改进装备保障性设计，减少装备系统寿命周期内的使用和维护代价，提高装备系统的战备完好性和任务持续性水平。

2. 保障性仿真评估的概念

保障性仿真评估就是依照保障方案的规定,通过描述保障对象与保障系统及其内部各要素之间的逻辑关系,抽象其中的随机因素,建立保障性仿真模型,借助于计算机试验,模拟装备系统运行过程,收集相关试验数据,探索相关特性参数的数理统计规律,为装备保障性分析评估提供依据。

3. 保障性仿真评估的特点

保障性仿真分析技术是继保障性解析分析技术之后,认识装备系统中各实体要素动态运行规律的新技术手段,它可以在装备系统的研制阶段模拟保障系统的实际运行过程,对装备系统的相关特性参数进行分析。同时,它还具有以下特点。

(1) 保障性仿真评估是一种基于试验的技术

保障性仿真是一种"人工"的试验手段。通过仿真能够对所构建的装备系统模型进行类似于实物试验的数值分析。通过试验获取对系统未来性能测度和对系统长期动态特性分析的数据,以便对装备保障性进行综合评估。

(2) 保障性仿真评估适于复杂保障系统的研制阶段

保障系统运行过程中具有大量的随机因素,在构建保障方案时,只有充分考虑这些随机因素的影响,才能在很少假设或不做假设的前提下,建立能够描述系统内部复杂逻辑关系和数学关系以及具体细节的仿真模型,并运用系统仿真的方法,求解出与保障方案相关的特性参数。保障系统的很多特性参数虽可通过保障系统的实际运行过程统计得到,但是在研制阶段,保障系统往往还不存在,此时只有借助于仿真的方法,才能在众多客观存在的系统设计约束下,对装备保障性进行定量的评估。

(3) 保障性仿真评估建模直观

保障性仿真模型与保障方案所描述的保障系统运行过程在形式上和逻辑上存在对应性,从而避免了建立抽象数学模型的困难。对于大多数具有随机因素的复杂系统,往往很难甚至无法用准确的数学模型来描述和求解其动态规律。而保障性仿真评估模型具有面向过程的特点,省去了复杂的数学抽象,简化了建模过程,具有直观性,使广大科研人员和决策人员都能成为保障性仿真评估的直接使用者。

(4) 保障性仿真评估节省研制费用

对于新研装备系统,在对其相关特性进行分析时,如果构建一个实际系统进行试验,则往往要花费大量的人力、物力、财力和时间,这在研制阶段根本不现实。而采用计算机模拟后,就可以在不必花费大量投资去构建实物系统进行试验分析的情况下,对装备系统的相关特性参数进行计算分析,帮助人们对装备保障性进行评估,选择最优或较优的保障方案,对保障方案的改进提出具体的实施意见。

10.3.2 保障性仿真模型

保障性仿真模型是从分析装备系统特性参数的角度来描述装备系统之间及其内部的要素。本章在综合考虑保障对象及其保障系统的特征数据元素及装备系统运行过程这两个方面的基础上,建立了保障性仿真模型,用数据元素来描述保障对象及其保障系统的静态特征,用运行过程来描述驱动保障系统运行的典型任务执行过程及保障系统自身的运行过程,通过对保障方案中规定的保障策略进行模拟试验,进而达到度量相关特性参数的目的。保障性仿真模型分为典型任务仿真模型、保障对象仿真模型、保障资源仿真模型、保障组织仿真模型和保障活动仿真模型,这些模型由相关数据及相应的过程仿真模型组成。

根据前述保障性仿真的目标,若要对装备系统相关参数进行分析,如要计算任务持续性相关参数,则必须在任务开始时确定可用保障对象数量是否能够满足任务所要求的保障对象数量;此外,还要对任务执行时间进行判断,判断其是否达到所要求的任务时间。这两个参数的取值依赖于保障对象在任务开始时刻和任务执行期间的状态,即完好状态或故障状态。在任务开始时刻是否有足够数量的可用保障对象是任务能够执行的基本条件,这取决于保障对象的总数、执行预防性维修的保障对象数量、任务执行的情况和故障保障对象的修复情况。保障性仿真中各事件集之间的逻辑关系如图10-1所示。

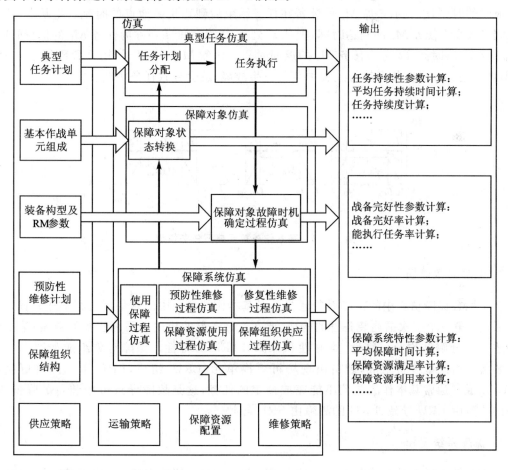

图10-1 保障性仿真模型仿真逻辑示意图

在图10-1中,保障性仿真的输入主要分为典型任务输入、保障对象输入及保障系统输入三大类,保障性仿真过程主要分为任务执行过程仿真、故障时机确定过程仿真和保障系统运行过程仿真。保障性仿真的输出主要是对装备系统相关参数进行统计分析计算。任务计划分配和任务执行属于保障对象任务执行过程仿真。使用保障过程、修复性维修过程、预防性维修过程、保障资源使用过程和保障组织供应过程属于保障系统的运行过程仿真,这些过程中的延迟时间决定了保障对象在典型任务执行序列中各个离散时间点的可用状态,而延迟时间的影响因素几乎都是随机因素,只有抽象出与这些过程相关的数据,建立相应的过程模型来描述相应的随机事件流程,在流程执行过程中记录相关事件的执行时间,才能对保障性相关特性参数进行计算。

1. 典型任务建模

装备保障性仿真中的典型任务建模是对基本作战单元的使用任务进行描述,典型任务模型如图 10-2 所示,在任务持续时间 T 内有 $M_1,M_2,\cdots,M_n$ 共 n 个基本任务,每个基本任务都由基本作战单元中一定数量的装备 N_{Mi} 参与执行。以图 10-2 中的任务 M_1 为例,t_{1s} 表示任务 M_1 的开始时刻,t_{1r} 表示参加 M_1 的装备到达任务执行地点的时刻,t_{1b} 表示参加 M_1 的装备在任务完成时的时刻,t_{1e} 表示参加 M_1 的装备在任务结束后到达集结地点的时刻。把从 t_{1s} 到 t_{1r} 这段时间 T_{R1} 称为任务 M_1 的到达时间,把从 t_{1r} 到 t_{1b} 这段时间 T_{M1} 称为任务 M_1 的执行时间,把从 t_{1b} 到 t_{1e} 这段时间 T_{B1} 称为任务 M_1 的返回时间。任务 $M_2,\cdots,M_n$ 的相关参数与任务 M_1 同理,不再赘述。如果在任务执行过程中装备发生故障,就会导致任务中断。

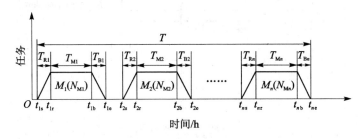

图 10-2 基本作战单元典型任务模型

2. 保障对象建模

装备综合保障仿真中的保障对象建模是对基本作战单元中的装备群进行描述。描述分为两个层次:第一个层次描述装备群的构成,要在对装备群的描述中明确装备的数量;第二个层次描述装备分解结构及可靠性、维修性和保障性(RMS)特性。保障对象组成如图 10-3 所示。装备群由同型装备组成,装备由现场可更换单元(LRU)组成,LRU 由车间可更换单元(SRU)组成。通常基本作战单元不能完成预定的任务,这是故障导致可用装备数降低所致。装备的故障由 LRU 导致,LRU 的故障由 SRU 导致。

3. 保障系统建模

保障系统的功能是维持装备的正常使用,主要包括:使用保障、维修保障、供应保障等。装备保障性仿真中的保障系统建模主要包括:

① 保障组织建模。保障组织包括基层级、中继级和基地级的保障站点及机构。

② 保障资源建模。保障资源主要包括保障设施、保障设备、保障人力、供应品、训练设备和技术资料等。保障资源按照部队的建制被部署在保障组织中。

③ 保障活动建模。保障活动主要包括使用保障活动、维修保障活动和供应保障活动等。

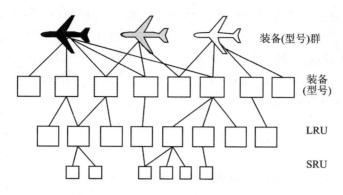

图 10-3　保障对象组成示意图

使用保障活动指为保证装备正常使用而进行的活动。维修保障活动指恢复装备正常使用功能而进行的维护活动。供应保障活动指为保证有充足的保障资源而进行的活动。这些活动都是在相应的保障组织中开展的,在开展这些活动时需要使用和消耗一定的保障资源。这些活动的完成标志着保障系统功能的正常履行。

10.3.3　输出参数计算与分析方法

装备及保障系统运行过程中的固有随机性,使得每一次试验的数据仅仅是系统的一个样本,如果仅在一个样本上进行分析,那么所得到的系统特性可能与系统的实际特性有很大差别。为了使试验结果具有工程意义,必须采用适当的方法来设计试验,只有有效控制试验的次数,才能使估计值接近理论值,减小方差,再通过对仿真结果进行适当的分析,才能得到科学的结论。

在仿真试验过程中,大多数保障系统的属性都是随机变量,经过试验运行后的输出结果也将是随机变量,如果在试验运行中按照离散区间观察和记录试验运行结果,则输出的观察值将为 $\{Y_1, Y_2, \cdots, Y_n\}$ 的形式,它们构成离散时间的随机过程,因此,对于试验结果的测度过程就是对某一离散随机过程的分析。装备保障性综合参数所对应的随机变量的数学期望为 $E(Y)$,做 n 次试验输出的运行数据都是所研究随机过程的一个样本。装备保障性参数计算就是根据随机样本的取值来估计系统真实参数的统计计量,一般可用点估计和区间估计来表示。

保障性仿真输出参数的计算是通过获取每次仿真试验中所记录的仿真事件的原始数据,并在这些数据的基础上,依据前述保障性仿真输出参数的定义,对相关输入项进行处理以完成参数的计算;然后根据仿真试验的次数,进行统计分析判别,当满足相应判别准则时,将计算结果作为装备保障性综合评估的参考依据。保障性仿真输出参数计算的步骤如下:

① 在每次仿真试验中记录相关事件的开始时间和结束时间,将这些时间作为原始试验数据。

② 根据要计算参数的定义,将这些时间作为计算输入项,计算相关参数。

③ 根据仿真试验次数的设定,对这些参数进行平均,以确定相应的点估计值和区间估计值。

④ 依据相应的统计判别准则,确定输出参数是否满足一定置信水平下相应置信区间的精度要求,若满足,则可将此参数值作为评估依据;若不满足,则继续增加仿真试验的次数,直至获得满足要求的参数值。

装备保障性仿真通常采取终态仿真方式,每次试验运行得到的结果都是系统特征的一个样本。在试验方案中事先确定试验运行的次数 $N(N \geqslant 2)$,如每次试验的相关参数计算值为 $\{Y_1, Y_2, \cdots, Y_N\}$,此时这些变量由于是在相同试验条件下获得的,所以可认为它们是独立同分布随机变量,也就是说,每次试验都是在采用相同输入数据、在相同初始条件下、在不同日历时间内进行的试验,该参数的均值为

$$\overline{Y} = \frac{\sum_{i=1}^{N} Y_i}{N} \tag{10-1}$$

式中:$\overline{Y}$——随机变量,其方差估计值为

$$S^2 = \frac{\sum_{i=1}^{N} (Y_i - \overline{Y})^2}{N-1} \tag{10-2}$$

故对 $E(Y)$ 的 $100(1-\alpha)\%$ 置信区间为

$$\overline{Y} - t_{N-1, 1-\frac{\alpha}{2}} \frac{S}{\sqrt{N}} \leqslant E(Y) \leqslant \overline{Y} + t_{N-1, 1-\frac{\alpha}{2}} \frac{S}{\sqrt{N}} \tag{10-3}$$

式中:S——点估计 $\overline{Y}$ 的标准差,其数值大小是 $E(Y)$ 的点估计 $\overline{Y}$ 的精度指标,当 N 增大时,$\overline{Y}$ 的标准误差逐渐减小,从而有利于提高试验的精度。

做 N 次仿真试验可以建立一定置信水平下相应参数的置信区间,但要求 N 足够大,根据大数定律,$\overline{Y}$ 接近于正态分布;然而,在实际运行中往往不能满足这些条件,因而需要研究置信区间的鲁棒性,即研究在外界条件变化时,当样本量变大或变小时置信区间的稳定性。为了进行鲁棒性分析,需要做一组每次重复 N 次的试验,如果这组试验的个数为 R,那么将得到 R 个置信区间,定义覆盖率为 N 次试验所得到的置信区间中能够覆盖 $E(Y)$ 的百分比,计为 $\overline{p}$,显然 R 个试验得到的覆盖率只是对真实覆盖率的一个点估计,因而可以建立针对真实覆盖率 $100(1-\alpha)\%$ 的一个置信区间。

可以证明,统计量

$$p = \frac{\overline{p} - p}{\sqrt{\frac{\overline{p}(1-\overline{p})}{N}}} \sim N(0,1) \tag{10-4}$$

类似真实覆盖率的置信区间为

$$\left[\overline{p} - Z_{1-\frac{\alpha}{2}} \sqrt{\frac{\overline{p}(1-\overline{p})}{N}}, \overline{p} + Z_{1-\frac{\alpha}{2}} \sqrt{\frac{\overline{p}(1-\overline{p})}{N}} \right] \tag{10-5}$$

如果每个试验分别重复运行不同次数 N_i,试验的个数仍然不变,那么通过观察不同 N_i 时覆盖率置信区间的变化,可以得到原系统参数置信区间的鲁棒性。此外,从 R 个试验中还可以得到系统参数 $E(Y)$ 的平均置信区间长度,由式(10-3)可知,该长度为

$$\frac{2 \sum_{i=1}^{R} t_{N-1, 1-\frac{\alpha}{2}} \frac{S_i}{\sqrt{N}}}{R}$$

令平均置信区间的半长与 R 个模拟试验样本均值的比率作为衡量试验精度的指标之一,当 N 变化时,同样可以观察到该指标的变化趋势。但是,有时置信区间的半长可能太大,不能满足要求,由于置信区间的长度反比于 $\sqrt{N}$,故可以通过增加 N 来减小半长区间的长度以提高精

度。置信区间的半长称为置信区间的绝对精度,用 β 表示;而将置信区间的半长与点估计的绝对值之比称为置信区间的相对精度,用 γ 表示。为了得到规定的 β 和 γ,一种确定 N 的方法是

$$N_\alpha(\beta) = \min\left[i \geqslant N : t_{i-1,1-\frac{\alpha}{2}}\sqrt{\frac{S_N^2(N)}{i}} \leqslant \beta\right] \quad (10-6)$$

或

$$N_\alpha(\gamma) = \min\left[i \geqslant N : \frac{t_{i-1,1-\frac{\alpha}{2}}\sqrt{\frac{S_N^2(N)}{i}}}{|\overline{Y}_N|} \leqslant \gamma\right] \quad (10-7)$$

确定试验次数 N 的具体实现步骤为:

① 预定独立试验的次数为 $N_0 \geqslant 2$,并置 $N=N_0$,独立运行 N 次;

② 计算该 N 次运行的 $Y_1, Y_2, \cdots, Y_n$,以及相应的 $\overline{Y}_N$ 及 S_N^2;

③ 按照式(10-6)或式(10-7)计算出 β_N 或 γ_N;

④ 若 $\beta_N \leqslant \beta$ 或 $\gamma_N \leqslant \gamma$,则置信区间为 $[\overline{Y}_N - \beta_N, \overline{Y}_N + \beta_N]$,将其作为近似 $100(1-\alpha)\%$ 意义下的置信区间,从而结束仿真;

⑤ 若不满足 $\beta_N \leqslant \beta$ 或 $\gamma_N \leqslant \gamma$,则令 $N=N+1$,并返回第②步。

10.3.4 输出参数敏感性分析

1. 敏感性分析的目的和作用

敏感性分析指通过依次对仿真程序每个输入参数进行相同幅度的调整,来分析仿真输入参数的改变影响仿真输出结果幅度大小改变的方法。在仿真程序运行完成后,收集到相应的仿真输出数据,针对这些输出数据进行敏感性分析。

通过敏感性分析可以找到对基本作战单元战备完好性、任务持续性和保障系统特性最为敏感的因素,从而为装备保障方案的改进提供依据。

2. 敏感性分析的内容

影响基本作战单元战备完好性、任务持续性和保障系统特性的因素有:

① 保障组织,包括:

ⓐ 修理级别划分;

ⓑ 各级别间的运输时间。

② 保障资源,包括:

ⓐ 备件订货周期;

ⓑ 资源种类及数量等。

③ 保障活动执行流程。

④ 产品的可靠性、维修性和测试性特性,包括:

ⓐ 产品的故障率;

ⓑ 产品的平均修复时间;

ⓒ 预防性维修间隔期;

ⓓ 预防性维修时间；
ⓔ 产品的检测率；
ⓕ 产品的隔离率；
ⓖ 产品的虚警率。

敏感性分析的主要内容就是对这些因素在一定范围内进行分析，找到对仿真输出参数影响较大的因素。

3. 敏感性分析流程

敏感性分析流程如图 10-4 所示。

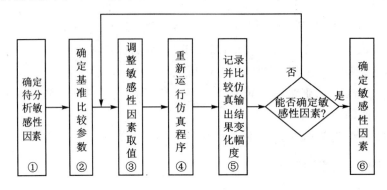

图 10-4 敏感性分析流程图

敏感性分析流程如下：

① 确定待分析敏感性因素。根据装备的具体情况，在影响装备系统战备完好性、任务持续性和保障能力的因素中，划定可能改进影响的因素范围，列出准备进行敏感性分析的因素。

② 确定基准比较参数。在待分析的敏感性因素中，确定一组基准比较参数，基准比较参数的确定可参照原仿真输入参数，并以此组参数为比较依据。

③ 调整敏感性因素取值。在选定的敏感性因素的取值范围内，按照固定步长确定变化的幅度，如每次增加或减小 5%，相对于基准比较参数逐一增加或减少这些因素的取值。

④ 重新运行仿真程序。对调整过影响因素取值的仿真模型，重新执行仿真程序。

⑤ 记录并比较仿真输出结果变化幅度。将装备保障性仿真输出与基准比较参数的仿真运行结果进行比较，计算其变化幅度。

⑥ 确定敏感性因素。根据输出参数变化幅度的大小，依照由大到小的次序对这些敏感性因素进行排序，当变化幅度相同，不能明确区分因敏感性因素变化而导致的目标参数变化的幅度时，须增加或减小敏感性因素步长，重新进行仿真；如果能明确区分因敏感性因素变化而导致的目标参数变化的幅度，则将变化幅度大的敏感性因素作为最终选定的敏感性因素。

10.4 保障性仿真评估案例

以某型飞机保障性仿真建模为案例，对前述的建模及分析过程进行示例说明。示例主要包括两部分内容：某型机保障性仿真建模输入数据以及仿真结果和分析。

10.4.1 保障性仿真建模输入数据

1. 典型任务建模

由 5 架飞机组成的装备群,持续执行 40 天任务,第一次出动始于 8 h,每次出动之间的间隔是 24 h,如图 10-5 所示,出动强度为 0.4 次/(架·天),即每天要求出动 2 个架次,每个出动任务终止的条件是可用装备数量少于 2 架,详细使用任务数据如表 10-3～表 10-5 所列。

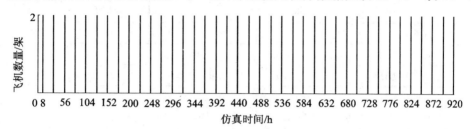

图 10-5 飞机基本作战单元任务序列图

表 10-3 任务类型定义表

任务类型名称	执行任务装备数量/架	执行任务最少装备数量/架	任务持续时间/h	任务成功点编码	触发模式	任务前通知时间/h	任务故障率修正因子
飞机空中探测任务	2	2	8	1	任务执行结束	1.2	1.2

表 10-4 任务计划定义表

任务名称	子任务名称	开始时间/h	重复次数/次	间隔时间/h	任务开始最大延迟时间/h
飞机探测任务	飞机空中探测任务	8	40	24	8

表 10-5 装备群与任务计划关系定义表

装备群名称	装备数量/架	基本作战单元部署站点名称	任务计划名称
飞机作战单元	5	飞机使用外场	飞机探测任务

2. 保障对象建模

保障对象建模定义了基本作战单元中装备的分解结构数据,其中包括装备中设备及其之间的关系,以及装备和 LRU 的可靠性参数定义,如表 10-6 和表 10-7 所列。

表 10-6 装备定义表

装备名称	描 述	$10^6 \cdot$ 故障率/h^{-1}	最大允许非关键故障个数
飞机	某型飞机	72 000	1

表 10-7 装备中设备定义表

LRU 名称	$10^6 \cdot$ 故障率/h^{-1}	类 型	故障率应用修正因子	是否关键件
飞机发动机	26 578.4	外场可更换单元	1	是
飞机电子防滑刹车器	5 333.6	外场可更换单元	0.6	是
飞机大气数据计算机	1 777.6	外场可更换单元	1	是
飞机惯导	8 000	外场可更换单元	1	是
飞机捷联航向姿态计算机	4 444.8	外场可更换单元	1	是
飞机无源北斗定位仪	1 440	外场可更换单元	1	是
飞机气象雷达	13 071.84	外场可更换单元	0.9	是
飞机数据记录仪	3 333.6	外场可更换单元	1	是
飞机电子飞行显示计算机	6 611.2	外场可更换单元	1	是
飞机近地告警仪	526.40	外场可更换单元	1	是

3. 保障系统建模

(1) 保障组织供应过程建模

该模型定义了保障站点及其之间的关系,如表 10-8 和表 10-9 所列。

表 10-8 维修保障站点定义表

保障站点名称	类 型	资源配置计划名称
飞机使用外场	仓库	月资源使用计划
师级维修站	维修站	月资源使用计划
军区大修厂	维修站	月资源使用计划

表 10-9 维修保障站点保障关系定义表

站点名称	上级站点名称	到下级站点运输时间/h	到上级站点运输时间/h	备件定购策略
飞机使用外场	师级维修站	48	48	快
师级维修站	军区大修厂	144	144	快

(2) 保障活动建模

该模型定义了装备修复性维修活动和预防性维修活动及其与站点和资源之间的对应关系,如表 10-10~表 10-18 所列。

表 10-10 系统维修活动定义表

装备名称	装备维修所在站点名称	装备直接维修所需时间/h	下级设备更换维修所需时间/h	下级设备更换维修作业名称
飞机	飞机使用外场	1	1.5	飞机更换维修

表 10-11 设备维修活动定义表

LRU 名称	设备维修所在站点名称	设备直接维修所需时间/h	下级设备更换维修所需时间/h	设备直接维修作业名称
飞机发动机	师级维修站	72	3	LRU 直接维修
飞机电子防滑刹车器	师级维修站	12	2	LRU 直接维修
飞机大气数据计算机	军区大修厂	72	2.5	LRU 直接维修
飞机惯导	师级维修站	120	1.8	LRU 直接维修
飞机捷联航向姿态计算机	师级维修站	72	3	LRU 直接维修
飞机无源北斗定位仪	师级维修站	72	2	LRU 直接维修
飞机气象雷达	师级维修站	72	2.8	LRU 直接维修
飞机数据记录仪	军区大修厂	72	0.9	LRU 直接维修
飞机电子飞行显示计算机	师级维修站	48	1.8	LRU 直接维修
飞机近地告警仪	军区大修厂	50	2.1	LRU 直接维修

表 10-12 装备预防性维修活动定义表

预防性维修工作名称	装备名称	开始预防性维修间隔工作时间/h	预防性维修开始时间提前比例	开始预防性维修间隔日历时间/h	相关预防性维修作业名称
飞机预防性维修 A 检	飞机	200	0.1	7 860	—
飞机预防性维修 C 检	飞机	1 000	0.2	3 144	飞机预防性维修 A 检
飞机预防性维修 D 检	飞机	3 000	0.1	7 860	飞机预防性维修 C 检

表 10-13 装备预防性维修工作名称与维修地点关系定义表

预防性维修工作名称	维修站点名称	预防性维修时间/h	维修作业名称
飞机预防性维修 A 检	飞机使用外场	72	飞机 A 检
飞机预防性维修 C 检	飞机使用外场	120	飞机 C 检
飞机预防性维修 D 检	军区大修厂	240	飞机 D 检

表 10-14 预防性维修更换工作定义表

预防性维修工作名称	设备名称	设备更换率
飞机预防性维修 A 检	飞机发动机	0.5
飞机预防性维修 A 检	飞机电子防滑刹车器	0.6
飞机预防性维修 C 检	飞机大气数据计算机	0.7
飞机预防性维修 C 检	飞机惯导	0.2
飞机预防性维修 C 检	飞机捷联航向姿态计算机	0.2
飞机预防性维修 D 检	飞机无源北斗定位仪	0.3
飞机预防性维修 C 检	飞机气象雷达	0.4
飞机预防性维修 A 检	飞机数据记录仪	0.6
飞机预防性维修 C 检	飞机电子飞行显示计算机	0.4
飞机预防性维修 A 检	飞机近地告警仪	0.2

表 10-15 设备预防性维修工作名称与维修站点关系定义表

预防性维修工作名称	设备名称	维修站点名称	预防性维修时间/h	维修作业名称
飞机预防性维修 A 检	飞机发动机	飞机使用外场	120	飞机 A 检
飞机预防性维修 A 检	飞机电子防滑刹车器	飞机使用外场	200	飞机 A 检
飞机预防性维修 C 检	飞机大气数据计算机	师级维修站	240	飞机 C 检
飞机预防性维修 C 检	飞机惯导	师级维修站	480	飞机 C 检
飞机预防性维修 C 检	飞机捷联航向姿态计算机	师级维修站	96	飞机 C 检
飞机预防性维修 D 检	飞机无源北斗定位仪	军区大修厂	192	飞机 D 检
飞机预防性维修 C 检	飞机气象雷达	师级维修站	96	飞机 C 检
飞机预防性维修 A 检	飞机数据记录仪	飞机使用外场	192	飞机 A 检
飞机预防性维修 C 检	飞机电子飞行显示计算机	师级维修站	96	飞机 C 检
飞机预防性维修 A 检	飞机近地告警仪	飞机使用外场	192	飞机 A 检

表 10-16 设备预防性维修更换工作定义表

预防性维修工作名称	上级设备或装备名称	设备名称	更换率
飞机预防性维修 D 检	飞机	飞机发动机	0.4

表 10-17 任务前准备活动定义表

任务名称	系统名称	站点名称	准备活动所需时间/h	维修作业名称
飞机空中探测任务	飞机	飞机使用外场	3	飞机准备

表 10-18 任务后检查维修活动定义表

任务名称	装备名称	站点名称	维修活动所需时间/h	维修作业名称
飞机空中探测任务	飞机	飞机使用外场	3	飞机准备

(3) 保障资源使用过程建模

该模型定义了维修资源的数量、与站点的对应关系以及维修资源轮换计划,如表 10-19~表 10-23 所列。

表 10-19 维修资源与站点关系定义表

资源配置站点名称	资源名称	配置数量
飞机使用外场	维修工人	16
	千斤顶	20
	原位检测仪	100
	电气测试箱	16
师级维修站	维修工人	40
	千斤顶	40
	原位检测仪	40
	电气测试箱	40
军区大修厂	内六角扳手	40
	机械零位标准夹具	40
	负载试验台	40
	专用笔记本电脑	40
	试验器	40
	校正仪	40

表 10-20 维修工作与维修资源关系定义表

维修作业名称	资源名称	所需数量
LRU 直接维修	原位检测仪	2
LRU 直接维修	内六角扳手	2
LRU 直接维修	千斤顶	2
LRU 直接维修	技师	2
LRU 直接维修	维修工人	3
更换 SRU	维修工人	1
更换 SRU	机械零位标准夹具	1
更换 SRU	使用保障工具	2
SRU 直接维修	技师	1
SRU 直接维修	专用笔记本电脑	1
飞机准备	技师	1
飞机准备	使用保障工具	2

表 10-21 资源配置计划关系定义表

资源配置 计划名称	资源配置计划或下级资 源配置计划名称	开始时间/h	结束时间/h	重复次数	时间间隔/h
工作日	工作日上午	8	12	—	—
工作日	工作日下午	14	17	—	—
周末	周末上午	10	12	—	—
周末	周末下午	14	17	—	—
周资源使用计划	工作日	0	—	5	24
周资源使用计划	周末	120	—	2	24
周资源使用计划 A	周末	0	—	6	24
周资源使用计划 A	工作日	144	—	—	—
月资源使用计划	周资源使用计划	0	—	4	168
月资源使用计划 A	周资源使用计划 A	0	—	4	168

表 10-22 资源配置计划与维修站点关系定义表

资源配置计划名称	站点名称	资源名称	所需数量
工作日上午	飞机使用外场	维修工人	16
工作日上午	飞机使用外场	负载试验台	20
工作日上午	飞机使用外场	使用保障工具	80
工作日上午	飞机使用外场	电器测试箱	16
周末下午	飞机使用外场	维修工人	40
工作日上午	师级维修站	原位检测仪	40
工作日上午	师级维修站	内六角扳手	40
工作日上午	师级维修站	千斤顶	40
工作日上午	军区大修厂	内六角扳手	40
工作日上午	军区大修厂	千斤顶	40
工作日上午	军区大修厂	技师	40
工作日上午	军区大修厂	维修工人	40
工作日上午	军区大修厂	专用笔记本电脑	40

表 10-23 备件库存方案定义表

备件名称	站点名称	库存方案标识	备件库存数量/个	订货周期/天
飞机发动机 A	飞机使用外场	A	15	30
飞机电子防滑刹车器	飞机使用外场	A	12	30
飞机大气数据计算机	飞机使用外场	A	8	30
飞机惯导	飞机使用外场	A	7	30
飞机捷联航向姿态计算机	飞机使用外场	A	12	30

续表 10-23

备件名称	站点名称	库存方案标识	备件库存数量/个	订货周期/天
飞机无源北斗定位仪	师级维修站	A	12	30
飞机气象雷达	师级维修站	A	9	30
飞机数据记录仪	师级维修站	A	8	30
飞机电子飞行显示计算机	军区大修厂	A	8	30
飞机近地告警仪	军区大修厂	A	7	30
飞机发动机 B	军区大修厂	A	6	30

10.4.2 仿真结果和分析

在构建完成仿真模型后,即完成了仿真程序运行的准备工作,也即获得了仿真程序运行的输入数据,执行仿真程序后即可获得相应的仿真输出参数。

1. 任务持续性参数计算结果

飞机基本作战单元在规定的 40 天任务持续周期内,在前述定义的保障条件下,完成每天出动 0.4 架/次,每次出动至少 2 架飞机,每架运行 8 h 的任务持续度为 0.667,置信度为 0.9 的置信区间为 [0.618, 0.701]。

2. 敏感性分析

(1) 确定待分析敏感性因素

选取装备设计人员关心的 LRU 故障率、运输时间、修复性维修时间、再订货周期、预防性维修间隔期及保障设备数量等 6 项因素进行敏感性分析,这些影响因素是保障系统设计过程中的关键影响因素,且采用现有设计技术较易获得改进。试图通过对这些因素进行敏感性分析,找出这些影响因素中对飞机任务持续性影响最大的因素,从而辅助装备设计人员和使用人员改进保障方案。

(2) 确定基准比较参数

基准比较参数选定为原仿真输入参数。

(3) 调整敏感性因素取值

根据前面确定的敏感性因素,分别对这些敏感性因素的取值进行调整,调整策略是:

① 装备及 LRU 的故障率减小 20%;
② 运输时间减少 20%;
③ 修复性维修时间减少 20%;
④ 再订货周期时间减少 20%;
⑤ 预防性维修间隔时间增加 20%;
⑥ 保障设备数量减少 20%。

(4) 重新运行仿真程序

将调整过的敏感性因素作为仿真程序的输入,重新执行仿真程序。

(5) 记录并比较输出结果变化幅度

在重新执行仿真程序后,依照敏感性因素的调整,依次记录仿真程序的运行结果,如表 10-24 所列。

表 10-24　敏感性因素变化幅度比较

敏感性因素	任务持续度	变化幅度/%
装备及 LRU 故障率减小 20%	0.698	4.65
运输时间减少 20%	0.678	1.65
修复性维修时间减少 20%	0.671	0.60
再订货周期时间减少 20%	0.708	6.15
预防性维修间隔时间增加 20%	0.692	3.75
保障设备数量减少 20%	0.669	0.30

(6) 确定敏感性因素

将调整后的仿真结果与原先的仿真结果对比可以看出,减少备件的订货周期、减小 LRU 的故障率和增加预防性维修间隔期可以明显提高装备的任务持续性,其他因素的调整对任务持续度影响较小,其中最为敏感的因素是减少备件的订货周期。

(7) 结　论

在该型飞机的研制过程中,建立了装备保障性仿真模型,执行保障性仿真,得出了装备的任务持续性参数,并分别对装备及其设备的可靠性、维修性及保障性设计参数进行了敏感性分析,找出了影响基本作战单元任务持续性的关键因素和制约条件,通过调整这些影响因素得出了较优的维修保障方案,并提出了改进意见,具体改进建议是:

① 将备件的订货周期由原来的 30 天缩减至 24 天;

② 将运输时间减少 20%。

通过改进保障方案,使相关的性能参数与原方案的相比有了很大程度的提高,从而为某型飞机的综合保障工作提供了有力支持。

习　题

1. 保障性仿真的作用是什么?保障性仿真可以用来评估装备系统的哪些综合指标?
2. 简述保障性仿真模型的构成。每部分仿真模型的作用是什么?
3. 某备件的供应周期服从均值为 10 周的指数分布,当某次仿真抽取备件的供应率随机数为 0.9 时,试确定该次备件的供应周期。

若 10 次仿真输出装备战备完好率分别为 0.95,0.97,0.92,0.91,0.89,0.95,0.98,0.99,0.92 和 0.91,试求置信度水平为 0.8 时的战备完好率参数的置信区间。

参 考 文 献

[1] GJB 1371—1992 装备保障性分析,1992.
[2] GJB 3872—1999 装备综合保障通用要求,1999.
[3] GJB 1378—1992 装备预防性维修大纲的制订要求与方法,1992.
[4] GJB/Z 1391—2006 故障模式、影响及危害性分析指南,2006.
[5] 阮镰,章文晋. 飞行器研制系统工程. 北京:北京航空航天大学出版社,2008.
[6] 康锐,石荣德. FMECA 技术及其应用. 北京:国防工业出版社,2006.
[7] 赵延弟,屠庆慈. 重点型号可靠性维修性保障性培训教材. 北京:国防工业出版社,2009.
[8] 单志伟,等. 装备综合保障工程. 北京:国防工业出版社,2007.
[9] 马绍民. 综合保障工程. 北京:国防工业出版社,1995.
[10] 徐宗昌. 装备保障性工程与管理. 北京:国防工业出版社,2006.